Guida allo studio della computazione quantistica

Stefano Olivares

Guida allo studio della computazione quantistica

Stefano Olivares
Dipartimento di Fisica “Aldo Pontremoli”
Università degli Studi di Milano
Milano, Italy

ISBN 978-3-032-23970-9 ISBN 978-3-032-23971-6 (eBook)
https://doi.org/10.1007/978-3-032-23971-6

This book is a translation of the original English edition “A Student’s Guide to Quantum Computing” by Stefano Olivares, published by Springer Nature Switzerland AG in 2025. The translation was done with the help of an artificial intelligence machine translation tool. A subsequent human revision was done primarily in terms of content, so that the book will read stylistically differently from a conventional translation. Springer Nature works continuously to further the development of tools for the production of books and on the related technologies to support the authors.

This Springer imprint is published by the registered company Springer Nature Switzerland AG
The registered company address is: Gewerbestrasse 11, 6330 Cham, Switzerland

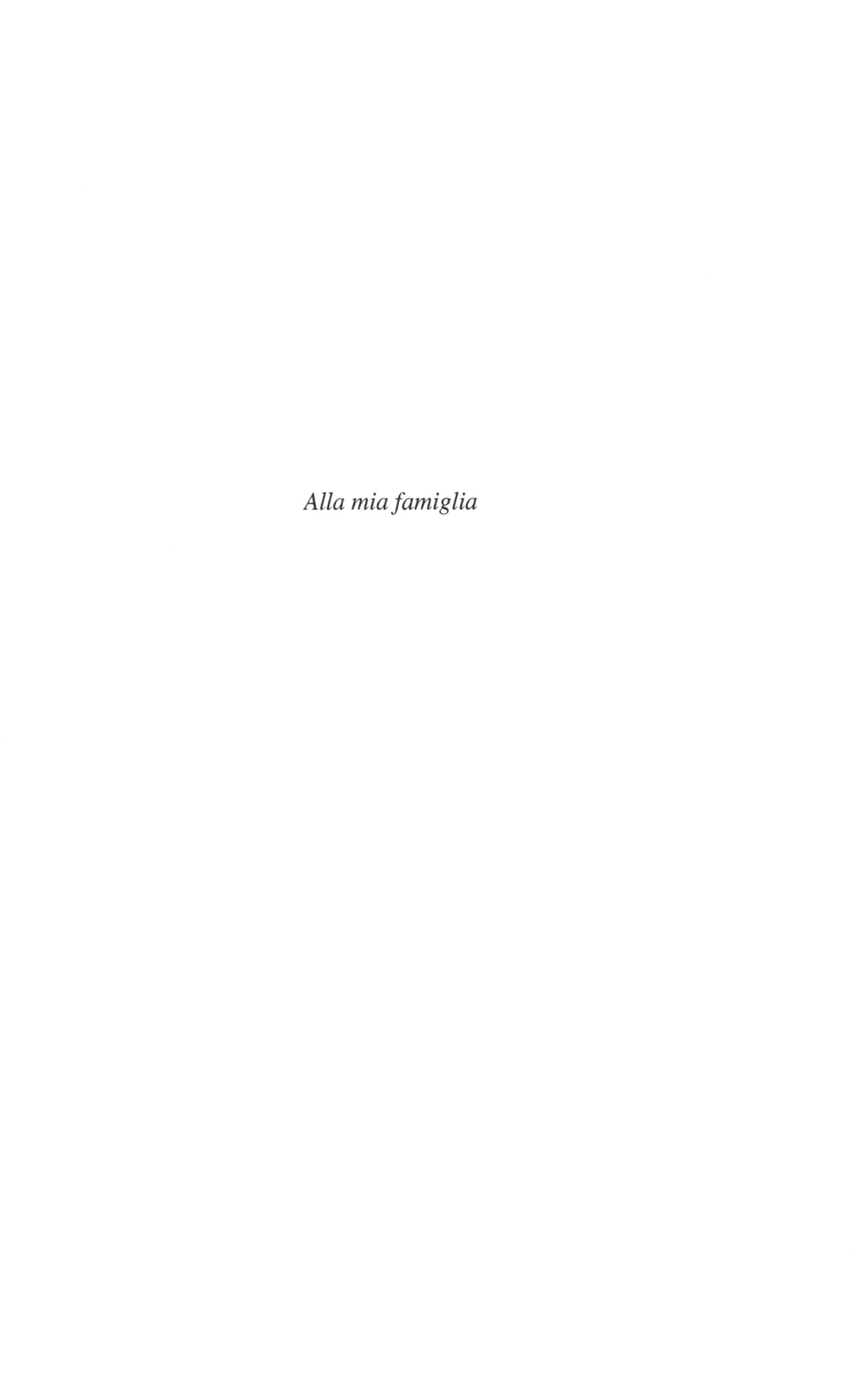

Alla mia famiglia

Prefazione

> *"Quantum computation is a new conceptual arena for trying to come to a better understanding of quantum weirdness."*
> — N. D. Mermin

"All'età di ottantanove anni non posso essere produttivo scientificamente; ciò che mi rimane è la possibilità di seguire i progressi che il mio lavoro ha preparato e di rispondere ai desideri delle persone che lottano per la verità e la conoscenza, soprattutto i giovani, ripetendo le mie lezioni qui e là."[1]

Queste parole di Max Planck risuonavano nella mia mente quando ho iniziato a insegnare Ottica Quantistica e Teoria Quantistica della Computazione all'Università degli Studi di Milano. Il mio obiettivo non era solo impartire i principi fondamentali e gli strumenti matematici legati a questi specifici campi di ricerca, ma anche e soprattutto evidenziare come la teoria quantistica, delineata dal lavoro di Planck, abbia implicazioni di vasta portata in scenari che chi studia fisica può trovare difficili da immaginare.

Leggendo questa guida, troverete non solo capitoli dedicati agli aspetti teorici di base della computazione quantistica—come le porte logiche quantistiche, gli algoritmi quantistici e la correzione quantistica degli errori—ma anche capitoli che coprono concetti fondamentali di ottica quantistica, di elettrodinamica quantistica in cavità e non solo. Questi argomenti sono essenziali per comprendere i principi operativi che stanno alla base delle implementazioni sperimentali più conosciute dei qubit e della computazione quantistica stessa.

Esistono, infatti, molti libri per principianti e non sull'informazione quantistica e, in particolare, della computazione quantistica. Chi studia o fa attività di ricerca può sicuramente trovare quello che preferisce in base ai propri interessi, che vanno dagli algoritmi quantistici alle implementazioni fisiche dell'elaborazione dell'informazione quantistica e della computazione quantistica. Queste pagine sono principalmente rivolte alla comunità studentesca universitaria con una conoscenza di base della meccanica quantistica, così come a chi si occupa di ricerca interessan-

[1] J. L. Heilbron, *I dilemmi di Max Planck* (Bollati Boringhieri, 1988).

dosi agli aspetti fondamentali della computazione quantistica e ai principi fisici su cui si fondano le sue principali implementazioni.

Come “guida”, il libro mira ad essere auto-consistente. Inizia con un breve riassunto dei concetti di logica classica e con una concisa introduzione alla meccanica quantistica. Tutti gli elementi necessari per comprendere il materiale vi vengono forniti. Inoltre, chi ha una conoscenza avanzata può trovare alla fine di ogni capitolo riferimenti a manuali più specializzati e ad articoli di ricerca per un ulteriore approfondimento degli argomenti.

Tuttavia, questo libro include numerose spiegazioni dettagliate e calcoli espliciti, riflettendo quasi due decenni di dialogo continuo con chi ha frequentato le mie lezioni. Durante questi anni, mi sono sforzato di rispondere alle loro domande e di chiarire i loro dubbi. Questa interazione ha guidato la stesura del contenuto, assicurando che soddisfi le esigenze di chi cerca una comprensione più profonda della materia, pur mantenendo il contesto di un corso introduttivo.

Ho scelto di fare riferimento solo a pochi lavori chiave, come noterete, spesso optando per lavori seminali piuttosto che per le pubblicazioni più recenti. Questa decisione riflette il fatto che questo libro non intende essere un manuale completo sulla computazione quantistica. Data la bibliografia in rapida espansione, conseguenza dei recenti progressi quasi quotidiani, è essenziale fornire un’esposizione concisa e strumenti utili. Questo approccio aiuta sia chi studia sia chi ha già una conoscenza avanzata a cogliere gli aspetti fondamentali di quanto discusso.

Per portare a una migliore comprensione dell’argomento e degli strumenti matematici necessari, vengono proposti alcuni problemi selezionati, evitando qualsiasi sovraccarico di lavoro. Le soluzioni dei problemi contrassegnati con il simbolo “♣” si possono trovare alla fine del libro.

Ecco come ho organizzato il materiale. Gli elementi di base della logica classica sono presentati nel capitolo 1, dove introduciamo le matrici di Pauli e una porta logica non classica: la trasformazione di Hadamard. Il capitolo 2 introduce i postulati della meccanica quantistica, con particolare enfasi sui sistemi a due livelli e sulla loro dinamica temporale. Include anche discussioni sull’operatore densità e sulle misure di entanglement.

Il primo incontro con la computazione quantistica avviene nel capitolo 3: qui esploriamo come la meccanica quantistica possa essere sfruttata per compiti computazionali. Questo capitolo presenta le porte logiche quantistiche fondamentali e il loro ruolo nei principali algoritmi quantistici. A tal fine viene utilizzata la rappresentazione circuitale della computazione quantistica. Discutiamo l’universalità delle porte logiche a singolo qubit e CNOT, arrivando ad introdurre un insieme universale di porte quantistiche e, infine, illustriamo i requisiti necessari per avere un vantaggio quantistico (teorema di Gottesman–Knill).

Il capitolo 4 descrive gli aspetti di base delle macchine di Turing deterministiche classiche e quantistiche e dei computer universali. Inoltre, offriamo una breve panoramica delle principali classi di complessità, fornendo un primo sguardo al “complexity zoo”.

Il capitolo 5 illustra la trasformata di Fourier quantistica e la sua applicazione all’algoritmo di fattorizzazione di Shor, mentre il capitolo 6 spiega l’algoritmo di ricerca di Grover e spiega la ricerca quantistica su un grafo completo tramite un quantum walk (cammino aleatorio quantistico) continuo nel tempo.

I capitoli 7 e 8 affrontano le questioni cruciali del rumore e degli errori nella computazione quantistica. L'effetto del rumore è studiato utilizzando l'approccio basato sulle operazioni quantistiche, mentre la correzione quantistica degli errori è dimostrata con il semplice ma rilevante esempio del codice a tre qubit, considerando errori di bit flip, phase flip e bit-phase flip. Potete trovare alcuni dettagli sulla fault tolerant quantum computation (computazione quantistica tollerante agli errori) insieme al teorema corrispondente per la computazione quantistica tollerante agli errori (threshold theorem o quantum fault-tolerance theorem).

La parte finale della guida è dedicata alle principali implementazioni fisiche della computazione quantistica, e, in particolare, alle realizzazioni fisiche dei qubit. Il capitolo 9 presenta gli aspetti fondamentali dei sistemi a due livelli, come le particelle con spin–1/2 e gli atomi a due livelli, insieme alle basi dell'elettrodinamica quantistica in cavità (il modello di Rabi e il modello di Jaynes–Cummings). Questo quadro è molto comune e può essere applicato in diversi scenari fisici. Il capitolo contiene una sezione sui qubit fotonici, che non solo sono alla base della computazione quantistica ottica, ma trovano applicazione in altri contesti, come nel cosiddetto "boson sampling" e nella comunicazione quantistica.

La computazione che sfrutta gli ioni intrappolati è discussa nel capitolo 10, mentre la fisica dei qubit superconduttori nei regimi di carica e di transmon qubit è riportata nel capitolo 11. Infine, il capitolo 12 esplora un approccio basato sull'evoluzione temporale adiabatica di un sistema quantistico per affrontare problemi computazionali e, in particolare, viene proposta la sua applicazione al problema della fattorizzazione dei numeri interi.

Nel portare a termine questo lavoro, mi sono reso conto che avrei voluto aggiungere più aspetti riguardanti l'affascinante mondo della computazione quantistica, ma avrei rischiato di rendere la guida troppo specialistica, andando oltre il suo obiettivo iniziale: una guida che permetta a chi la legge di fare i primi passi (e non solo) nell'"arena concettuale" che è la computazione quantistica!

Febbraio 2026 Stefano Olivares

Ringraziamenti Prima di tutto, vorrei riconoscere i preziosi suggerimenti e commenti che ho ricevuto dalla comunità studentesca. Il riscontro da parte di chi ha seguito le mie lezioni è stato fondamentale per migliorare il contenuto e l'esposizione di questi argomenti anno dopo anno. Sono profondamente grato per i loro contributi, che hanno notevolmente migliorato la qualità di questo lavoro. Desidero esprimere la mia sincera gratitudine ai miei colleghi dell'Università degli Studi di Milano. In particolare, vorrei ringraziare Matteo G. A. Paris, Dario Tamascelli, Alessandro Ferraro, Marco G. Genoni, Claudia Benedetti, Simone Cialdi e Paolo Arosio per le diverse discussioni che abbiamo avuto. La loro competenza e il loro incoraggiamento sono stati essenziali nello sviluppo di questa guida. Sono anche grato a Lisa Scalone, Publishing Senior Editor nel team Books Physics di Springer Nature, per il suo supporto e per avermi sostenuto nel credere in questo progetto.

Infine, ricordo e ringrazio Fabrizio Castelli per tutti gli anni trascorsi insieme a discutere di fisica, tecnologia, fantascienza e vita. Non potrai leggere queste pagine, ma sappi, Fabrizio, che la tua schiettezza, umana e scientifica, e il tuo modo unico di affrontare le domande fondamentali della fisica, sempre con passione e al tempo stesso con rigoroso pragmatismo, sono e resteranno un punto fermo che mi accompagnerà ogni volta che entrerò in aula.

Competing Interests The author has no competing interests to declare that are relevant to the content of this manuscript.

Indice

Capitolo 1
Concetti di base della logica classica

Sommario In questo capitolo diamo una breve introduzione alla logica classica introducendo le principali porte logiche (classiche) che agiscono su sequenze o, meglio, stringhe di bit. Per rappresentare i valori logici dei bit, cioè “0” e “1”, sfruttiamo gli stessi simboli utilizzati nella notazione di Dirac, cioè $|0\rangle$ e $|1\rangle$. Concentrandoci sulle porte reversibili a uno e due qubit giungiamo alla rappresentazione delle porte logiche attraverso le matrici di Pauli, che saranno utili per tutto il resto di questo libro. Vengono anche introdotte il NOT controllato (controlled NOT, CNOT) e la trasformazione o porta di Hadamard.

1.1 Rappresentazione astratta dei bit

L'informazione classica è trasportata da variabili numeriche ed è estremamente utile utilizzare la rappresentazione binaria $\{0, 1\}$ per codificarla. Se consideriamo quattro variabili binarie $x_k \in \{0, 1\}$, $k = 0, \ldots, 3$, un numero intero x può essere scritto in notazione binaria come segue:

$$\begin{aligned} x &\to x_3\, x_2\, x_1\, x_0, \\ &= x_3 \times 2^3 + x_2 \times 2^2 + x_1 \times 2^1 + x_0 \times 2^0 . \end{aligned} \tag{1.1}$$

Ad esempio, $1001 \to 1 \times 2^3 + 0 \times 2^2 + 0 \times 2^1 + 1 \times 2^0 = 9$.

La *quantità di informazione* trasportata dalla variabile binaria è chiamata *bit*. Ogni variabile binaria può assumere solo due valori, quindi una sequenza di n variabili binarie può effettivamente essere utilizzata per codificare $N = 2^n$ numeri diversi. La lunghezza di una stringa ci dice lo “spazio” necessario per contenere il numero. Possiamo considerare la quantità $\log_2 N = \log_2 2^n = n$ come una misura dell'informazione. Notare che un singolo bit trasporta $\log_2 2 = 1$ bit di informazione.

Invece di utilizzare i simboli “0” e “1”, qui considereremo i simboli *astratti* $|0\rangle$ e $|1\rangle$, rispettivamente. In questo formalismo, la stringa binaria “1001” si riscrive

S. Olivares, *Guida allo studio della computazione quantistica*,
https://doi.org/10.1007/978-3-032-23971-6_1

come:[1]

$$1001 \to |1\rangle|0\rangle|0\rangle|1\rangle, \tag{1.2}$$

che rappresenta lo *stato* dei quattro bit classici che trasportano l'informazione. È importante notare che, in realtà, ogni simbolo $|x\rangle$, $x = 0, 1$, è associato a un'entità *fisica*. Pertanto, possiamo identificare il valore numerico del bit classico con il bit stesso. Per semplicità, possiamo impiegare la seguente notazione:

$$|1001\rangle \equiv |1\rangle|0\rangle|0\rangle|1\rangle \tag{1.3}$$

o scrivere anche:

$$|1001\rangle \equiv |9\rangle_4 \tag{1.4}$$

dove la notazione decimale "9" rappresenta il valore binario "1001" e il pedice "4" si riferisce ai quattro bit utilizzati per codificare il numero (infatti, matematicamente, le due stringhe binarie "1001" e "0000001001" rappresentano lo stesso numero digitale "9", ma, fisicamente, la prima coinvolge solo quattro bit, la seconda impiega dieci bit!!).

È possibile associare due vettori colonna ai simboli $|0\rangle$ e $|1\rangle$ come segue:

$$|0\rangle \to \begin{pmatrix} 1 \\ 0 \end{pmatrix}, \quad \text{e} \quad |1\rangle \to \begin{pmatrix} 0 \\ 1 \end{pmatrix}. \tag{1.5}$$

Vediamo chiaramente che i due vettori sono ortonormali. Il simbolo $|1\rangle|0\rangle|0\rangle|1\rangle$ è, quindi, una scrittura compatta per il prodotto tensoriale di quattro vettori 2-dimensionali a singolo bit, cioè:

$$|1\rangle|0\rangle|0\rangle|1\rangle \equiv |1\rangle \otimes |0\rangle \otimes |0\rangle \otimes |1\rangle. \tag{1.6}$$

Concentriamoci su uno spazio 4-dimensionale, con base ortonormale:

$$|0\rangle_2 = |00\rangle \to \begin{pmatrix} 1 \\ 0 \\ 0 \\ 0 \end{pmatrix}, \quad |1\rangle_2 = |01\rangle \to \begin{pmatrix} 0 \\ 1 \\ 0 \\ 0 \end{pmatrix}, \tag{1.7a}$$

$$|2\rangle_2 = |10\rangle \to \begin{pmatrix} 0 \\ 0 \\ 1 \\ 0 \end{pmatrix}, \quad |3\rangle_2 = |11\rangle \to \begin{pmatrix} 0 \\ 0 \\ 0 \\ 1 \end{pmatrix}, \tag{1.7b}$$

[1] Vedremo più avanti la struttura matematica di questo formalismo.

dove abbiamo esplicitamente valutato il prodotto tensoriale.[2] In questo modo è possibile ottenere il vettore colonna 2^n-dimensionale rappresentante uno qualsiasi dei 2^n possibili stati di n bit.

Se $x = (x_0, x_1, \ldots, x_{n-1})^\mathsf{T}$, $x_k \in \{0, 1\}$, $k = 0, \ldots, n-1$, è un vettore colonna associato alla rappresentazione binaria di un intero $0 \leq x < 2^n$, allora:

$$x = \sum_{k=0}^{n-1} x_k 2^k \,, \tag{1.8}$$

e abbiamo:[3]

$$|x\rangle_n = |x_{n-1}\rangle \otimes \cdots \otimes |x_0\rangle = |x_{n-1} \, \cdots \, x_1 \, x_0\rangle, \tag{1.9}$$

ovvero, $|x\rangle_n$ è il prodotto tensoriale degli stati a singolo bit $|x_k\rangle$.

1.2 Operazioni logiche classiche

Qualsiasi operazione logica o aritmetica può essere ottenuta dalla composizione di tre operazioni o porte logiche elementari: "NOT", "AND" e "OR". L'operazione NOT agisce su un singolo bit, mentre AND e OR sono operazioni a due bit. Le loro azioni sono riassunte nelle tabelle di verità 1.1, 1.2 e 1.3.

Vale la pena notare che le tre operazioni logiche introdotte sopra non sono indipendenti: dato NOT e OR è possibile ottenere l'operazione AND; analogamente, dato NOT e AND è possibile ottenere l'operazione OR. Pertanto, possiamo introdurre i due operatori *universali* "NOR" (NOT OR) e "NAND" (NOT AND):

$$\mathrm{NOR}|x\rangle|y\rangle \equiv |\overline{x \vee y}\rangle = |\overline{x} \wedge \overline{y}\rangle, \tag{1.10a}$$

$$\mathrm{NAND}|x\rangle|y\rangle \equiv |\overline{x \wedge y}\rangle = |\overline{x} \vee \overline{y}\rangle. \tag{1.10b}$$

Un altro operatore utile è lo XOR, o operatore OR *esclusivo*, che corrisponde alla somma modulo-2 bit per bit. La sua azione è riassunta nella tabella 1.4. Si noti che $|\overline{x}\rangle = |x \oplus 1\rangle$. Infatti lo XOR può essere ridotto a operazioni più elementari come:

$$|x \oplus y\rangle = |(x \vee y) \wedge \overline{(x \wedge y)}\rangle. \tag{1.11}$$

[2] Il prodotto tensoriale dei due vettori colonna $(a_1, \ldots, a_N)^\mathsf{T}$ e $(b_1, \ldots, b_M)^\mathsf{T}$ è un vettore con componenti $N \cdot M$ indicizzate da tutte le $M \cdot N$ possibili coppie di indici (ν, μ), la cui componente (ν, μ)-esima è proprio il prodotto $a_\nu b_\mu$.

[3] Notare che l'espansione binaria del vettore colonna $x = (x_0, x_1, \ldots, x_{n-1})^\mathsf{T}$ è $x \to x_{n-1} \, \cdots \, x_1 \, x_0$.

Tabella 1.1 Operazione NOT. Abbiamo usato la notazione alternativa NOT$|x\rangle = |\overline{x}\rangle$

$\|x\rangle$	$\|\overline{x}\rangle$
$\|0\rangle$	$\|1\rangle$
$\|1\rangle$	$\|0\rangle$

Tabella 1.2 Operazione AND. Abbiamo usato la notazione alternativa AND$|x\rangle|y\rangle = |x \wedge y\rangle$

$\|x\rangle\|y\rangle$	$\|x \wedge y\rangle$
$\|0\rangle\|0\rangle$	$\|0\rangle$
$\|0\rangle\|1\rangle$	$\|0\rangle$
$\|1\rangle\|0\rangle$	$\|0\rangle$
$\|1\rangle\|1\rangle$	$\|1\rangle$

Tabella 1.3 Operazione OR. Abbiamo usato la notazione alternativa OR$|x\rangle|y\rangle = |x \vee y\rangle$

$\|x\rangle\|y\rangle$	$\|x \vee y\rangle$
$\|0\rangle\|0\rangle$	$\|0\rangle$
$\|0\rangle\|1\rangle$	$\|1\rangle$
$\|1\rangle\|0\rangle$	$\|1\rangle$
$\|1\rangle\|1\rangle$	$\|1\rangle$

Tabella 1.4 Operazione XOR. Abbiamo usato la notazione alternativa XOR$|x\rangle|y\rangle = |x \oplus y\rangle$

$\|x\rangle\|y\rangle$	$\|x \oplus y\rangle$
$\|0\rangle\|0\rangle$	$\|0\rangle$
$\|0\rangle\|1\rangle$	$\|1\rangle$
$\|1\rangle\|0\rangle$	$\|1\rangle$
$\|1\rangle\|1\rangle$	$\|0\rangle$

1.2.1 Operazioni logiche reversibili e permutazioni

Una funzione logica è reversibile se ogni output deriva da un unico input: è possibile dimostrare che una funzione reversibile deve essere una *permutazione* degli stati di bit di input. Uno sguardo attento alle tabelle 1.1–1.4 mostra che tra le operazioni presentate, solo NOT è reversibile. La reversibilità gioca un ruolo rilevante nella computazione quantistica, poiché, come vedremo, il processo computazionale quantistico generale può essere modellato con un'operazione unitaria che è effettivamente reversibile.

1.3 Operazioni reversibili su singolo bit

Il NOT è l'unica operazione (classica) reversibile che agisce su singoli bit (escludendo l'operatore identità $\hat{\mathbb{I}}$, che è un'operazione banale). Utilizzando il formalismo matriciale, possiamo rappresentare NOT con la matrice 2×2:

$$\mathbf{X} \to \begin{pmatrix} 0 & 1 \\ 1 & 0 \end{pmatrix}. \tag{1.12}$$

Poiché $\mathbf{X}^2 = \hat{\mathbb{I}} \to \mathbb{1}_2 = \text{diag}(1, 1)$ è la matrice identità 2×2, segue che $\mathbf{X}$ è invertibile e $\mathbf{X} = \mathbf{X}^{-1}$.

È anche istruttivo introdurre gli operatori $\mathbf{N}$, l'operatore numero, e $\overline{\mathbf{N}} = \hat{\mathbb{I}} - \mathbf{N}$:

$$\mathbf{N}|x\rangle = x|x\rangle, \quad \text{e} \quad \overline{\mathbf{N}}|x\rangle = \overline{x}|x\rangle, \quad x \in \{0, 1\}. \tag{1.13}$$

Le matrici corrispondenti sono:

$$\mathbf{N} \to \begin{pmatrix} 0 & 0 \\ 0 & 1 \end{pmatrix}, \quad \text{e} \quad \overline{\mathbf{N}} \to \begin{pmatrix} 1 & 0 \\ 0 & 0 \end{pmatrix}. \tag{1.14}$$

Classicamente, $\mathbf{N}$ e $\overline{\mathbf{N}}$ sono solo operatori matematici e non corrispondono a un'operazione fisica, ad esempio non possiamo immaginare il significato di moltiplicare per 0 lo *stato*—non il *valore numerico*—di un bit ... Tuttavia, potrebbero essere utili dal punto di vista formale, come vedremo nel seguito.

1.4 Operazioni reversibili a due bit

1.4.1 SWAP

L'operazione SWAP scambia i *valori* x e y dei due bit $|x\rangle|y\rangle$:

$$\mathbf{S}|x\rangle|y\rangle = |y\rangle|x\rangle. \tag{1.15}$$

Se consideriamo lo stato a n-bit $|x\rangle_n$, allora possiamo definire l'operatore $\mathbf{S}_{hk}$ che agisce sui bit h e k, cioè:

$$\begin{aligned} \mathbf{S}_{hk}|x\rangle_n &= \mathbf{S}_{hk}|x_{n-1}\rangle \cdots |x_h\rangle \cdots |x_k\rangle \cdots |x_0\rangle, \\ &= |x_{n-1}\rangle \cdots |x_k\rangle \cdots |x_h\rangle \cdots |x_0\rangle. \end{aligned} \tag{1.16}$$

Poiché $\mathbf{S}_{hk}\mathbf{S}_{hk} = \hat{\mathbb{I}}$, la SWAP è effettivamente unitaria. È anche possibile rappresentare la SWAP come segue:

$$\mathbf{S}_{hk} = \mathbf{N}_h \otimes \mathbf{N}_k + \overline{\mathbf{N}}_h \otimes \overline{\mathbf{N}}_k + (\mathbf{X}_h \otimes \mathbf{X}_k)\big(\mathbf{N}_h \otimes \overline{\mathbf{N}}_k + \overline{\mathbf{N}}_h \otimes \mathbf{N}_k\big), \tag{1.17}$$

dove $\mathbf{N}_k$, $\overline{\mathbf{N}}_k$ e $\mathbf{X}_k$ sono stati introdotti in sezione 1.3 e agiscono sui bit k-esimi. A volte ometteremo il simbolo del prodotto tensoriale e scriveremo:

$$\mathbf{S}_{hk} = \mathbf{N}_h\mathbf{N}_k + \overline{\mathbf{N}}_h\overline{\mathbf{N}}_k + \mathbf{X}_h\mathbf{X}_k\big(\mathbf{N}_h\overline{\mathbf{N}}_k + \overline{\mathbf{N}}_h\mathbf{N}_k\big), \tag{1.18}$$

Chi legge può verificare l'azione del membro di sinistra dell'Eq. (1.17) sfruttando le proprietà del prodotto tensoriale e ricordando che, dati due operatori $\mathbf{A}_h$ e $\mathbf{B}_k$, che agiscono sui bit h-esimo e k-esimo, rispettivamente, si ha:

$$\text{(i) } \mathbf{A}_h \otimes \mathbf{B}_k|x_h\rangle \otimes |x_k\rangle = \mathbf{A}_h|x_h\rangle \otimes \mathbf{B}_k|x_k\rangle;$$
$$\text{(ii) } (\mathbf{A}_h \otimes \mathbf{B}_k)(\mathbf{C}_h \otimes \mathbf{D}_k) = (\mathbf{A}_h\mathbf{C}_h) \otimes (\mathbf{B}_k\mathbf{D}_k).$$

La rappresentazione matriciale di $\mathbf{S}_{hk}$ è una singola matrice di permutazione.[4]

1.4.2 NOT controllato

Il NOT controllato o, in breve, CNOT, è un "cavallo di battaglia per la computazione quantistica". Questa operazione agisce su un bit *bersaglio* o *target* in base al valore di un bit *controllo*. Per definizione, $\mathbf{C}_{hk}$ inverte lo stato del bit k-esimo (stato bersaglio) solo se lo stato del bit h-esimo (stato di controllo) è $|1\rangle$. L'azione di $\mathbf{C}_{10}$ e $\mathbf{C}_{01}$ è riassunta nella tabella 1.5: possiamo facilmente vedere che agiscono come permutazioni sulla base di input in cui solo due elementi vengono scambiati.

Le rappresentazioni matriciali di $\mathbf{C}_{01}$ e $\mathbf{C}_{10}$ sono:

$$\mathbf{C}_{10} \to \begin{pmatrix} 1 & 0 & 0 & 0 \\ 0 & 1 & 0 & 0 \\ 0 & 0 & 0 & 1 \\ 0 & 0 & 1 & 0 \end{pmatrix}, \quad \mathbf{C}_{01} \to \begin{pmatrix} 1 & 0 & 0 & 0 \\ 0 & 0 & 0 & 1 \\ 0 & 0 & 1 & 0 \\ 0 & 1 & 0 & 0 \end{pmatrix}, \tag{1.19}$$

rispettivamente.

Notare che, in generale, possiamo riassumere l'azione del CNOT come segue:

$$\begin{aligned} \mathbf{C}_{hk}|x\rangle_n &= \mathbf{C}_{hk}|x_{n-1}\rangle \cdots |x_h\rangle \cdots |x_k\rangle \cdots |x_0\rangle, \\ &= |x_{n-1}\rangle \cdots |x_h\rangle \cdots |x_k \oplus x_h\rangle \cdots |x_0\rangle, \end{aligned} \tag{1.20}$$

dove abbiamo usato $|x_k \oplus x_h\rangle = |\overline{x}_k\rangle$ se e solo se $|x_h\rangle = |1\rangle$. È chiaro che il CNOT agisce come un XOR generalizzato.

Ora, introduciamo l'operatore:

$$\mathbf{Z} = \overline{\mathbf{N}} - \mathbf{N} \to \begin{pmatrix} 1 & 0 \\ 0 & -1 \end{pmatrix}, \tag{1.21}$$

e $\mathbf{XZ} = -\mathbf{ZX}$. È facile vedere che:

$$\mathbf{Z}|x\rangle = (-1)^x|x\rangle, \quad x \in \{0, 1\}. \tag{1.22}$$

Da un punto di vista classico, l'azione di $\mathbf{Z}$ non ha senso: moltiplica per -1 lo stato $|1\rangle$—notare che è lo *stato* del bit ad essere moltiplicato per -1 e non il suo valore numerico!

[4] La forma esplicita della matrice di permutazione associata a $\mathbf{S}_{hk}$ può essere ottenuta partendo dalla matrice identità e scambiando le colonne h-esima e k-esima.

Tabella 1.5 Operazione CNOT

$\lvert x\rangle\lvert y\rangle$	$\mathbf{C}_{10}$	$\mathbf{C}_{01}$
$\lvert 0\rangle\lvert 0\rangle$	$\lvert 0\rangle\lvert 0\rangle$	$\lvert 0\rangle\lvert 0\rangle$
$\lvert 0\rangle\lvert 1\rangle$	$\lvert 0\rangle\lvert 1\rangle$	$\lvert 1\rangle\lvert 1\rangle$
$\lvert 1\rangle\lvert 0\rangle$	$\lvert 1\rangle\lvert 1\rangle$	$\lvert 1\rangle\lvert 0\rangle$
$\lvert 1\rangle\lvert 1\rangle$	$\lvert 1\rangle\lvert 0\rangle$	$\lvert 0\rangle\lvert 1\rangle$

Poiché, $\mathbf{N} = \frac{1}{2}(\hat{\mathbb{I}} - \mathbf{Z})$ e $\overline{\mathbf{N}} = \frac{1}{2}(\hat{\mathbb{I}} + \mathbf{Z})$ che deriva direttamente da Eq. (1.22), possiamo scrivere:[5]

$$\mathbf{C}_{hk} = \frac{1}{2}(\hat{\mathbb{I}} + \mathbf{Z}_h) + \frac{1}{2}(\hat{\mathbb{I}} - \mathbf{Z}_h)\mathbf{X}_k, \tag{1.23a}$$

$$= \frac{1}{2}(\hat{\mathbb{I}} + \mathbf{X}_k) + \frac{1}{2}\mathbf{Z}_h(\hat{\mathbb{I}} - \mathbf{X}_k), \tag{1.23b}$$

dove abbiamo omesso il simbolo del prodotto tensoriale.

1.4.3 SWAP, CNOT e matrici di Pauli

Sostituendo le Eq. (1.23) in Eq. (1.33), si trova la seguente interessante identità per l'operatore SWAP:

$$\mathbf{S}_{hk} = \frac{1}{2}(\hat{\mathbb{I}} + \mathbf{Z}_h\mathbf{Z}_k) + \frac{1}{2}\mathbf{X}_h\mathbf{X}_k(\hat{\mathbb{I}} - \mathbf{Z}_h\mathbf{Z}_k), \tag{1.24}$$

che può essere anche scritta come:

$$\mathbf{S}_{hk} = \frac{1}{2}(\hat{\mathbb{I}} + \mathbf{X}_h\mathbf{X}_k - \mathbf{Y}_h\mathbf{Y}_k + \mathbf{Z}_h\mathbf{Z}_k), \tag{1.25}$$

dove:[6]

$$\mathbf{Y}_k = \mathbf{Z}_k\mathbf{X}_k \rightarrow \begin{pmatrix} 0 & 1 \\ -1 & 0 \end{pmatrix}. \tag{1.26}$$

---

[5] Per semplificare il formalismo, usiamo la seguente convenzione:

$$\mathbf{A}_h \otimes \hat{\mathbb{I}}(\lvert x_h\rangle \otimes \lvert x_k\rangle) \equiv \mathbf{A}_h(\lvert x_h\rangle \otimes \lvert x_k\rangle),$$

cioè, $\mathbf{A}_h \otimes \hat{\mathbb{I}} \equiv \mathbf{A}_h$.

[6] Vale la pena notare che nel nostro formalismo se $k \neq h$ abbiamo $\mathbf{A}_k\mathbf{B}_h = \mathbf{A}_k \otimes \mathbf{B}_h$, poiché i due operatori si riferiscono a entità fisiche diverse; il simbolo $\mathbf{A}_k\mathbf{B}_k$ rappresenta la composizione dei due operatori.

Se, tuttavia, introduciamo gli operatori di Pauli (e le corrispondenti matrici di Pauli 2×2):

$$\hat{\sigma}_x \to \sigma_x = \begin{pmatrix} 0 & 1 \\ 1 & 0 \end{pmatrix}, \quad \hat{\sigma}_y \to \sigma_y = \begin{pmatrix} 0 & -i \\ i & 0 \end{pmatrix}, \quad \hat{\sigma}_z \to \sigma_z = \begin{pmatrix} 1 & 0 \\ 0 & -1 \end{pmatrix} \tag{1.27}$$

abbiamo:

$$\mathsf{S}_{hk} = \frac{1}{2}\left(\hat{\mathbb{I}} + \hat{\sigma}_x^{(h)}\hat{\sigma}_x^{(k)} + \hat{\sigma}_y^{(h)}\hat{\sigma}_y^{(k)} + \hat{\sigma}_z^{(h)}\hat{\sigma}_z^{(k)}\right), \tag{1.28}$$

dove gli apici si riferiscono ai qubit target.

Analogamente possiamo scrivere il CNOT come:

$$\mathsf{C}_{hk} = \frac{1}{2}\left(\hat{\mathbb{I}} + \hat{\sigma}_x^{(k)} + \hat{\sigma}_z^{(h)} - \hat{\sigma}_z^{(h)}\hat{\sigma}_x^{(k)}\right), \tag{1.29}$$

Le matrici di Pauli, insieme alla matrice identità, formano una base per le matrici 2×2 e hanno le seguenti proprietà:

$$[\hat{\sigma}_x, \hat{\sigma}_y] = \hat{\sigma}_x\hat{\sigma}_y - \hat{\sigma}_y\hat{\sigma}_x = 2i\,\hat{\sigma}_z, \tag{1.30a}$$

$$[\hat{\sigma}_y, \hat{\sigma}_z] = \hat{\sigma}_y\hat{\sigma}_z - \hat{\sigma}_z\hat{\sigma}_y = 2i\,\hat{\sigma}_x, \tag{1.30b}$$

$$[\hat{\sigma}_z, \hat{\sigma}_x] = \hat{\sigma}_z\hat{\sigma}_x - \hat{\sigma}_x\hat{\sigma}_z = 2i\,\hat{\sigma}_y, \tag{1.30c}$$

o, introducendo il tensore totalmente antisimmetrico ε_{hkl}, $[\hat{\sigma}_h, \hat{\sigma}_k] = 2i\,\varepsilon_{hkl}\hat{\sigma}_l$.

1.4.4 La trasformazione di Hadamard

La trasformazione di Hadamard è definita come:

$$\mathsf{H} = \frac{1}{\sqrt{2}}(\mathsf{X} + \mathsf{Z}) \to \frac{1}{\sqrt{2}}\begin{pmatrix} 1 & 1 \\ 1 & -1 \end{pmatrix}. \tag{1.31}$$

Sebbene, parlando classicamente, l'azione di H su $|x\rangle$ non abbia senso, poiché H trasforma uno stato di singolo bit in una combinazione lineare di stati, cioè:

$$\mathsf{H}|x\rangle = \frac{|0\rangle + (-1)^x|1\rangle}{\sqrt{2}},$$

o, esplicitamente:

$$\mathsf{H}|0\rangle = \frac{|0\rangle + |1\rangle}{\sqrt{2}}, \quad \text{e} \quad \mathsf{H}|1\rangle = \frac{|0\rangle - |1\rangle}{\sqrt{2}}, \tag{1.32}$$

questa trasformazione è utile quando applicata ricorsivamente ad altri operatori, come chi legge può vedere dai problemi 1.6 e 1.7.

Problemi

1.1 Dimostrare che NOR e NAND sono universali.

1.2 Verificare che $\mathbf{X}|x\rangle = |\overline{x}\rangle$.

1.3 Verificare che $\overline{\mathbf{N}}^2 = \overline{\mathbf{N}}$ e $\mathbf{N}\overline{\mathbf{N}} = \overline{\mathbf{N}}\mathbf{N} = \mathbf{0}$.

1.4 Verificare che $\mathbf{C}_{hk} = \overline{\mathbf{N}}_h + \mathbf{N}_h\mathbf{X}_k$, dove i sottoindici si riferiscono al bit influenzato dall'operazione.

1.5 ♣ Mostrare che la stessa azione della SWAP può essere ottenuta tramite l'applicazione di tre operazioni CNOT, ovvero:

$$\mathbf{S}_{hk} = \mathbf{C}_{hk}\mathbf{C}_{kh}\mathbf{C}_{hk}. \tag{1.33}$$

1.6 ♣ Mostrare che $\mathbf{HXH} = \mathbf{Z}$ e $\mathbf{HZH} = \mathbf{X}$, cioè, la trasformazione di Hadamard permette di trasformare $\mathbf{X}$ in $\mathbf{Z}$ e *viceversa*.

1.7 ♣ Mostrare che:

$$\mathbf{C}_{hk} = \mathbf{H}_h\mathbf{H}_k\mathbf{C}_{kh}\mathbf{H}_h\mathbf{H}_k, \tag{1.34}$$

dove i sottoindici hanno il solito significato—la trasformazione di Hadamard permette di scambiare i ruoli del bit di destinazione e del bit di controllo di un CNOT, ovvero:

$$\mathbf{C}_{hk} \to \mathbf{C}_{kh}.$$

Ulteriori letture

M. A. Nielsen and I. L. Chuang, *Quantum Computation and Quantum Information* (Cambridge University Press, 2010) – Capitolo 1

N. D. Mermin, *Quantum Computer Science* (Cambridge University Press, 2007) – Capitolo 1

Capitolo 2
Elementi di meccanica quantistica

Sommario In questo capitolo rivediamo brevemente il quadro teorico della meccanica quantistica. In particolare, presentiamo i postulati della meccanica quantistica e la descrizione della rivelazione attraverso le misure a valore di operatore positivo (positive operator valued measure, POVM). Introduciamo anche l'operatore densità che descrive il sistema, evidenziando la differenza tra stati puri e misti. Viene anche anche menzionato il concetto di "entanglement" quantificandolo attraverso l'entropia di entanglement e la cosiddetta "concurrence" per sistemi a due qubit.

2.1 Notazione di Dirac (in breve)

In tutto questo capitolo utilizziamo la notazione braket di Dirac. Un vettore complesso (o stato) di dimensione n è rappresentato con il simbolo $|\psi\rangle_n$, che viene chiamato "ket". Dati due vettori $|\psi\rangle_n$ e $|\phi\rangle_n$, usiamo il seguente simbolo per il *prodotto interno* (omettiamo l'indice n): $\langle\psi|(|\phi\rangle) \equiv \langle\psi|\phi\rangle \in \mathbb{C}$. Infatti, $\langle\psi|\phi\rangle$ può essere visto come un funzionale lineare associato al vettore $|\psi\rangle$ che prende $|\phi\rangle$ in un numero complesso. Questo funzionale è $(|\psi\rangle)^\dagger = \langle\psi|$, dove il simbolo $(\cdots)^\dagger$ rappresenta l'operatore aggiunto, e $\langle\psi|$ è chiamato "bra". Come al solito, il prodotto interno soddisfa le seguenti proprietà:

(i) $\langle\psi|\phi\rangle = \langle\phi|\psi\rangle^*$;
(ii) $\langle\psi|(\alpha|\phi\rangle + \beta|\gamma\rangle) = \alpha\langle\psi|\phi\rangle + \beta\langle\psi|\gamma\rangle$, $\forall\alpha, \beta \in \mathbb{C}$;
(iii) $\langle\psi|\psi\rangle = 0 \Leftrightarrow |\psi\rangle = 0$.

Possiamo espandere il vettore (2^n-dimensionale) $|\psi\rangle$ come segue:

$$|\psi\rangle = \sum_{x=0}^{2^n-1} \alpha_x |x\rangle, \tag{2.1}$$

dove $\langle x|y\rangle = \delta_{xy}$ e δ_{xy} è la delta di Kronecker, e $\{|x\rangle\}$ è una base dello spazio, cioè dello spazio di Hilbert, ovvero, uno spazio vettoriale complesso con prodotto

S. Olivares, *Guida allo studio della computazione quantistica*,
https://doi.org/10.1007/978-3-032-23971-6_2

interno, come vedremo nella sezione 2.3. Utilizzando la stessa associazione tra ket e vettori introdotta nella sezione 1.1, abbiamo:

$$|\psi\rangle \to \begin{pmatrix} \alpha_0 \\ \alpha_1 \\ \vdots \\ \alpha_{2^n-1} \end{pmatrix}, \quad \text{e} \quad \langle\psi| \to \left(\alpha_0^*, \alpha_1^*, \ldots, \alpha_{2^n-1}^*\right), \tag{2.2}$$

dove $\langle x|\psi\rangle = \alpha_x$ e i vettori di base $|x\rangle$, $0 \leq x < 2^n$, sono stati introdotti nella sezione 1.1. È ora chiaro che, con questa associazione, il prodotto interno tra bra e ket corrisponde al prodotto interno standard tra i vettori corrispondenti.

Consideriamo ora l'operatore lineare $\hat{A}$ che agisce su un ket $|\psi\rangle$ portando a un nuovo vettore, cioè $\hat{A}|\psi\rangle = |\psi'\rangle$. Abbiamo $(\hat{A}|\psi\rangle)^\dagger = \langle\psi|\hat{A}^\dagger$ e:

$$\langle\phi|\hat{A}|\psi\rangle = \underbrace{\left(\langle\phi|\hat{A}\right)}_{\left(\hat{A}^\dagger|\phi\rangle\right)^\dagger} |\psi\rangle = \langle\phi|\left(\hat{A}|\psi\rangle\right). \tag{2.3}$$

Il *prodotto esterno* tra $|\psi\rangle$ e $|\phi\rangle$ è un operatore$|\psi\rangle\langle\phi|$ la cui azione su $|\gamma\rangle$ si legge:

$$|\psi\rangle\langle\phi|(|\gamma\rangle) = |\psi\rangle\langle\phi|\gamma\rangle \equiv \langle\phi|\gamma\rangle|\psi\rangle. \tag{2.4}$$

Inoltre, abbiamo:

$$|\psi\rangle\langle\phi| \to \begin{pmatrix} \alpha_0 \\ \alpha_1 \\ \vdots \\ \alpha_{2^n-1} \end{pmatrix} \cdot \left(\beta_0^*, \beta_1^*, \ldots, \beta_{2^n-1}^*\right) \equiv \mathbf{M}, \tag{2.5}$$

dove $\mathbf{M}$ è una matrice $2^n \times 2^n$ con entrate $[\mathbf{M}]_{xy} = \alpha_x \beta_y^*$, e abbiamo scritto $|\psi\rangle = \sum_x \alpha_x |x\rangle$ e $|\phi\rangle = \sum_y \beta_y |y\rangle$.

L'operatore $\hat{P}_x = |x\rangle\langle x|, 0 \leq x < 2^n$, è chiamato *proiettore* sul vettore $|x\rangle$ (infatti, si può definire un proiettore $\hat{P}_\psi = |\psi\rangle\langle\psi|$ sullo stato $|\psi\rangle$). Poiché $\{|x\rangle\}$ è una base ortonormale per lo spazio vettoriale di dimensione 2^n, abbiamo la seguente relazione di *completezza*:

$$\sum_x |x\rangle\langle x| = \hat{\mathbb{I}}, \tag{2.6}$$

cioè una risoluzione dell'operatore identità. La relazione di completezza può essere utilizzata per esprimere vettori e operatori in una particolare base ortonormale.

2.2 Bit quantistici – qubit

Consideriamo lo spazio vettoriale complesso generato dai due vettori colonna associati agli stati di bit $|0\rangle$ e $|1\rangle$ (cioè uno spazio di Hilbert complesso bidimensionale). Poiché i due stati formano una base per questo spazio, qualsiasi combinazione lineare, o *sovrapposizione* del tipo:

$$|\psi\rangle = \alpha|0\rangle + \beta|1\rangle \rightarrow \begin{pmatrix} \alpha \\ \beta \end{pmatrix}, \tag{2.7}$$

dove $\alpha, \beta \in \mathbb{C}$, appartiene allo spazio. Se $|\alpha|^2 + |\beta|^2 = 1$, cioè, se $|\psi\rangle$ è *normalizzato*, ci riferiremo allo stato (2.7) come *bit quantistico* o semplicemente *qubit*. Naturalmente, se $\alpha = 0$ o $\beta = 0$, allora $|\psi\rangle = |1\rangle$ o $|\psi\rangle = |0\rangle$, rispettivamente.[1]

La base $\{|0\rangle, |1\rangle\}$ è chiamata *base computazionale* e l'informazione sono codificata nei numeri complessi α e β: ne consegue che in un singolo qubit è possibile codificare una quantità infinita di informazione. Almeno potenzialmente … Infatti, per estrarre l'informazione dovremmo eseguire una *misura* sul qubit: come vedremo nelle prossime sezioni, è un aspetto fondamentale della Natura che quando osserviamo un sistema che si trova nello stato di sovrapposizione (2.7), lo troviamo o nello stato $|0\rangle$ o in $|1\rangle$ con probabilità $p(0) = |\alpha|^2$ e $p(1) = |\beta|^2$, ecco perché $|\alpha|^2 + |\beta|^2 = 1$.[2]

Poiché $|\alpha|^2 + |\beta|^2 = 1$, possiamo utilizzare la seguente utile parametrizzazione per le ampiezze dello stato del qubit:[3]

$$\alpha = \cos\frac{\theta}{2}, \quad \text{e} \quad \beta = e^{i\phi}\sin\frac{\theta}{2}, \tag{2.8}$$

ottenendo:

$$|\psi\rangle = \cos\frac{\theta}{2}|0\rangle + e^{i\phi}\sin\frac{\theta}{2}|1\rangle. \tag{2.9}$$

Discuteremo nei capitoli 9, 10 e 11 alcuni esempi di realizzazione fisica dei qubit.

---

[1] Chi legge può osservare che si dovrebbe scrivere $|\psi\rangle = e^{i\phi}|1\rangle$ o $|\psi\rangle = e^{i\phi}|0\rangle$, ma vedremo nella sezione 2.3 che una *fase* globale, come $e^{i\phi}$, non ha un significato fisico.

[2] Qui stiamo supponendo che l'operazione di misura permetta di osservare come risultati gli stati $|0\rangle$ o $|1\rangle$, cioè, la base computazionale; naturalmente si può scegliere una base diversa per la misura, ad esempio si può anche utilizzare un'altra base computazionale come $\{|+\rangle, |-\rangle\}$, dove $|\pm\rangle = 2^{-1/2}(|0\rangle + |1\rangle)$.

[3] Più in generale si dovrebbe avere $\alpha = e^{i\delta}\cos\frac{\theta}{2}$ e $\beta = e^{i\phi}\sin\frac{\theta}{2}$, ma questo è equivalente ad aggiungere una fase globale allo stato e, quindi, possiamo impostare $\delta = 0$.

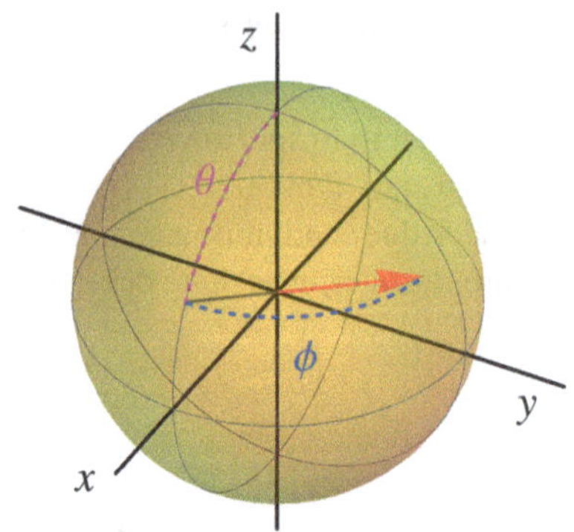

Figura 2.1 La sfera di Bloch è rappresentata dalla sfera unitaria gialla, mentre il vettore rosso rappresenta uno stato puro, cioè, uno stato appartenente alla superficie della sfera. Vengono mostrati anche i due angoli θ (magenta) e ϕ (blu) che identificano lo stato quantistico

2.2.1 La sfera di Bloch

Possiamo associare i seguenti tre numeri reali al qubit (2.9):

$$r_x = \sin\theta\,\cos\phi, \quad r_y = \sin\theta\,\sin\phi, \quad r_z = \cos\theta, \tag{2.10}$$

che possono essere visti come le componenti di un vettore tridimensionale, cioè:

$$\boldsymbol{r} = \begin{pmatrix} r_x \\ r_y \\ r_z \end{pmatrix} = \begin{pmatrix} \sin\theta\,\cos\phi \\ \sin\theta\,\sin\phi \\ \cos\theta \end{pmatrix}. \tag{2.11}$$

Inoltre, poiché $|\boldsymbol{r}| = \sqrt{r_x^2 + r_y^2 + r_z^2} = 1$, $\boldsymbol{r}$ rappresenta un punto sulla superficie della sfera unitaria, la cosiddetta sfera di Bloch. Nella figura 2.1 mostriamo la sfera di Bloch e la rappresentazione vettoriale di uno stato quantistico (il vettore rosso).

In particolare abbiamo:

$$|0\rangle \Rightarrow \begin{pmatrix} 0 \\ 0 \\ 1 \end{pmatrix}, \quad \text{e} \quad |1\rangle \Rightarrow \begin{pmatrix} 0 \\ 0 \\ -1 \end{pmatrix}, \tag{2.12}$$

ovvero, $|0\rangle$ corrisponde al polo nord della sfera di Bloch, mentre $|1\rangle$ al suo polo sud. Lo stato $|\psi\rangle = 2^{-1/2}(|0\rangle + \mathrm{e}^{i\phi}|1\rangle)$ rappresenta, al variare di $\phi \in [0, 2\pi)$, gli stati equatoriali.

2.2.2 Stati di qubit multipli

Uno stato di n-qubit si scrive:

$$|\Psi\rangle_n = \sum_{x=0}^{2^n-1} \alpha_x |x\rangle_n, \quad \text{con} \quad \sum_{x=0}^{2^n-1} |\alpha_x|^2 = 1, \tag{2.13}$$

come al solito, l'indice n si riferisce al numero di entità fisiche (qubit) utilizzate per codificare le informazioni. In particolare, lo stato di due qubit diventa:

$$|\Psi\rangle_2 = \alpha_{00}|00\rangle + \alpha_{01}|01\rangle + \alpha_{10}|10\rangle + \alpha_{11}|11\rangle, \tag{2.14}$$

con $|\alpha_{00}|^2 + |\alpha_{10}|^2 + |\alpha_{01}|^2 + |\alpha_{11}|^2 = 1$. In questo caso, ogni $|\alpha_{xy}|^2$ corrisponde alla *probabilità congiunta* di trovare i due qubit dello stato (2.14) nello stato $|x\ y\rangle$.

2.3 Postulati della meccanica quantistica

In questa sezione introduciamo la meccanica quantistica in modo più formale. I postulati della meccanica quantistica sono un elenco di prescrizioni per riassumere: (1) come descrivere lo *stato* di un sistema fisico; (2) come descrivere l'operazione di *misura* o, semplicemente, la misura effettuata su un sistema fisico; (3) come descrivere l'*evoluzione* di un sistema fisico, ovvero come cambia il sistema nel tempo.

Postulato 1 – Stati di un sistema quantistico Ogni sistema fisico è associato a uno spazio di Hilbert complesso $\mathcal{H}$ con prodotto interno. I possibili stati del sistema fisico corrispondono a vettori normalizzati $|\psi\rangle$, cioè, $\langle\psi|\psi\rangle = 1$, che contengono tutte le informazioni sul sistema. Per un sistema composito abbiamo:

$$|\psi\rangle = |\psi_1\rangle \otimes \ldots \otimes |\psi_N\rangle \in \mathcal{H}, \tag{2.15}$$

dove $\mathcal{H} = \mathcal{H}_1 \otimes \ldots \otimes \mathcal{H}_N$ è il prodotto tensoriale degli spazi di Hilbert $\mathcal{H}_k$ associati al k-esimo sottosistema. Se $|\psi\rangle$ e $|\phi\rangle$ sono possibili stati di un sistema quantistico, allora qualsiasi sovrapposizione lineare normalizzata $|\Psi\rangle = \alpha|\psi\rangle + \beta|\phi\rangle$, $\langle\Psi|\Psi\rangle = 1$, è uno stato ammissibile del sistema (notare che, in generale, $\langle\psi|\phi\rangle \neq 0$, quindi si può avere $\langle\Psi|\Psi\rangle = 1$ ma $|\alpha|^2 + |\beta|^2 \neq 1$).

Postulato 2 – Misure quantistiche Le quantità osservabili sono descritte da operatori Hermitiani $\hat{A}$, cioè $\hat{A} = \hat{A}^\dagger$. L'operatore $\hat{A}$ ammette una decomposizione spettrale:

$$\hat{A} = \sum_x a_x \hat{P}(a_x) \tag{2.16}$$

in termini dei autovalori $a_x \in \mathbb{R}$, che sono i possibili valori dell'osservabile, dove $\hat{P}(a_x) = |u_x\rangle\langle u_x|$ e $\hat{A}|u_x\rangle = a_x|u_x\rangle$. Notare che gli autostati ortonormali $\{|u_x\rangle\}$ formano una base per lo spazio di Hilbert. La probabilità di ottenere il risultato a_x dalla misurazione di $\hat{A}$ dato lo stato $|\psi\rangle$ è:

$$p(a_x) = \langle\psi|\hat{P}(a_x)|\psi\rangle = |\langle u_x|\psi\rangle|^2, \tag{2.17}$$

e il valore di aspettazione complessivo è:

$$\langle \hat{A} \rangle = \langle \psi | \hat{A} | \psi \rangle \tag{2.18}$$

Questa è la *regola di Born*, la ricetta fondamentale per collegare la descrizione matematica di uno stato quantistico, la sua funzione d'onda $|\psi\rangle$, alla previsione della teoria quantistica sui risultati di un esperimento. È ora chiaro che una fase complessiva non ha un significato fisico: i due stati $|\psi\rangle$ e $e^{i\phi}|\psi\rangle$, quando inseriti nelle Eq. (2.17) e (2.18), conducono agli stessi risultati e, quindi, rappresentano lo stesso stato fisico!

Postulato 3 – Dinamica di un sistema quantistico L'evoluzione dinamica di un sistema fisico da un tempo iniziale t_0 a un tempo $t \geq t_0$ è descritta da un operatore unitario $\hat{U}(t, t_0)$, con $\hat{U}(t, t_0)\,\hat{U}^\dagger(t, t_0) = \hat{U}^\dagger(t, t_0)\,\hat{U}(t, t_0) = \hat{\mathbb{I}}$. Se $|\psi_{t_0}\rangle$ è lo stato del sistema al tempo t_0, allora al tempo t abbiamo:

$$|\psi_t\rangle = \hat{U}(t, t_0)|\psi_{t_0}\rangle. \tag{2.19}$$

Inoltre, dato $\hat{U}(t, t_0)$ esiste un unico operatore Hermitiano $\hat{H}$ tale che (teorema di Stone):

$$\hat{U}(t, t_0) = \exp\Big[-i\hat{H}(t - t_0)\Big], \tag{2.20}$$

e la forma di $\hat{H}$ può essere ottenuta dalla sua identificazione con l' espressione per l'energia classica del sistema, cioè l'*Hamiltoniana* del sistema.

2.4 Sistema quantistico a due livelli: analisi esplicita

I sistemi a due livelli sono di estremo interesse per la meccanica quantistica e, in particolare, per la computazione quantistica. L'Hamiltoniana di un sistema a due livelli può essere scritta come:

$$\hat{H} = \hbar[\omega_0|0\rangle\langle 0| + \omega_1|1\rangle\langle 1| + \gamma|0\rangle\langle 1| + \gamma^*|1\rangle\langle 0|], \tag{2.21}$$

essendo $E_k = \hbar\omega_k$ l'energia dello stato $|k\rangle$ associato al livello $k = 0, 1$. Senza perdita di generalità possiamo assumere la costante di accoppiamento $\gamma \in \mathbb{R}$. Come troverete risolvendo il problema 2.3, i due autostati di $\hat{H}$ possono essere scritti come:

$$|\psi_\pm\rangle = c_{0,\pm}|0\rangle + c_{1,\pm}|1\rangle\,, \tag{2.22}$$

dove (poniamo $g = \hbar\gamma$)

$$c_{0,\pm} = \frac{g}{\sqrt{(E_\pm - E_0)^2 + g^2}}, \tag{2.23a}$$

$$c_{1,\pm} = \frac{E_\pm - E_0}{\sqrt{(E_\pm - E_0)^2 + g^2}}, \tag{2.23b}$$

e

$$E_\pm = \frac{(E_0 + E_1) \pm \sqrt{(\Delta E)^2 + 4g^2}}{2} \tag{2.24}$$

sono i corrispondenti autovalori.

Poiché:

$$\hat{U}(t)|\psi_\pm\rangle = \exp(-i\omega_\pm t)|\psi_\pm\rangle, \tag{2.25}$$

dove $\hbar\omega_\pm = E_\pm$, è semplice calcolare l'evoluzione temporale della base computazionale $\{|0\rangle, |1\rangle\}$ (si veda il problema 2.3). Qui calcoliamo esplicitamente l'evoluzione temporale dello stato generico:

$$|\phi_0\rangle = c_+|\psi_+\rangle + c_-|\psi_-\rangle, \tag{2.26}$$

con $|c_+|^2 + |c_-|^2 = 1$, che è:

$$|\phi_t\rangle \equiv \hat{U}(t)|\psi_0\rangle, \tag{2.27}$$

$$= e^{-i\omega_+ t} c_+|\psi_+\rangle + e^{-i\omega_- t} c_-|\psi_-\rangle. \tag{2.28}$$

La probabilità $p(t) = |\langle\phi_0|\phi_t\rangle|^2 = |\langle\phi_0|\hat{U}(t)|\phi_0\rangle|^2$ di trovare lo stato evoluto nello stato iniziale $|\phi_0\rangle$ al tempo t è quindi data da:

$$p(t) = 1 - 4|c_+|^2 \underbrace{(1 - |c_+|^2)}_{|c_-|^2} \sin^2\!\left(\frac{\Delta\omega\, t}{2}\right), \tag{2.29}$$

dove abbiamo introdotto $\Delta\omega = \omega_+ - \omega_- = \hbar^{-1}\sqrt{(\Delta E)^2 + 4g^2}$. Nella figura 2.2 tracciamo $p(t)$ per due diverse scelte del coefficiente c_+ in funzione di $\Delta\omega\, t$.

L'ultimo termine dell'Eq. (2.29) rappresenta l'interferenza delle ampiezze di probabilità, la cui visibilità è:

$$\mathcal{V} = \frac{p_{\max} - p_{\min}}{p_{\max} + p_{\min}}, \tag{2.30a}$$

$$= \frac{2|c_+|^2(1 - |c_+|^2)}{1 - 2|c_+|^2(1 - |c_+|^2)}, \tag{2.30b}$$

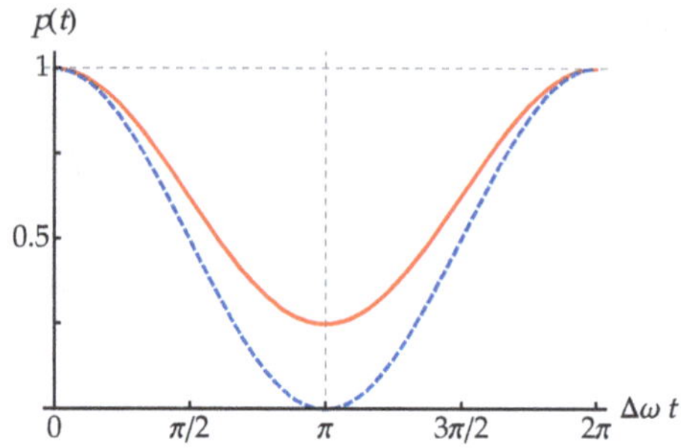

Figura 2.2 Probabilità $p(t)$ data nell'Eq. (2.29) di trovare uno stato evoluto nello stato iniziale corrispondente in funzione di $\Delta\omega\, t$ per $|c_+|^2 = 1/4$ (linea rossa, solida) e $|c_+|^2 = 1/2$ (linea blu, tratteggiata). Il valore minimo di $p(t)$ a $\Delta\omega\, t = \pi$ è dato da $(\Delta E)^2/[4g^2 + (\Delta E)^2]$

dove, chiaramente, $p_{\max} = 1$ e $p_{\min} = 1 - 4|c_+|^2\big(1 - |c_+|^2\big)$. Vale la pena notare che la $\mathcal{V}$ raggiunge il suo massimo, cioè 1, se $|c_+|^2 = |c_-|^2 = 1/2$ (vedere la linea tratteggiata blu nella figura 2.2) e lo stato iniziale deve essere una sovrapposizione bilanciata degli autostati $|\psi_\pm\rangle$ dell'Hamiltoniana (2.21), cioè:

$$|\phi_0\rangle = \frac{|\psi_+\rangle + e^{i\varphi}|\psi_-\rangle}{\sqrt{2}}. \tag{2.31}$$

In questo caso, ai tempi t_n tali per cui $\Delta\omega\, t_n = 2n\,\pi$, $n \in \mathbb{N}$, si ha $p(t_n) = 0$ e il sistema evoluto è nello stato:

$$|\phi_{t_n}\rangle \equiv |\phi_0^\perp\rangle = \frac{|\psi_+\rangle - e^{i\varphi}|\psi_-\rangle}{\sqrt{2}}, \tag{2.32}$$

dove $\langle\phi_0^\perp|\phi_0\rangle = 0$.

2.5 Struttura delle trasformazioni unitarie di 1-qubit

Qualsiasi matrice complessa 2×2, che indichiamo con $\mathbf{M}$, può essere scritta come:

$$\mathbf{M} = r_0\mathbb{1} + \boldsymbol{r}\cdot\boldsymbol{\sigma}, \tag{2.33}$$

dove $\boldsymbol{r} = (r_x, r_y, r_z)$, con $r_0, r_k \in \mathbb{C}$, $\boldsymbol{\sigma} = (\sigma_x, \sigma_y, \sigma_x)^T$, σ_k sono le matrici di Pauli introdotti nelle Eqs. (1.27), $k = x, y, z$, e $\boldsymbol{r}\cdot\boldsymbol{\sigma} = \sum_k r_k\sigma_k$. Qui siamo interessati a trasformazioni unitarie, cioè, $\mathbf{M}^\dagger\mathbf{M} = \mathbf{M}\mathbf{M}^\dagger = \mathbb{1}$, dove $\mathbf{M}^\dagger = r_0^*\mathbb{1} + \boldsymbol{r}^*\cdot\boldsymbol{\sigma}$. Poiché $\mathbf{M}$ è unitaria, anche $e^{i\theta}\mathbf{M}$ è unitaria, quindi possiamo assumere $r_0 \in \mathbb{R}$ senza perdita di generalità.

Abbiamo:

$$\mathbf{M}^\dagger\mathbf{M} = (r_0\mathbb{1} + \boldsymbol{r}^*\cdot\boldsymbol{\sigma})(r_0\mathbb{1} + \boldsymbol{r}\cdot\boldsymbol{\sigma}) \tag{2.34}$$

che equivale a scrivere:

$$\mathbb{1} = r_0^2\mathbb{1} + r_0(\boldsymbol{r}^* + \boldsymbol{r})\cdot\boldsymbol{\sigma} + (\boldsymbol{r}^*\cdot\boldsymbol{\sigma})(\boldsymbol{r}\cdot\boldsymbol{\sigma}). \tag{2.35}$$

Utilizzando l'identità $(\boldsymbol{a} \cdot \boldsymbol{\sigma})(\boldsymbol{b} \cdot \boldsymbol{\sigma}) = \boldsymbol{a} \cdot \boldsymbol{b}\, \mathbb{1} + i(\boldsymbol{a} \times \boldsymbol{b}) \cdot \boldsymbol{\sigma}$, $\forall \boldsymbol{a}, \boldsymbol{b} \in \mathbb{C}^3$, otteniamo le seguenti due condizioni:

$$r_0^2 + \boldsymbol{r}^* \cdot \boldsymbol{r} = 1, \tag{2.36a}$$

$$r_0(\boldsymbol{r}^* + \boldsymbol{r}) + i(\boldsymbol{r}^* \times \boldsymbol{r}) = 0. \tag{2.36b}$$

Poiché possiamo scrivere $\boldsymbol{r}^* + \boldsymbol{r} = 2\Re\mathrm{e}[\boldsymbol{r}]$ e $i(\boldsymbol{r}^* \times \boldsymbol{r}) = -2\Re\mathrm{e}[\boldsymbol{r}] \times \Im\mathrm{m}[\boldsymbol{r}]$, l'Eq. (2.36b) richiede $r_0 \Re\mathrm{e}[\boldsymbol{r}] = \Re\mathrm{e}[\boldsymbol{r}] \times \Im\mathrm{m}[\boldsymbol{r}]$, e abbiamo due possibilità. Se $r_0 = 0$ e, quindi, $\Re\mathrm{e}[\boldsymbol{r}]$ è parallelo a $\Im\mathrm{m}[\boldsymbol{r}]$, allora $\boldsymbol{r} = \mathrm{e}^{i\phi}\boldsymbol{v}$ con $\boldsymbol{v} \in \mathbb{R}^3$ e, essendo $\mathbf{M}$ unitario, possiamo semplicemente scrivere $\boldsymbol{r} = i\boldsymbol{v}$. La seconda possibilità è $r_0 \neq 0$ e, in questo caso, $\Re\mathrm{e}[\boldsymbol{r}]$ dovrebbe essere parallelo a $\Re\mathrm{e}[\boldsymbol{r}] \times \Im\mathrm{m}[\boldsymbol{r}]$. Pertanto, $\Re\mathrm{e}[\boldsymbol{r}] = 0$ e, ancora, $\boldsymbol{r} = i\boldsymbol{v}$. Riassumendo, per una matrice unitaria 2×2 abbiamo:

$$\mathbf{M} = r_0 \mathbb{1} + i\boldsymbol{v} \cdot \boldsymbol{\sigma}, \tag{2.37}$$

dove $\boldsymbol{v} \in \mathbb{R}^3$. Inoltre, la condizione Eq. (2.36a) ci permette di scrivere:

$$\mathbf{M} = \cos\gamma\, \mathbb{1} + i \sin\gamma\, \boldsymbol{n} \cdot \boldsymbol{\sigma}, \tag{2.38}$$

con $\boldsymbol{n} = \boldsymbol{v}/\sqrt{\boldsymbol{v} \cdot \boldsymbol{v}}$. Infine, abbiamo la seguente utile identità:

$$\exp(i\gamma\, \boldsymbol{n} \cdot \boldsymbol{\sigma}) = \cos\gamma\, \mathbb{1} + i \sin\gamma\, \boldsymbol{n} \cdot \boldsymbol{\sigma}. \tag{2.39}$$

2.5.1 Trasformazioni lineari e matrici di Pauli

Le matrici di Pauli introdotte in Eq. (1.27) sono una base per le matrici 2×2. Pertanto, utilizzando la proprietà $\mathrm{Tr}[\sigma_h \sigma_k] = 2\delta_{hk}$, possiamo scrivere:

$$\mathbf{M} = \frac{1}{2} \sum_{k=0}^{3} \mathrm{Tr}[\mathbf{M}\, \sigma_k]\, \sigma_k, \tag{2.40}$$

dove $\sigma_0 = \mathbb{1}$ e $(\sigma_1, \sigma_2, \sigma_3) = (\sigma_x, \sigma_y, \sigma_z)$. L'espressione esplicita di $\mathbf{M}$ come funzione dei suoi elementi di matrice è:

$$\mathbf{M} = \begin{pmatrix} m_{00} & m_{01} \\ m_{10} & m_{11} \end{pmatrix} \tag{2.41a}$$

$$= \frac{m_{00} + m_{11}}{2} \mathbb{1} + \frac{m_{01} + m_{10}}{2} \sigma_x + i \frac{m_{01} - m_{10}}{2} \sigma_y + \frac{m_{00} - m_{11}}{2} \sigma_z. \tag{2.41b}$$

2.6 Stati quantistici, operatore densità e matrice densità

Consideriamo il seguente insieme statistico $\{p_x, |\psi_x\rangle\}$, in cui ogni stato $|\psi_k\rangle$ è preparato con probabilità p_k. Data l'osservabile $\hat{A}$ abbiamo:

$$\langle \hat{A} \rangle = \sum_x p_x \langle \psi_x | \hat{A} | \psi_x \rangle \tag{2.42}$$

e, scelta la base ortonormale $\{|\phi_s\rangle\}$, possiamo introdurre una risoluzione dell'identità, ottenendo:

$$\begin{aligned} \langle \hat{A} \rangle &= \sum_x p_x \langle \psi_x | \hat{A} \left(\sum_s |\phi_s\rangle\langle\phi_s| \right) |\psi_x\rangle, \\ &= \sum_{x,s} p_x \langle \phi_s | \psi_x \rangle \langle \psi_x | \hat{A} | \phi_s \rangle \,. \end{aligned} \tag{2.43}$$

Riordinando i fattori dell'ultima equazione, possiamo scrivere:

$$\begin{aligned} \langle \hat{A} \rangle &= \sum_s \langle \phi_s | \underbrace{\left(\sum_x p_x |\psi_x\rangle\langle\psi_x| \right)}_{\hat{\varrho}} \hat{A} |\phi_s\rangle, \\ &= \sum_s \langle \phi_s | \hat{\varrho} \hat{A} | \phi_s \rangle \equiv \mathrm{Tr}[\hat{\varrho}\, \hat{A}]. \end{aligned} \tag{2.44}$$

L'operatore lineare $\hat{\varrho}$ è chiamato *operatore densità*.

Più in generale, un operatore lineare:

$$\hat{\varrho} = \sum_{n,m} \varrho_{n,m} |\phi_n\rangle\langle\phi_m|, \tag{2.45}$$

con $\varrho_{n,m} = \langle \phi_n | \hat{\varrho} | \phi_m \rangle$, è un operatore densità che descrive un sistema fisico se $\hat{\varrho} = \hat{\varrho}^\dagger$, $\hat{\varrho} \geq 0$ e $\mathrm{Tr}[\hat{\varrho}] = 1$.

La matrice ϱ dei coefficienti $\varrho_{n,m}$ è la *matrice densità* del sistema fisico. Ovviamente, ϱ è diagonale se la scriviamo nella base dei suoi autostati. Ad esempio, i due operatori densità:

$$\hat{\varrho}_a = \frac{1}{2}(|0\rangle\langle 0| + |0\rangle\langle 1| + |1\rangle\langle 0| + |1\rangle\langle 1|), \tag{2.46a}$$

$$\hat{\varrho}_b = |+\rangle\langle +|, \tag{2.46b}$$

con $|\pm\rangle = 2^{-1/2}(|0\rangle \pm |1\rangle)$, rappresentano lo *stesso* insieme statistico scritto in basi diverse. Infatti i due stati ortonormali $|\pm\rangle$ sono ottenuti applicando la trasformazione di Hadamard, che è unitaria, alla base $\{|0\rangle, |1\rangle\}$.

2.6.1 Stati puri e miscele statistiche

Notiamo che $\hat{\varrho}_a^2 = \hat{\varrho}_a$ mentre $\hat{\varrho}_c^2 \neq \hat{\varrho}_c$, dove $\hat{\varrho}_a$ e $\hat{\varrho}_c$ sono dati in Eq. (2.46) e (2.89), rispettivamente. Pertanto abbiamo anche:

$$\mathrm{Tr}[\hat{\varrho}_a] = \mathrm{Tr}[\hat{\varrho}_a^2] = 1, \tag{2.47}$$

ma

$$\mathrm{Tr}[\hat{\varrho}_c^2] = 1/2 < 1. \tag{2.48}$$

Dato un operatore densità $\hat{\varrho}$, in generale si ha:

$$\mu[\hat{\varrho}] = \mathrm{Tr}[\hat{\varrho}^2] \leq 1, \tag{2.49}$$

dove la quantità reale, positiva $\mu[\hat{\varrho}]$ è la *purezza* dello stato $\hat{\varrho}$. Nel caso di uno stato n-dimensionale troviamo:

$$\frac{1}{n} \leq \mu[\hat{\varrho}] \leq 1. \tag{2.50}$$

Se $\mu[\hat{\varrho}] < 1$ allora lo stato è una "miscela statistica", altrimenti, cioè, se $\mu[\hat{\varrho}] = 1$, è "puro". Infatti, in quest'ultimo caso, possiamo sempre scrivere $\hat{\varrho} = |\psi\rangle\langle\psi|$. È ora chiaro che lo stato $\hat{\varrho}_c$ dell'Eq. (2.89) è lo stato massimamente misto per un qubit, cioè, uno stato bidimensionale.

2.6.2 Operatore densità di un singolo qubit

Nel caso di un singolo qubit la matrice densità ϱ è una matrice 2×2 e, quindi, tramite l'Eq. (2.40) possiamo scrivere:

$$\varrho = \frac{1}{2}\{\mathrm{Tr}[\varrho]\mathbb{1} + \mathrm{Tr}[\varrho\,\sigma_x]\,\sigma_x + \mathrm{Tr}[\varrho\,\sigma_y]\,\sigma_y + \mathrm{Tr}[\varrho\,\sigma_z]\,\sigma_z\}. \tag{2.51}$$

Una relazione simile vale per l'operatore densità:

$$\hat{\varrho} = \frac{1}{2}\left\{\mathrm{Tr}[\hat{\varrho}]\hat{\mathbb{I}} + \mathrm{Tr}[\hat{\varrho}\,\hat{\sigma}_x]\,\hat{\sigma}_x + \mathrm{Tr}[\hat{\varrho}\,\hat{\sigma}_y]\,\hat{\sigma}_y + \mathrm{Tr}[\hat{\varrho}\,\hat{\sigma}_z]\,\hat{\sigma}_z\right\}. \tag{2.52}$$

D'ora in poi, possiamo concentrarci sulla rappresentazione matriciale degli operatori, ma otteniamo lo stesso risultato utilizzando il formalismo operatorio. Ricordando che $\mathrm{Tr}[\hat{\varrho}] = 1$, troviamo:

$$\varrho = \frac{1}{2}(\mathbb{1} + \boldsymbol{r} \cdot \boldsymbol{\sigma}), \tag{2.53}$$

dove abbiamo utilizzato lo stesso formalismo introdotto nella sezione 2.5. Notate che, dal punto di vista fisico, gli elementi del vettore di Bloch sono i valori di aspettazione degli operatori di Pauli, cioè, $r_k = \langle \hat{\sigma}_k \rangle = \mathrm{Tr}[\hat{\varrho}\, \hat{\sigma}_k]$, $k = x, y, z$.

Consideriamo ora ϱ^2, che si scrive esplicitamente:

$$\varrho^2 = \frac{1}{4}[\mathbb{1} + 2\boldsymbol{r} \cdot \boldsymbol{\sigma} + (\boldsymbol{r} \cdot \boldsymbol{\sigma})(\boldsymbol{r} \cdot \boldsymbol{\sigma})]. \tag{2.54}$$

Poiché $(\boldsymbol{r} \cdot \boldsymbol{\sigma})(\boldsymbol{r} \cdot \boldsymbol{\sigma}) = \boldsymbol{r} \cdot \boldsymbol{r}\,\mathbb{1} + i(\boldsymbol{r} \times \boldsymbol{r}) \cdot \boldsymbol{\sigma} = |\boldsymbol{r}|^2 \mathbb{1}$ abbiamo la seguente espressione per la purezza:

$$\mu[\hat{\varrho}] = \frac{1}{2}(1 + |\boldsymbol{r}|^2), \tag{2.55}$$

e, essendo $\mu[\varrho] \leq 1$, abbiamo la seguente condizione sul vettore di Bloch $\boldsymbol{r}$:

$$|\boldsymbol{r}| \leq 1, \tag{2.56}$$

che è necessaria per rappresentare uno stato fisico.

2.7 La traccia parziale

Sia $|\psi_{AB}\rangle \in \mathcal{H}_A \otimes \mathcal{H}_B$ e consideriamo la misura dell'osservabile $\hat{A} = \sum_x a_x\, \hat{P}(a_x)$ sul sistema A. L'osservabile globale misurata sul sistema globale A–B si scrive come $\hat{A} \otimes \hat{\mathbb{I}}$ e abbiamo la seguente probabilità per l'esito a_x (si veda il Postulato 2 nella sezione 2.3):

$$p(a_x) = \mathrm{Tr}_{AB}\Big[\hat{\varrho}_{AB}\, \hat{P}(a_x) \otimes \hat{\mathbb{I}}\Big], \tag{2.57}$$

con $\hat{\varrho}_{AB} = |\psi_{AB}\rangle\langle\psi_{AB}|$. In effetti, la regola di Born dovrebbe essere valida anche per il singolo sistema A, trascurando quindi il sistema B, cioè, possiamo scrivere:

$$p(a_x) = \mathrm{Tr}_A\Big[\hat{\varrho}_A\, \hat{P}(a_x)\Big], \tag{2.58}$$

dove $\hat{\varrho}_A$ è l'operatore densità che descrive il sottosistema A. È possibile dimostrare che la *unica mappa* $\hat{\varrho}_{AB} \to \hat{\varrho}_A$ che permette di mantenere la regola di Born a livello di sistema intero e sottosistema è la traccia parziale:

$$\hat{\varrho}_A = \mathrm{Tr}_B[\hat{\varrho}_{AB}]. \tag{2.59}$$

Notate che $\mathrm{Tr}_A[\hat{\varrho}_A] = \mathrm{Tr}_{AB}[\hat{\varrho}_{AB}] = 1$. Infatti, introducendo la base ortonormale $\{|\phi_s^{(K)}\rangle\}$ del sistema $K = A, B$, abbiamo:

$$
\begin{aligned}
p(a_x) &= \mathrm{Tr}_B \mathrm{Tr}_A\Big[\hat{\varrho}_{AB}\, \hat{P}(a_x) \otimes \hat{\mathbb{I}}\Big] \\
&= \sum_t \langle \phi_t^{(B)}| \underbrace{\sum_s \langle \phi_s^{(A)}|\hat{\varrho}_{AB}\, \hat{P}(a_x) \otimes \hat{\mathbb{I}}|\phi_s^{(A)}\rangle}_{\mathrm{Tr}_A[\hat{\varrho}_{AB}\, \hat{P}(a_x) \otimes \hat{\mathbb{I}}]} |\phi_t^{(B)}\rangle.
\end{aligned}
\tag{2.60}
$$

A causa della linearità, possiamo scambiare le due somme:

$$
p(a_x) = \sum_s \langle \phi_s^{(A)}| \underbrace{\sum_t \langle \phi_t^{(B)}|\hat{\varrho}_{AB}\, \hat{P}(a_x) \otimes \hat{\mathbb{I}}|\phi_t^{(B)}\rangle}_{\mathrm{Tr}_B[\hat{\varrho}_{AB}\, \hat{P}(a_x) \otimes \hat{\mathbb{I}}]} |\phi_s^{(A)}\rangle,
\tag{2.61}
$$

e, riordinando i termini, troviamo:

$$
\begin{aligned}
p(a_x) &= \sum_s \langle \phi_s^{(A)}| \underbrace{\sum_t \langle \phi_t^{(B)}|\hat{\varrho}_{AB}\, \hat{\mathbb{I}}|\phi_t^{(B)}\rangle}_{\hat{\varrho}_A = \mathrm{Tr}_D[\hat{\varrho}_{AD}]} \hat{P}(a_x)|\phi_s^{(A)}\rangle \\
&= \sum_s \langle \phi_s^{(A)}|\hat{\varrho}_A\, \hat{P}(a_x)|\phi_s^{(A)}\rangle \equiv \mathrm{Tr}_A\Big[\hat{\varrho}_A\, \hat{P}(a_x)\Big].
\end{aligned}
\tag{2.62}
$$

2.7.1 *Purificazione degli stati quantistici misti*

Qualsiasi stato quantistico $\hat{\varrho}_A$ può essere scritto nella forma diagonale scegliendo i suoi autovettori $\left\{|\psi_x^{(A)}\rangle\right\}$ come base per lo spazio di Hilbert corrispondente $\mathcal{H}_A$, cioè

$$
\hat{\varrho}_A = \sum_x \lambda_x\, |\psi_x^{(A)}\rangle\langle\psi_x^{(A)}|\,,
\tag{2.63}
$$

dove $\lambda_x \geq 0$ sono gli autovalori. Consideriamo ora un altro spazio di Hilbert $\mathcal{H}_B$ con dimensione almeno uguale al numero di autovalori non nulli λ_x e lasciamo che $\left\{|\theta_x^{(B)}\rangle\right\}$ sia una base di $\mathcal{H}_B$. Abbiamo che il seguente stato *puro*:

$$
|\Psi_{AB}\rangle = \sum_x \sqrt{\lambda_x}\, |\psi_x^{(A)}\rangle|\theta_x^{(B)}\rangle,
\tag{2.64}
$$

è tale che:

$$
\mathrm{Tr}_B[|\Psi_{AB}\rangle\langle\Psi_{AB}|] = \sum_x \lambda_x\, |\psi_x^{(A)}\rangle\langle\psi_x^{(A)}| = \hat{\varrho}_A,
\tag{2.65}
$$

cioè $|\Psi_{AB}\rangle$ è una *purificazione* di $\hat{\varrho}_A$.

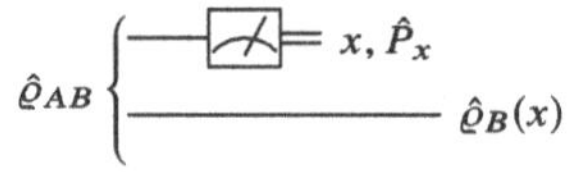

Figura 2.3 Misura condizionale eseguita su un qubit di uno stato a due qubit $\hat{\varrho}_{AB}$. Vedere il testo per i dettagli

2.7.2 *Stati condizionali*

La figura 2.3 mostra un *circuito quantistico*[4] in cui il qubit appartenente al sistema A dello stato di input $\hat{\varrho}_{AB}$ subisce una misurazione proiettiva $\hat{P}_x$. Dato l'esito x dalla misurazione, lo stato condizionale del sistema B si legge:

$$\hat{\varrho}_B(x) = \frac{\text{Tr}_A\left[\hat{P}_x \otimes \hat{\mathbb{I}}\, \hat{\varrho}_{AB}\, \hat{P}_x \otimes \hat{\mathbb{I}}\right]}{p(x)} \tag{2.66}$$

con $p(x) = \text{Tr}\left[\hat{\varrho}_{AB}\, \hat{P}_x \otimes \hat{\mathbb{I}}\right]$.

2.8 Entanglement di stati a due qubit

Uno stato puro di due qubit appartenente allo spazio di Hilbert $\mathcal{H}_A \otimes \mathcal{H}_B$ che può essere scritto come il prodotto tensoriale di i due stati di singolo qubit, cioè, $|\psi_A\rangle|\phi_B\rangle$ è chiamato stato *fattorizzato* o *separabile*. Uno stato che non è separabile si chiama *entangled*,[5] come il seguente:

$$|\Psi_{AB}\rangle = \frac{|0_A\rangle|0_B\rangle + |1_A\rangle|1_B\rangle}{\sqrt{2}}, \tag{2.67}$$

che non può essere scritto come un prodotto tensoriale dei due stati di singolo qubit. In particolare lo stato (2.67) è uno stato massimamente entangled.

L'entanglement è un ingrediente chiave in molti protocolli quantistici e la caratterizzazione degli stati entangled così come la quantificazione di questa risorsa è di estrema rilevanza. Una misura $\mathcal{M}_E[\hat{\varrho}_{AB}]$ dell'entanglement dello stato $\hat{\varrho}_{AB}$ deve soddisfare le seguenti due condizioni:

- $\mathcal{M}_E[\hat{\varrho}_{AB}] = 0 \Leftrightarrow \hat{\varrho}_{AB} = \sum_k p_k\, \hat{\varrho}_A^{(k)} \otimes \hat{\varrho}_B^{(k)}$, con $p_k \geq 0$ e $\sum_k p_k = 1$ (stato fattorizzato);
- date due operazioni unitarie locali $\hat{U}_A$ e $\hat{U}_B$ che agiscono sul sottosistema A e B, rispettivamente, $\mathcal{M}_E[\hat{U}_A \otimes \hat{U}_B \hat{\varrho}_{AB} \hat{U}_A^\dagger \otimes \hat{U}_B^\dagger] = \mathcal{M}_E[\hat{\varrho}_{AB}]$.

[4] La rappresentazione dell'evoluzione quantistica e della misura tramite circuiti quantistici sarà discussa in dettaglio nel prossimo capitolo.

[5] Trattandosi di un termine tecnico comune nel linguaggio della meccanica quantistica, abbiamo ritenuto opportuno mantenere i termini "entangled" e "entanglement" per riferirci a questa proprietà dei sistemi quantistici.

2.8.1 Entropia di entangelment

In presenza di stati puri, la misura più semplice di entanglement è data dall'entropia di entanglement:

$$E(\hat{\varrho}_{AB}) = S[\hat{\varrho}_A] = S[\hat{\varrho}_B], \tag{2.68}$$

dove:

$$S[\hat{\varrho}] = -\mathrm{Tr}[\hat{\varrho}\log_2\hat{\varrho}] \tag{2.69}$$

è l'entropia di von Neumann. In presenza di uno stato puro $\hat{\varrho} = |\psi\rangle\langle\psi|$, si trova $S[\hat{\varrho}] = 0$. D'altra parte, dato un sistema a N livelli, l'entropia di von Neumann raggiunge il suo massimo $S_{\max} = \log_2 N$ per $\varrho = N^{-1}\hat{\mathbb{I}}$, cioè lo stato massimamente misto. Si noti che, a causa della definizione dell'entropia di von Neumann, questa misura è indipendente dalla base dello spazio di Hilbert e invariante sotto operazioni unitarie locali.

Ci concentriamo su due sistemi a due livelli e iniziamo la nostra analisi dallo stato fattorizzato:

$$|\Psi_{AB}\rangle = \frac{1}{\sqrt{2}}(|0_A\rangle + |1_A\rangle) \otimes \frac{1}{\sqrt{2}}(|0_B\rangle + |1_B\rangle) = \frac{1}{2}\begin{pmatrix}1\\1\\1\\1\end{pmatrix}. \tag{2.70}$$

Poiché lo stato (2.70) è un prodotto tensoriale di due stati puri, la sua entropia di entanglement è nulla, cioè $E(|\Psi_{AB}\rangle) = 0$. Ora consideriamo l'operazione unitaria a due qubit $\mathrm{CPh}(\varphi)$ associata alla seguente matrice 4×4 (omettiamo gli elementi nulli):

$$\mathrm{CPh}(\varphi) = \begin{pmatrix}1 & & & \\ & 1 & & \\ & & \cos(\varphi/2) & -\sin(\varphi/2) \\ & & \sin(\varphi/2) & \cos(\varphi/2)\end{pmatrix}, \tag{2.71}$$

$$= \frac{1}{2}(\mathbb{1} + \sigma_z) \otimes \mathbb{1} + \frac{1}{2}(\mathbb{1} - \sigma_z) \otimes \exp\Big(-i\frac{\varphi}{2}\sigma_y\Big), \tag{2.72}$$

che corrisponde a uno shift di fase controllato: uno shift di fase φ viene applicato al qubit B se il qubit A è nello stato $|1_A\rangle$. Se $\varphi = \pi$, l'azione di $\mathrm{CPh}(\pi)$ è simile a quella del CNOT, fino a una fase [si veda l'Eq. (1.19)]. Abbiamo:

$$|\Phi_{AB}\rangle \equiv \mathrm{CPh}(\varphi)|\Psi_{AB}\rangle = \frac{1}{2}\begin{pmatrix}1\\1\\c_-\\c_+\end{pmatrix}, \tag{2.73}$$

dove $c_\pm = \cos(\varphi/2) \pm \sin(\varphi/2)$. I due sottosistemi sono descritti dalle matrici densità:

$$\varrho_A = \frac{1}{2}\begin{pmatrix} 1 & \cos(\varphi/2) \\ \cos(\varphi/2) & 1 \end{pmatrix}, \quad \text{e} \quad \varrho_B = \frac{1}{2}\begin{pmatrix} 1 - \frac{1}{2}\sin\varphi & \cos^2(\varphi/2) \\ \cos^2(\varphi/2) & 1 + \frac{1}{2}\sin\varphi \end{pmatrix}, \tag{2.74}$$

che hanno entrambe i seguenti autovalori:

$$\lambda_\pm = \frac{1}{2}\Big(1 \pm \cos\frac{\varphi}{2}\Big). \tag{2.75}$$

L'entropia di entanglement corrispondente è:

$$\begin{aligned} E(|\Phi_{AB}\rangle) = &-\frac{1}{2}\Big(1 - \cos\frac{\varphi}{2}\Big)\log_2\Big[\frac{1}{2}\Big(1 - \cos\frac{\varphi}{2}\Big)\Big] \\ &- \frac{1}{2}\Big(1 + \cos\frac{\varphi}{2}\Big)\log_2\Big[\frac{1}{2}\Big(1 + \cos\frac{\varphi}{2}\Big)\Big], \end{aligned} \tag{2.76}$$

che si annulla per $\varphi = 0, 2\pi$ e raggiunge il massimo $E(|\Phi_{AB}\rangle) = \log_2 2 = 1$ per $\phi = \pi$. È quindi chiaro che per $\varphi \neq 0, 2\pi$ l'operazione CPh(φ) è un una porta che crea entanglement (*entanglement gate*).

2.8.2 *Concurrence*

Un'altra misura dell'entanglement è la concurrence.[6] Dato lo stato puro a due qubit:

$$|\psi_{AB}\rangle = \sum_{x,y} \alpha_{xy}|x_A\rangle|y_B\rangle, \tag{2.77}$$

con $\alpha_{xy} \in \mathbb{C}$, $x, y \in \{0, 1\}$, e $\sum_{x,y} |\alpha_{xy}|^2 = 1$, la concurrence è definita come:

$$C(|\psi_{AB}\rangle) = 2|\alpha_{00}\alpha_{11} - \alpha_{01}\alpha_{10}|. \tag{2.78}$$

Se $C = 0$, lo stato è fattorizzato, mentre se $C > 0$, lo stato è entangled. Poiché:

$$\begin{aligned} 4|\alpha_{00}\alpha_{11} - \alpha_{01}\alpha_{10}|^2 &= 4\big[|\alpha_{00}\alpha_{11}|^2 + |\alpha_{01}\alpha_{10}|^2 - \alpha_{00}\alpha_{11}\alpha_{01}^*\alpha_{10}^* - \alpha_{00}^*\alpha_{11}^*\alpha_{01}\alpha_{10}\big] \\ &= 4\big\{\big(|\alpha_{00}|^2 + |\alpha_{01}|^2\big)\big(|\alpha_{10}|^2 + |\alpha_{11}|^2\big) - |\alpha_{00}\alpha_{01}^* + \alpha_{01}\alpha_{11}^*|^2\big\} \\ &\le 4\big(|\alpha_{00}|^2 + |\alpha_{01}|^2\big)\big[1 - \big(|\alpha_{00}|^2 + |\alpha_{01}|^2\big)\big] \le 1, \end{aligned} \tag{2.79}$$

abbiamo $0 \le C(|\psi_{AB}\rangle) \le 1$.

[6] Anche in questo caso preferiamo mantenere il termine tecnico "concurrence" per riferirci a questa misura dell'entanglement.

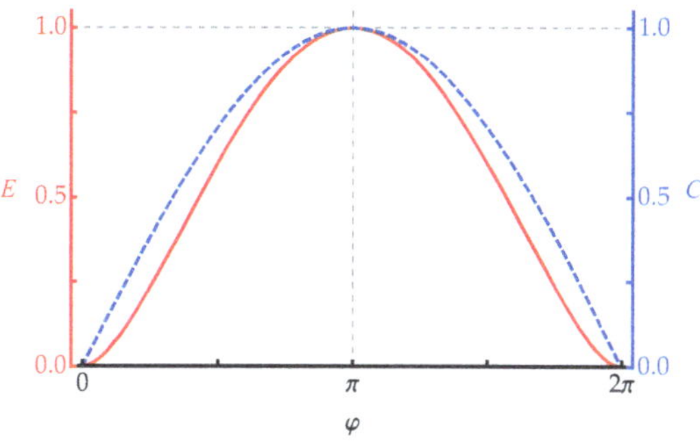

Figura 2.4 Grafici dell'entropia di entanglement E (linea rossa continua, asse verticale sinistro) e della concurrence C (linea tratteggiata blu, asse verticale destro) dello stato $|\Phi_{AB}\rangle$ dell'Eq. (2.73)

La concurrence (2.78) può essere scritta come una funzione della purezza degli stati del sottosistema. Ad esempio, la matrice densità del sottosistema A dello stato in Eq. (2.77) è:

$$\varrho_A = \begin{pmatrix} |\alpha_{00}|^2 + |\alpha_{01}|^2 & \alpha_{00}\alpha_{01}^* + \alpha_{01}\alpha_{11}^* \\ \alpha_{00}^*\alpha_{01} + \alpha_{01}^*\alpha_{11} & |\alpha_{10}|^2 + |\alpha_{11}|^2 \end{pmatrix}, \tag{2.80}$$

quindi abbiamo:

$$C(|\psi_{AB}\rangle) = 2\sqrt{\det[\varrho_A]}. \tag{2.81}$$

Inoltre, utilizzando i risultati della sezione 2.6.2, possiamo scrivere lo stato del sottosistema A come $\varrho_A = \frac{1}{2}(\mathbb{1} + \boldsymbol{r}_A \cdot \boldsymbol{\sigma})$, dove $|\boldsymbol{r}_A|^2 = 2\mathrm{Tr}[\varrho_A^2] - 1$, e, quindi, otteniamo la seguente espressione per la concurrence:

$$C(|\psi_{AB}\rangle) = \sqrt{1 - |\boldsymbol{r}_A|^2}. \tag{2.82}$$

Nella figura 2.4 mostriamo l'entropia di entanglement e la concurrence dello stato (2.73). È chiaro che i valori numerici delle due misure di entanglement sono diversi, ma raggiungono il massimo ($E = C = 1$) in presenza di uno stato massimamente entangled mentre si annullano entrambi per uno stato fattorizzato.

Sebbene l'entropia di entanglement sia una buona misura solo in presenza di stati puri di due qubit, la concurrence può essere estesa anche agli stati misti. In questo caso, dato l'operatore densità di due qubit $\hat{\varrho}_{AB}$, la concurrence è data da:

$$C(\hat{\varrho}_{AB}) = \max(0, \lambda_1 - \lambda_2 - \lambda_3 - \lambda_4), \tag{2.83}$$

dove $\lambda_1 \geq \lambda_2 \geq \lambda_3 \geq \lambda_4$ sono gli autovalori dell'operatore:

$$\hat{R} = \sqrt{\sqrt{\hat{\varrho}_{AB}}\, \hat{\varrho}'_{AB} \sqrt{\hat{\varrho}_{AB}}}, \tag{2.84}$$

con $\hat{\varrho}'_{AB} = \hat{\sigma}_y \otimes \hat{\sigma}_y \hat{\varrho}^*_{AB} \hat{\sigma}_y \otimes \hat{\sigma}_y$.

2.9 Misure quantistiche e POVMs

Nelle sezioni precedenti abbiamo visto che una misura *proiettiva* con risultato x è descritta dagli operatori $\hat{P}_x = \hat{P}_x^2 \geq 0$, cioè $\hat{P}_x$ è un operatore positivo. Dato lo stato $\hat{\varrho}$, abbiamo le seguenti espressioni per la probabilità del risultato x e lo stato condizionato corrispondente $\hat{\varrho}_x$:

$$p(x) = \mathrm{Tr}\Big[\hat{P}_x\, \hat{\varrho}\, \hat{P}_x\Big] = \mathrm{Tr}\Big[\hat{\varrho}\, \hat{P}_x^2\Big] = \mathrm{Tr}\Big[\hat{\varrho}\, \hat{P}_x\Big], \tag{2.85}$$

e:

$$\hat{\varrho}_x = \frac{\hat{P}_x\, \hat{\varrho}\, \hat{P}_x}{p(x)}, \tag{2.86}$$

rispettivamente.

Una misura generalizzata, non descritta da proiettori, è una misura a operatore positivo (*positive operator-valued measure*, POVM), cioè, un insieme di operatori positivi $\{\hat{\Pi}_x\}$, $\hat{\Pi}_x \geq 0$, tale che $\sum_x \hat{\Pi}_x = \hat{\mathbb{I}}$. In questo caso possiamo avere $\hat{\Pi}_x^2 \neq \hat{\Pi}_x$ e la probabilità del risultato x e lo stato condizionato corrispondente $\hat{\varrho}_x$ si leggono:

$$p(x) = \mathrm{Tr}\Big[\hat{\varrho}\, \hat{\Pi}_x\Big] = \mathrm{Tr}\Big[\hat{M}_x\, \hat{\varrho}\, \hat{M}_x^\dagger\Big], \tag{2.87}$$

dove $\hat{\Pi}_x = \hat{M}_x^\dagger \hat{M}_x$ o $\hat{M}_x = \sqrt{\hat{\Pi}_x}$, e:

$$\hat{\varrho}_x = \frac{\hat{M}_x\, \hat{\varrho}\, \hat{M}_x^\dagger}{p(x)}, \tag{2.88}$$

rispettivamente.

Problemi

2.1 Sfruttando la relazione di completezza $\sum_x |x\rangle\langle x| = \hat{\mathbb{I}}$, scrivere l'espansione di $|\psi\rangle$ nella base $\{|x\rangle\}$.

2.2 Sfruttando la relazione di completezza $\sum_x |x\rangle\langle x| = \hat{\mathbb{I}}$, scrivere l'espansione di un operatore lineare $\hat{A}$ nella base $\{|x\rangle\}$.

2.3 ♣ (Sistema a due livelli) Data l'Hamiltoniana (quantistica):

$$\hat{H} = \hbar[\omega_0|0\rangle\langle 0| + \omega_1|1\rangle\langle 1| + \gamma(|1\rangle\langle 0| + |0\rangle\langle 1|)],$$

dove abbiamo usato la base computazionale $\{|0\rangle, |1\rangle\}$, trovare gli autovalori e gli autostati di $\hat{H}$ e calcolare:

$$\hat{U}(t)|1\rangle = \exp\left(-i\hat{H}t/\hbar\right)|1\rangle.$$

(Suggerimento: esprimere l'Hamiltoniana nella sua forma matriciale ...)

2.4 ♣ Dimostrare l'Eq. (2.39) utilizzando l'espansione:

$$\exp(i\gamma\,\boldsymbol{n}\cdot\boldsymbol{\sigma}) = \sum_{k=0}^{\infty}\frac{(i\gamma)^k}{k!}(\boldsymbol{n}\cdot\boldsymbol{\sigma})^k.$$

2.5 Scrivere le matrici densità degli stati nelle Eq. (2.46) nella base computazionale $\{|0\rangle, |1\rangle\}$ e nella base trasformata $|\pm\rangle$.

2.6 Scrivere l'operatore densità e la matrice densità dello stato

$$\hat{\varrho}_c = \frac{1}{2}(|+\rangle\langle+| + |-\rangle\langle-|), \tag{2.89}$$

nella base computazionale $\{|0\rangle, |1\rangle\}$.

2.7 Dato l'operatore densità $\hat{\varrho}_{AB}$ che descrive lo stato di un sistema bipartito A–B e l'osservabile $\hat{A} = \sum_x a_x\, \hat{P}(a_x)$ sul sistema A, mostrare che $\langle\hat{A}\rangle = \mathrm{Tr}_A\left[\hat{\varrho}_A\,\hat{A}\right]$, dove $\hat{\varrho}_A = \mathrm{Tr}_B[\hat{\varrho}_{AB}]$.

2.8 Dato il seguente stato di 3 qubit (l'ordine dei bit 1-2-3 è da sinistra a destra come al solito):

$$|\psi\rangle = \alpha|010\rangle - \beta|101\rangle + \gamma|110\rangle, \tag{2.90}$$

con $|\alpha|^2 + |\beta|^2 + |\gamma|^2 = 1$, scrivere lo stato condizionato dei qubit 2 e 3 e la corrispondente probabilità di ottenerlo, quando si esegue una misura che coinvolge solo il qubit 1. (Notate che lo stato finale dovrebbe essere normalizzato!)

Ulteriori letture

M. A. Nielsen and I. L. Chuang, *Quantum Computation and Quantum Information* (Cambridge University Press, 2010) – Capitolo 2

M. G. A. Paris, *The modern tools of quantum mechanics*, Eur. Phys. J. Special Topics **203**, 61–86 (2012)

S. Stenholm and K.-A. Suominen, *Quantum Approach to Informatics* (Wiley-Interscience, 2005) – Capitolo 2

Capitolo 3
Meccanica quantistica come computazione

Sommario In questo capitolo introduciamo il quadro di base della computazione quantistica come un'estensione astratta della logica classica. Vengono presentate le porte logiche quantistiche e le loro rappresentazioni tramite un circuito quantistico. Sono illustrate le applicazioni alla generazione degli stati di Bell e alla loro misura, così come al teletrasporto quantistico. Inoltre, affrontiamo gli algoritmi di Deutsch, Deutsch–Jozsa e Bernstein–Vazirani. Chiudiamo il capitolo con alcune considerazioni sull'universalità delle porte a singolo qubit e CNOT ed enunciamo il teorema di Gottesman-Knill riguardo la simulazione efficiente della computazione quantistica su computer classici.

3.1 Porte logiche quantistiche

Una porta logica quantistica trasforma uno stato di qubit di input come quello dato nell'Eq. (2.7) in uno stato di output $|\psi'\rangle = \alpha'|0\rangle + \beta'|1\rangle$. Poiché la condizione di normalizzazione $|\alpha'|^2 + |\beta'|^2 = 1$ deve essere ancora soddisfatta, è possibile dimostrare che l'azione di qualsiasi porta logica quantistica può essere rappresentata da una *trasformazione lineare unitaria* associata all'operatore unitario $\hat{U}$, ovvero:

$$|\psi\rangle \to |\psi'\rangle \equiv \hat{U}|\psi\rangle, \tag{3.1}$$

dove $\hat{U}^\dagger\hat{U} = \hat{U}\hat{U}^\dagger = \hat{\mathbb{I}}$. Essendo $\hat{U}$ unitario, non solo la normalizzazione dello stato del qubit è preservata durante la trasformazione, ma l'operazione è intrinsecamente *reversibile*. Nella figura 3.1 la trasformazione unitaria (3.1) è rappresentata schematicamente tramite un *circuito quantistico*: le linee orizzontali sono "fili" che rappresentano l'evoluzione temporale (da sinistra a destra), e collegano le "porte", rappresentate tramite caselle etichettate dall'operatore unitario corrispondente.

S. Olivares, *Guida allo studio della computazione quantistica*,
https://doi.org/10.1007/978-3-032-23971-6_3

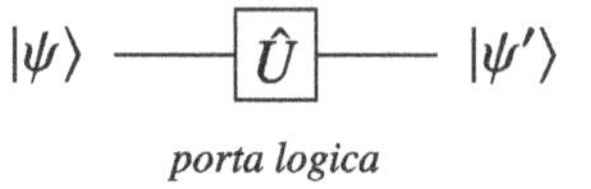

$$|\psi\rangle \; - \boxed{\hat{U}} - \; |\psi'\rangle$$

porta logica

Figura 3.1 Esempio di un semplice circuito quantistico che coinvolge un singolo qubit di input $|\psi\rangle$ e una porta logica (quantistica) unitaria $\hat{U}$: $|\psi'\rangle$ corrisponde allo stato di output

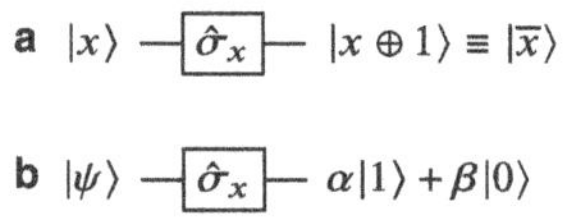

a $|x\rangle - \boxed{\hat{\sigma}_x} - |x \oplus 1\rangle \equiv |\overline{x}\rangle$

b $|\psi\rangle - \boxed{\hat{\sigma}_x} - \alpha|1\rangle + \beta|0\rangle$

Figura 3.2 Circuito quantistico per il NOT che agisce su: **a** il bit $|x\rangle$; **b** il qubit $|\psi\rangle = \alpha|0\rangle + \beta|1\rangle$

3.1.1 Porte a singolo qubit

Nel capitolo 1 abbiamo spiegato che l'unica operazione classica reversibile è la porta NOT. Nella logica quantistica è rappresentata dalla matrice di Pauli $\hat{\sigma}_x$ e il corrispondente circuito quantistico è illustrato nella figura 3.2. Notare che a causa della linearità della trasformazione abbiamo:

$$\hat{\sigma}_x(\alpha|0\rangle + \beta|1\rangle) = \alpha\hat{\sigma}_x|0\rangle + \beta\hat{\sigma}_x|1\rangle \tag{3.2}$$

$$= \alpha|1\rangle + \beta|0\rangle, \tag{3.3}$$

come illustrato nella figura 3.2b.

In generale, una porta a singolo qubit è una combinazione lineare degli operatori di Pauli. Poiché qualsiasi trasformazione unitaria che agisce su un qubit può essere vista come una porta logica quantistica, abbiamo infinite porte a singolo qubit!

Trasformazione di Hadamard La porta associata alla trasformazione di Hadamard $\mathbf{H} = \frac{1}{\sqrt{2}}(\hat{\sigma}_x + \hat{\sigma}_z)$ definita nell'Eq. (1.31) non solo ha senso (ora sono permesse le sovrapposizioni di stati di qubit!), ma trasforma un bit $|x\rangle$ in una sovrapposizione e, come vedremo, questo è un ingrediente chiave di molti algoritmi quantistici. Nella figura 3.3 possiamo vedere la rappresentazione schematica dell'azione di $\mathbf{H}$ su un bit e su un qubit, rispettivamente.

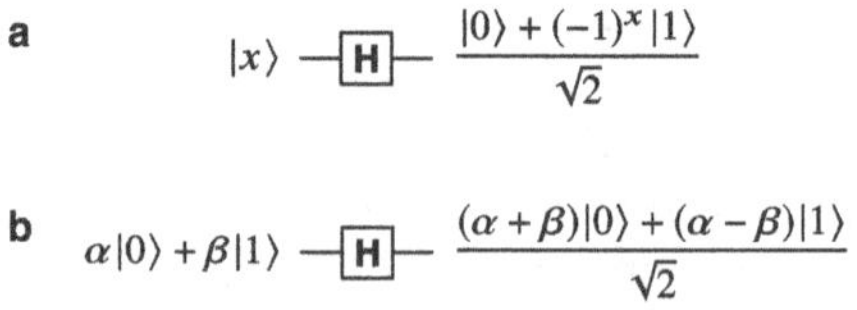

a $|x\rangle - \boxed{\mathbf{H}} - \dfrac{|0\rangle + (-1)^x|1\rangle}{\sqrt{2}}$

b $\alpha|0\rangle + \beta|1\rangle - \boxed{\mathbf{H}} - \dfrac{(\alpha+\beta)|0\rangle + (\alpha-\beta)|1\rangle}{\sqrt{2}}$

Figura 3.3 Circuito quantistico per la trasformazione di Hadamard: **a** azione di $\mathbf{H}$ su un singolo bit $|x\rangle$; **b** azione di $\mathbf{H}$ sul qubit $\alpha|0\rangle + \beta|1\rangle$

Porta di phase shift (di spostamento di fase o di sfasamento) L'operatore di Pauli $\hat{\sigma}_z$ aggiunge uno differenza di fase di π tra gli stati computazionali $|0\rangle$ e $|1\rangle$, poiché $\hat{\sigma}_z|x\rangle = \mathrm{e}^{i\pi x}|x\rangle$. Più in generale, la porta di phase shift agisce come l'operatore di phase shift:

$$\mathrm{e}^{-i\phi\hat{\sigma}_z} = \cos\phi\,\hat{\mathbb{I}} - i\,\sin\phi\,\hat{\sigma}_z \rightarrow \begin{pmatrix} \mathrm{e}^{-i\phi} & 0 \\ 0 & \mathrm{e}^{i\phi} \end{pmatrix} = \mathrm{e}^{-i\phi}\begin{pmatrix} 1 & 0 \\ 0 & \mathrm{e}^{i2\phi} \end{pmatrix}, \tag{3.4}$$

che aggiunge uno sfasamento relativo 2ϕ tra gli stati di base computazionali.

Porta $\hat{T}$ o porta $\frac{\pi}{8}$ Questa porta, solitamente chiamata porta $\hat{T}$, rappresenta l'azione di una porta di phase shift con $\phi = \pi/8$, ovvero:

$$\hat{T} \rightarrow T = \begin{pmatrix} 1 & 0 \\ 0 & \mathrm{e}^{i\pi/4} \end{pmatrix} = \mathrm{e}^{i\pi/8}\begin{pmatrix} \mathrm{e}^{-i\pi/8} & 0 \\ 0 & \mathrm{e}^{i\pi/8} \end{pmatrix}. \tag{3.5}$$

Porta di fase – Ci sono due porte importanti che possono essere costruite a partire dalla porta T, ovvero:

$$S = T^2 = \begin{pmatrix} 1 & 0 \\ 0 & i \end{pmatrix}, \quad \text{(porta di fase)} \tag{3.6}$$

e:

$$T^4 = \begin{pmatrix} 1 & 0 \\ 0 & -1 \end{pmatrix} \rightarrow \hat{\sigma}_z. \tag{3.7}$$

La porta di fase S, come porta autonoma, è giustificata per implementare la computazione quantistica universale tollerante agli errori o "fault-tolerant" (si veda la sezione 8.4).

3.1.2 Porte a singolo qubit e rotazioni della sfera di Bloch

Poiché uno stato puro a singolo qubit può essere rappresentato come punto sulla sfera di Bloch (si veda la sezione 2.2.1), l'azione di una porta quantistica mappa un punto in un altro e, quindi, può essere scritta come la trasformazione unitaria $U = \mathrm{e}^{i\alpha}\,\mathcal{R}_{\boldsymbol{n}}(\theta)$, dove:

$$\mathcal{R}_{\boldsymbol{n}}(\theta) = \exp(i\theta\boldsymbol{n}\cdot\boldsymbol{\sigma}), \tag{3.8}$$

è una rotazione di 2θ attorno al vettore unitario $\boldsymbol{n} \in \mathbb{R}^3$. A causa delle proprietà delle rotazioni, possiamo scomporre $\mathcal{R}_{\boldsymbol{n}}(\theta)$ come la combinazione di rotazioni attorno agli assi principali z e y (o, analogamente, x e y). Pertanto, la trasformazione unitaria U può essere scritta come:

$$U = e^{i\alpha}\,\mathcal{R}_z(\beta)\,\mathcal{R}_y(\gamma)\,\mathcal{R}_z(\delta), \tag{3.9}$$

dove i valori degli angoli β, γ e δ dipendono da $\boldsymbol{n}$ e θ.

3.1.3 Porte a due qubit: la porta CNOT

Nel capitolo 1 abbiamo visto che qualsiasi funzione logica o aritmetica può essere calcolata dalla composizione di porte NOR o NAND a due bit, che sono quindi porte universali. Tuttavia, questi operatori non sono reversibili e, quindi, non possono essere rappresentati da mezzo di operatori unitari. L'irreversibilità, infatti, può essere vista come una perdita di informazione.

La porta a più qubit più conosciuta è il CNOT che abbiamo introdotto nella sezione 1.4.2 e il cui circuito quantistico è mostrato in figura 3.4 per quanto riguarda l'azione di $\mathbf{C}_{10}$ e in figura 3.5 per $\mathbf{C}_{01}$. In figura 3.6 mostriamo il circuito quantistico di una porta CNOT, che cambia il valore del qubit bersaglio se il controllo è nello stato $|0\rangle$: in questo caso il cerchio pieno sul filo di controllo è sostituito da uno aperto. Quando faremo riferimento a questa porta, useremo il simbolo $\overline{\text{C}}$NOT per indicare che il controllo dovrebbe essere $|0\rangle$ per cambiare lo stato del bersaglio. Naturalmente, l'azione di un $\overline{\text{C}}$NOT può essere rappresentata come:

$$\hat{\sigma}_x \otimes \hat{\mathbb{I}}\, \mathbf{C}_{10}\, \hat{\sigma}_x \otimes \hat{\mathbb{I}} \equiv \overline{\mathbf{C}}_{10}\,, \tag{3.10}$$

o

$$\hat{\mathbb{I}} \otimes \hat{\sigma}_x\, \mathbf{C}_{01}\, \hat{\mathbb{I}} \otimes \hat{\sigma}_x \equiv \overline{\mathbf{C}}_{01}\,. \tag{3.11}$$

Vale la pena notare che CNOT è un'operazione reversibile su due qubit. Nelle prossime sezioni vedremo come l'azione di qualsiasi porta a più qubit possa essere realizzata tramite CNOT e porte a singolo qubit, arrivando così alla computazione quantistica universale. La figura 3.7 mostra il circuito quantistico dell'operazione SWAP e la sua realizzazione equivalente basata su tre porte CNOT [si veda anche l'Eq. (1.33)].

$\mathbf{C}_{10}$: $|x\rangle \to |x\rangle$, $|y\rangle \to |y \oplus x\rangle$ (con $\hat{\sigma}_x$) $\equiv$ $\mathbf{C}_{10}$: $|x\rangle \to |x\rangle$, $|y\rangle \to |y \oplus x\rangle$

Figura 3.4 Due circuiti equivalenti che rappresentano l'azione della porta CNOT $\mathbf{C}_{10}$. Il cerchio pieno è posto sul filo del qubit di controllo, mentre il simbolo XOR $\oplus$ richiama l'azione della porta sul qubit bersaglio

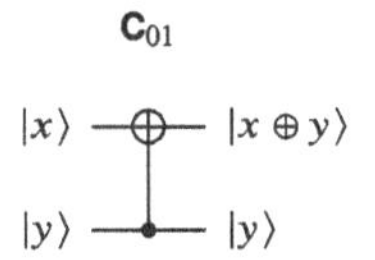

Figura 3.5 Circuito che rappresenta l'azione della porta CNOT $\mathbf{C}_{01}$

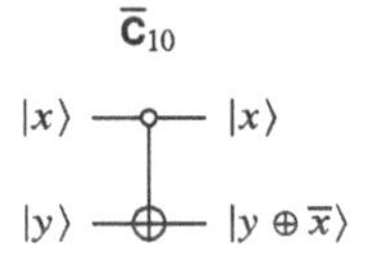

Figura 3.6 Circuito che rappresenta l'azione di una porta $\overline{\text{C}}$NOT $\overline{\mathbf{C}}_{10}$, ovvero un CNOT che cambia il valore del qubit bersaglio se il controllo è nello stato $|0\rangle$

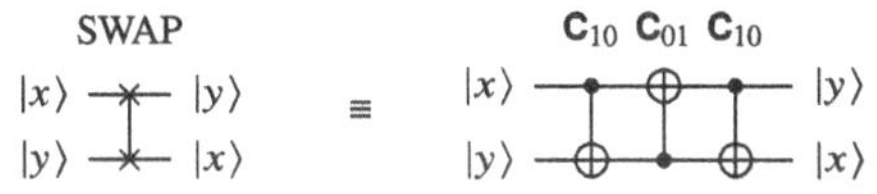

Figura 3.7 Circuito quantistico che rappresenta l'operazione SWAP agendo su due qubit tramite tre porte CNOT

La matrice unitaria associata al CNOT (da ora in poi consideriamo il primo qubit come controllo) è:

$$U_{\text{CNOT}} = \begin{pmatrix} \mathbb{1} & 0 \\ 0 & \sigma_x \end{pmatrix}. \tag{3.12}$$

Più in generale, la matrice unitaria cU che descrive l'applicazione condizionale di una trasformazione unitaria U a un qubit, cioè, $cU\,|x\rangle|y\rangle = \mathbb{1} \otimes U^x\,|x\rangle|y\rangle$ si scrive:

$$cU = \begin{pmatrix} \mathbb{1} & 0 \\ 0 & U \end{pmatrix}. \tag{3.13}$$

Come possiamo implementare la porta a due qubit cU con porte a singolo qubit e CNOT? Supponiamo che U possa essere riscritta nella forma (3.9) e introduciamo le tre porte unitarie ausiliarie:

$$U_A = \mathcal{R}_z(\beta)\,\mathcal{R}_y\Big(\frac{\gamma}{2}\Big), \tag{3.14a}$$

$$U_B = \mathcal{R}_y\Big(-\frac{\gamma}{2}\Big)\,\mathcal{R}_z\Big(-\frac{\delta+\beta}{2}\Big), \tag{3.14b}$$

$$U_C = \mathcal{R}_z\Big(\frac{\delta-\beta}{2}\Big). \tag{3.14c}$$

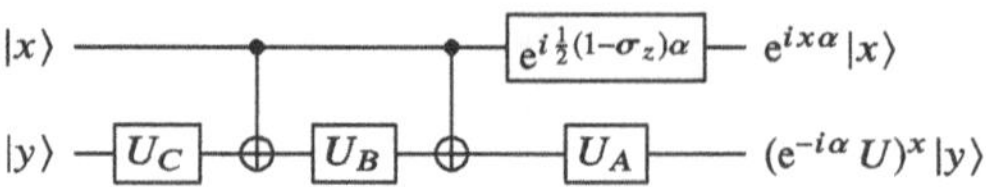

Figura 3.8 Circuito quantistico che agisce come un cU, dove $U_A\boldsymbol{\sigma}_x U_B \boldsymbol{\sigma}_x U_C = e^{-i\alpha}U$

tali che $U_A U_B U_C = \mathbb{1}$. Inoltre, poiché $\boldsymbol{\sigma}_x\boldsymbol{\sigma}_z\boldsymbol{\sigma}_x = -\boldsymbol{\sigma}_z$ e $\boldsymbol{\sigma}_x, \boldsymbol{\sigma}_y\boldsymbol{\sigma}_z = -\boldsymbol{\sigma}_y$, abbiamo anche:

$$\boldsymbol{\sigma}_x U_B \boldsymbol{\sigma}_x = \mathcal{R}_y\left(\frac{\gamma}{2}\right)\mathcal{R}_z\left(\frac{\delta+\beta}{2}\right), \tag{3.15}$$

e, quindi, $U_A\boldsymbol{\sigma}_x U_B \boldsymbol{\sigma}_x U_C = e^{-i\alpha}U$.

3.2 Misura sui qubit

Come abbiamo menzionato, la misura su un sistema quantistico è un punto critico. Come illustrato in figura 3.9, il risultato di una misura sul qubit (2.7) è un singolo bit $|0\rangle$ o $|1\rangle$ (la doppia linea dopo la misura rappresenta il filo classico che trasporta un bit di informazione classica) con una probabilità data da $|\alpha|^2$ e $|\beta|^2$, rispettivamente. Di fatto, durante il processo di misura eseguito su un qubit può esserci una (enorme!) perdita di informazione, che rende la misura un processo irreversibile.

3.3 Applicazioni ed esempi

3.3.1 CNOT e teorema del no-cloning

Uno degli aspetti peculiari dell'informazione quantistica è che uno stato quantistico sconosciuto non può essere clonato perfettamente. Questo fatto è una conseguenza della natura lineare degli operatori che agiscono sugli stati.

Nella figura 3.10 è mostrato come un CNOT può essere utilizzato per clonare un bit (classico) $|x\rangle$, $x = 0, 1$. In questo caso lo stato del bit di input $|0\rangle$ viene convertito nello stato $|x\rangle$, quindi l'intero processo può essere riassunto come $|x\rangle|0\rangle \to |x\rangle|x\rangle$:

$$|\psi\rangle = \alpha|0\rangle + \beta|1\rangle \quad \begin{cases} p(0) = |\alpha|^2 \to |0\rangle \\ p(1) = |\beta|^2 \to |1\rangle \end{cases}$$

Figura 3.9 Circuito che rappresenta la misura sul qubit nello stato $|\psi\rangle$: sebbene l'input sia uno stato di sovrapposizione, l'output è o $|0\rangle$, con probabilità $p(0) = |\alpha|^2$, o $|1\rangle$, con probabilità $p(1) = |\beta|^2$

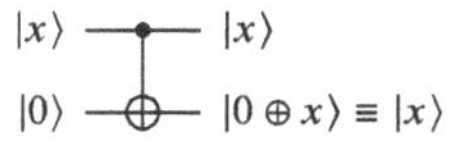

$$|x\rangle \;\text{—}\!\bullet\!\text{—}\; |x\rangle$$
$$|0\rangle \;\text{—}\!\oplus\!\text{—}\; |0 \oplus x\rangle \equiv |x\rangle$$

Figura 3.10 La porta CNOT agisce come un clonatore del bit classico $|x\rangle$

alla fine abbiamo due copie di $|x\rangle$. Tuttavia, se proviamo a utilizzare lo stesso circuito per clonare il qubit $|\psi\rangle$ di Eq. (2.7), otteniamo:

$$\mathsf{C}_{10}|\psi\rangle|0\rangle = \alpha|0\rangle|0\rangle + \beta|1\rangle|1\rangle,$$

che è uno stato entangled (se $\alpha, \beta \neq 0$) ed è effettivamente diverso dallo stato desiderato:

$$|\psi\rangle|\psi\rangle = \alpha^2|0\rangle|0\rangle + \alpha\beta(|0\rangle|1\rangle + |1\rangle|0\rangle) + \beta^2|1\rangle|1\rangle, \tag{3.16}$$

a meno che α o β non si annullino, ma questo è esattamente il caso classico rappresentato nella figura 3.10!

3.3.2 *Stati di Bell e misura di Bell*

Come abbiamo visto nella sezione 2.8 lo stato puro:

$$|\beta_{00}\rangle = \frac{|0\rangle|0\rangle + |1\rangle|1\rangle}{\sqrt{2}}, \tag{3.17}$$

è entangled poiché non può essere scritto come un prodotto tensoriale dei due stati di singolo-qubit. Lo stato (3.17) è uno dei quattro "stati di Bell" massimamente entangled:

$$|\beta_{x\,y}\rangle = \frac{|0\rangle|y\rangle + (-1)^x|1\rangle|\overline{y}\rangle}{\sqrt{2}}, \tag{3.18a}$$

$$= \frac{1}{\sqrt{2}} \sum_{M=0,1} (\hat{\sigma}_z)^{Mx} \otimes \hat{\mathbb{I}}\, |M\rangle|y \oplus M\rangle \tag{3.18b}$$

che possono essere prodotti a partire dallo stato separabile $|x\,y\rangle = |x\rangle|y\rangle$ come mostrato nella figura 3.11. Osservate che gli stati di Bell sono una base per lo spazio di Hilbert di due qubit.

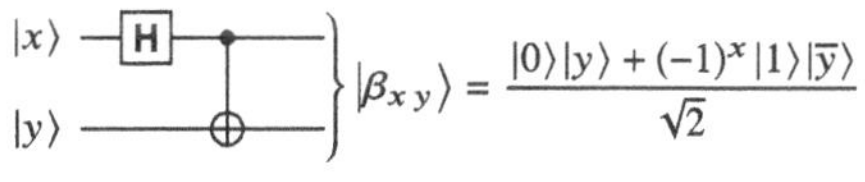

$$|x\rangle \;\text{—}[\mathsf{H}]\text{—}\bullet\text{—}, \quad |y\rangle \;\text{———}\oplus\text{—} \quad \Big\}\; |\beta_{x\,y}\rangle = \frac{|0\rangle|y\rangle + (-1)^x|1\rangle|\overline{y}\rangle}{\sqrt{2}}$$

Figura 3.11 Circuito quantistico per generare lo stato di Bell $|\beta_{x\,y}\rangle$ dallo stato separabile $|x\rangle|y\rangle$

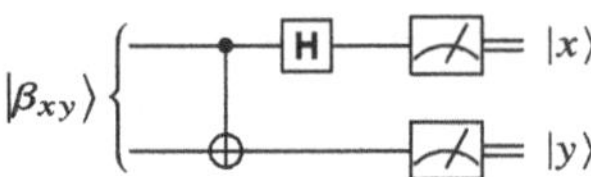

Figura 3.12 Circuito quantistico per eseguire la misura di Bell: lo stato massimamente entangled $|\beta_{xy}\rangle$ è trasformato nello stato separabile $|x\ y\rangle$ e poi misurato

Il circuito per generare gli stati di Bell è reversibile e il suo inverso può essere utilizzato per trasformare la base di Bell nella solita base computazionale a due qubit $\{|0\rangle|0\rangle, |0\rangle|1\rangle, |1\rangle|0\rangle, |1\rangle|1\rangle\}$, come illustrato in figura 3.12. Possiamo anche espandere gli elementi della base computazionale come una sovrapposizione degli stati di Bell, cioè:

$$|x\rangle|y\rangle = \frac{1}{\sqrt{2}} \sum_{M=0,1} (-1)^{Mx} \otimes \hat{\mathbb{I}}\, |\beta_{M\ x\oplus y}\rangle. \tag{3.19}$$

Utilizziamo sia la generazione di Bell che la misura di Bell nella prossima sezione per implementare il cosiddetto protocollo di "teletrasporto quantistico".

3.3.3 Teletrasporto quantistico

Come abbiamo sottolineato, se misuriamo nella base computazionale $\{|0\rangle, |1\rangle\}$ un qubit in uno stato quantico sconosciuto, perderemo in generale informazione su di esso, ottenendo come risultato solo un bit classico $|x\rangle$ con una certa probabilità. Tuttavia, a volte è necessario *trasferire* lo stato di un qubit da una parte di un computer quantistico a un'altra. In questo caso, lo stato può essere *teletrasportato*, cioè, lo stato sconosciuto $|\psi\rangle = \alpha|0\rangle + \beta|1\rangle$ di un qubit di input può essere ricostruito su un qubit bersaglio. Il protocollo di teletrasporto richiede due bit di informazione classica e uno stato massimamente entangled.

Nella figura 3.13 abbiamo disegnato il circuito quantistico per implementare il teletrasporto quantistico. Il protocollo prende in input lo stato a tre qubit $|\psi\rangle|0\rangle|0\rangle$. Il primo passo è quello di creare uno stato entangled: seguendo la procedura de-

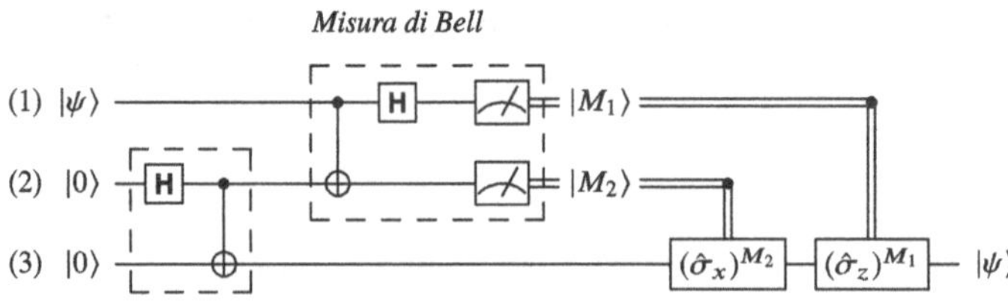

Figura 3.13 Circuito quantistico per eseguire il teletrasporto quantistico

scritta nella sezione 3.3.2, creiamo lo stato di Bell $|\beta_{00}\rangle$ sui qubit 2 e 3 (vedere figura 3.13): questo fornisce la risorsa entangled. A questo stadio lo stato a tre qubit complessivo è:

$$|\psi\rangle|\beta_{00}\rangle = \frac{1}{\sqrt{2}}[\alpha|0\rangle|0\rangle|0\rangle + \beta|1\rangle|1\rangle|1\rangle + \alpha|0\rangle|1\rangle|1\rangle + \beta|1\rangle|0\rangle|0\rangle], \tag{3.20a}$$

$$= \frac{1}{\sqrt{2}}\Big[|0\rangle|0\rangle\big(\alpha|0\rangle\big) + |1\rangle|1\rangle\big(\beta|1\rangle\big) + |0\rangle|1\rangle\big(\alpha\,\hat{\sigma}_x|0\rangle\big) + |1\rangle|0\rangle\big(\beta\,\hat{\sigma}_x|1\rangle\big)\Big]. \tag{3.20b}$$

Ora dobbiamo eseguire la misura di Bell (vedere ancora la sezione 3.3.2) sui qubit 1 e 2 applicando il gate $\mathbf{C}_{12}$ seguito da $\mathbf{H}$ agendo sul qubit 1 e poi misurando i due qubit nella base computazionale. Poiché:

$$\Big(\mathbf{H}\otimes\hat{\mathbb{I}}\Big)\mathbf{C}_{12}|x\rangle|y\rangle = \frac{1}{\sqrt{2}}\sum_{M_1=0,1}(-1)^{M_1 x}|M_1\rangle|y\oplus x\rangle \tag{3.21a}$$

$$= \frac{1}{\sqrt{2}}\sum_{M_1=0,1}\Big[(\hat{\sigma}_z)^{M_1 x}|M_1\rangle\Big]|y\oplus x\rangle, \tag{3.21b}$$

dopo queste trasformazioni (ma prima della misura!) lo stato a tre qubit può essere scritto nella seguente forma compatta:

$$\Big(\mathbf{H}\otimes\hat{\mathbb{I}}\Big)\mathbf{C}_{12}|\psi\rangle|\beta_{00}\rangle = \frac{1}{2}\sum_{M_1=0,1}\sum_{M_2=0,1}|M_1\rangle|M_2\rangle\Big[(\hat{\sigma}_x)^{M_2}(\hat{\sigma}_z)^{M_1}(\alpha|0\rangle + \beta|1\rangle)\Big], \tag{3.22}$$

dove abbiamo usato l'identità (notare che a sinistra l'operatore $\hat{\sigma}_z$ agisce sul primo qubit, mentre a destra agisce sul terzo qubit):

$$\sum_{M_1=0,1}\big[(\hat{\sigma}_z)^{M_1}|M_1\rangle\big]|M_2\rangle\big[(\hat{\sigma}_x)^{M_2}|1\rangle\big] = \sum_{M_1=0,1}|M_1\rangle|M_2\rangle\big[(\hat{\sigma}_x)^{M_2}(\hat{\sigma}_z)^{M_1}|1\rangle\big], \tag{3.23}$$

con $M_2 = 0, 1$. Ora è chiaro che una misura effettuata sui qubit 1 e 2 con risultati $|M_1\rangle$ e $|M_2\rangle$, rispettivamente, lascia il qubit 3 nello stato:

$$(\hat{\sigma}_x)^{M_2}(\hat{\sigma}_z)^{M_1}(\alpha|0\rangle + \beta|1\rangle) \equiv (\hat{\sigma}_x)^{M_2}(\hat{\sigma}_z)^{M_1}|\psi\rangle. \tag{3.24}$$

Quindi, per ricostruire lo stato del qubit di input sul qubit 3 dobbiamo applicare a Eq. (3.24) la trasformazione unitaria $(\hat{\sigma}_x)^{M_2}(\hat{\sigma}_z)^{M_1}$.

Vale la pena notare che:

- solo l'informazione viene teletrasportata, non la materia;
- lo stato di input viene perso durante la misura (vale il teorema del no-cloning);
- nessuna informazione sullo stato di input viene acquisita attraverso la misura (i quattro risultati $|M_1\ M_2\rangle$ non contengono alcuna informazione su α e d β poiché si verificano con la stessa probabilità, cioè, 25 %);
- il protocollo di teletrasporto non è istantaneo (si dove comunque inviare al ricevitore tramite un canale classico l'informazione sui due bit classici di output $|M_1\rangle$ e $|M_2\rangle$);
- per ricostruire lo stato di un qubit abbiamo bisogno di due bit di informazione classica e della risorsa entangled.

3.4 Il processo computazionale standard

L'obiettivo di un processo computazionale è calcolare i valori $f(x)$ di una certa funzione f specificata dove x è codificato nello stato di base computazionale di n qubit, con un precisione che aumenta con n.

Dato che un computer quantistico lavora con operazioni reversibili, mentre $f(x)$ in generale non lo è, dobbiamo specificare x e $f(x)$ come interi di n-bit e m-bit, rispettivamente. Quindi abbiamo bisogno di almeno $n + m$ qubit per eseguire il compito.

L'insieme di n qubit, il *registro di input*, codifica x, l'insieme di m-qubit, il *registro di output*, rappresenta il valore $f(x)$. Avere registri separati per l'input e l'output è pratica standard nella teoria classica della computazione reversibile.

Per eseguire il calcolo di $f(x)$, è necessario applicare un trasformazione unitaria $\hat{U}_f$ appropriata al nostro insieme di $n + m$ qubit. Il protocollo computazionale standard definisce l'azione di $\hat{U}_f$ su ogni stato base computazionale $|x\rangle_n|y\rangle_m$ dei $n + m$ qubit che compongono i registri di input e di output come segue:

$$\hat{U}_f|x\rangle_n|y\rangle_m = |x\rangle_n|y \oplus f(x)\rangle_m, \tag{3.25}$$

dove $\oplus$ può essere visto come uno XOR generalizzato che agisce sui singoli bit appartenenti alle due stringhe di bit y e $f(x)$, rispettivamente. Infatti, $\hat{U}_f|x\rangle_n|0\rangle_m = |x\rangle_n|f(x)\rangle_m$: inizializzando il registro di output iniziale a $|0\rangle_m$, dopo la computazione esso rappresenta il valore effettivo $f(x)$.

3.4.1 *Computazione realistica*

Il calcolo di $f(x)$ può richiedere più degli $n+m$ qubit introdotti nella sezione 3.4. In figura 3.14 è abbozzato un circuito quantistico più realistico per eseguire il calcolo

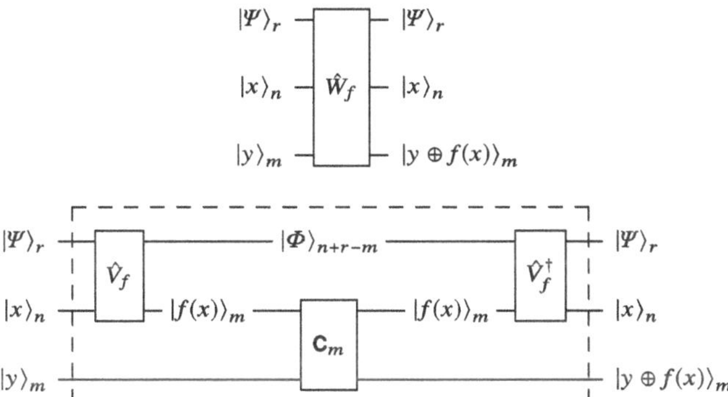

Figura 3.14 Schema realistico della struttura di una trasformazione unitaria $\hat{W}_f$ per eseguire il calcolo di $f(x)$. Vedere il testo per i dettagli

di $f(x)$, dove viene utilizzato un registro aggiuntivo di r qubit e una trasformazione unitaria $\hat{W}_f$ che agisce su $n + m + r$ qubit. Come mostrato nel circuito inferiore della figura 3.14, l'unitaria $\hat{W}_f$ agisce come segue: lo stato aggiuntivo di r-qubit $|\Psi\rangle_r$ interagisce con il registro di input $|x\rangle_n$ attraverso l'operazione unitaria $\hat{V}_f$ ottenendo l'evoluzione:

$$\hat{V}_f|\Psi\rangle_r|x\rangle_n = |\Phi\rangle_{n+r-m}|f(x)\rangle_m. \tag{3.26}$$

Ora, m porte NOT controllate eseguono, bit per bit, l'addizione modulo 2 bit per bit con lo stato del registro di output (i qubit di controllo sono nello stato $|f(x)\rangle_m$):

$$\mathsf{C}_m|f(x)\rangle_m|y\rangle_m = |f(x)\rangle_m|y \oplus f(x)\rangle_m. \tag{3.27}$$

Un'ultima unitaria $\hat{V}_f^\dagger$ viene utilizzata per ottenere la trasformazione:

$$\hat{V}_f^\dagger|\Phi\rangle_{n+r-m}|f(x)\rangle_m = |\Psi\rangle_r|x\rangle_n. \tag{3.28}$$

3.5 Identità tra circuiti quantistici

Nella figura 3.15 riportiamo utili identità tra circuiti quantistici o, semplicemente, identità circuitali, che possono essere utilizzate per capire meglio il comportamento dei circuiti quantistici descritti nelle sezioni seguenti. Potete facilmente verificarli.

Qui consideriamo esplicitamente l'identità (f), cioè, $\mathsf{H} \otimes \mathsf{H}\mathsf{C}_{10}\mathsf{H} \otimes \mathsf{H}$. Poiché:

$$\mathsf{C}_{10} = \frac{1}{2}(\hat{\mathbb{I}} + \hat{\sigma}_z) \otimes \hat{\mathbb{I}} + \frac{1}{2}(\hat{\mathbb{I}} - \hat{\sigma}_z) \otimes \hat{\sigma}_x, \tag{3.29}$$

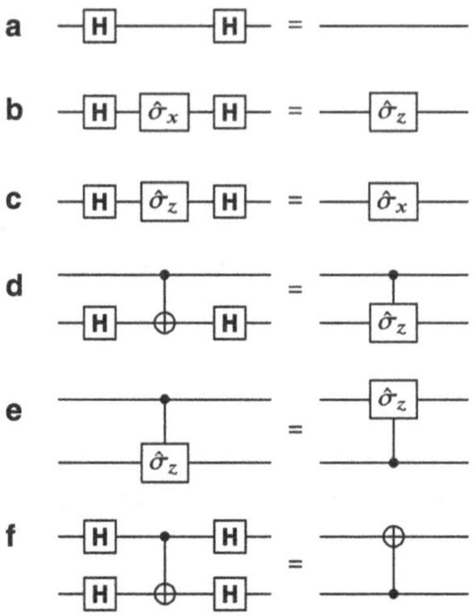

Figura 3.15 Utili identità tra circuiti

è semplice verificare che:

$$\mathbf{H} \otimes \mathbf{H}\,\mathbf{C}_{10}\,\mathbf{H} \otimes \mathbf{H} = \hat{\mathbb{I}} \otimes \frac{1}{2}(\hat{\mathbb{I}} + \hat{\sigma}_z) + \hat{\sigma}_x \otimes \frac{1}{2}(\hat{\mathbb{I}} - \hat{\sigma}_z) \equiv \mathbf{C}_{01}, \tag{3.30}$$

dove abbiamo utilizzato le identità (b) e (c) della figura 3.15.

3.6 Introduzione agli algoritmi quantistici

Come abbiamo menzionato, un algoritmo quantistico coinvolge due registri: il registro di input $|x\rangle_n$ e il registro di output $|y\rangle_m$. Questo è dovuto alla reversibilità delle operazioni quantistiche: in generale, un'operazione logica non è reversibile, mentre le operazioni unitarie lo sono. In questa prospettiva, un algoritmo quantistico è simile a una computazione reversibile classica (ovviamente, nell'ultimo caso non possiamo sfruttare le caratteristiche quantistiche dei qubit!).

Ricordiamo che il processo computazionale standard che calcola $f(x)$, può essere sempre rappresentato come un operatore unitario adatto $\hat{U}_f$ che agisce sullo stato $|x\rangle_n|y\rangle_m$, cioè:

$$\hat{U}_f|x\rangle_n|y\rangle_m = |x\rangle_n|y \oplus f(x)\rangle_m. \tag{3.31}$$

Dato un singolo qubit $|x\rangle$, $x = 0, 1$, l'azione della trasformazione di Hadamard $\mathbf{H}$ può essere riassunta come:

$$\mathbf{H}|x\rangle = \frac{|0\rangle + (-1)^x|1\rangle}{\sqrt{2}}, \tag{3.32a}$$

$$= \frac{1}{\sqrt{2}} \sum_{z=0,1} (-1)^{xz}|z\rangle. \tag{3.32b}$$

Pertanto, dato uno stato di n-qubit $|x\rangle_n$, con $0 \leq x < 2^n$ e $x = \sum_{k=0}^{n-1} x_k 2^k$ con $x_k \in \{0, 1\}$, abbiamo:

$$\mathbf{H}^{\otimes n}|x\rangle_n = \left(\frac{|0\rangle + (-1)^{x_{n-1}}|1\rangle}{\sqrt{2}}\right) \otimes \cdots \otimes \left(\frac{|0\rangle + (-1)^{x_0}|1\rangle}{\sqrt{2}}\right), \tag{3.33a}$$

$$= \frac{1}{2^{n/2}} \sum_{z=0}^{2^n-1} (-1)^{x \cdot z}|z\rangle_n, \tag{3.33b}$$

dove $x \cdot z = \oplus_{k=0}^{n-1} x_k z_k \pmod 2$.

È anche utile notare che se $f(x) \in \{0, 1\}$, allora:

$$\hat{U}_f(\hat{\mathbb{I}} \otimes \mathbf{H})|x\rangle|1\rangle = |x\rangle \frac{|f(x)\rangle - |1 \oplus f(x)\rangle}{\sqrt{2}}, \tag{3.34a}$$

$$= (-1)^{f(x)}|x\rangle \frac{|0\rangle - |1\rangle}{\sqrt{2}}. \tag{3.34b}$$

Pertanto, la fase del secondo qubit viene trasferita al primo: questo fatto è chiamato *phase kickback* ed è tipico delle operazioni controllate che possono influenzare anche il qubit di controllo. Vedremo che il fattore $(-1)^{f(x)}$ dovuto al phase kickback è estremamente importante per gli algoritmi quantistici creando vantaggi computazionali.

3.6.1 Algoritmo di Deutsch

Il primo algoritmo pedagogico che consideriamo è stato proposto per risolvere il cosiddetto problema di Deutsch. Data una funzione $f : \{0, 1\} \to \{0, 1\}$, supponiamo di non essere interessati ai valori *particolari* $f(0)$ e $f(1)$, ma piuttosto a un'informazione *relazionale*, cioè se $f(0) = f(1)$ o $f(0) \neq f(1)$. Dal punto di vista classico, l'unico modo per risolvere questo problema è valutare $f(x)$ due volte. Stiamo per mostrare che un algoritmo quantistico può fornirci la risposta utilizzando solo una valutazione della funzione. Il circuito che implementa l'algoritmo è mostrato in figura 3.16.

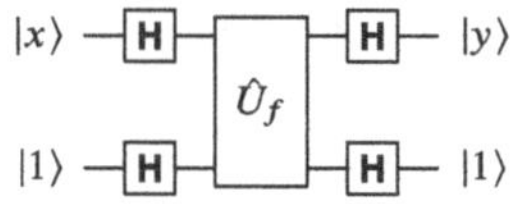

Figura 3.16 Circuito quantistico per risolvere il problema di Deutsch (algoritmo di Deutsch): se $f(0) = f(1)$ allora $|y\rangle = |x\rangle$, altrimenti $|y\rangle = |\overline{x}\rangle$, quindi misurando il registro di input dopo una sola applicazione di $\hat{U}_f$ possiamo discriminare tra i due possibili tipi di funzione

Il primo passo dell'algoritmo è applicare le trasformazioni di Hadamard agli stati iniziali del qubit:

$$\mathbf{H} \otimes \mathbf{H}|x\rangle|1\rangle = \sum_z \frac{(-1)^{xz}}{\sqrt{2}}|z\rangle\left(\frac{|0\rangle - |1\rangle}{\sqrt{2}}\right) \tag{3.35}$$

dove $z = 0, 1$. Ora applichiamo $\hat{U}_f$ (notate il phase kickback):

$$\hat{U}_f \sum_z \frac{(-1)^{xz}}{\sqrt{2}}|z\rangle\left(\frac{|0\rangle - |1\rangle}{\sqrt{2}}\right) = \sum_z \frac{(-1)^{xz+f(z)}}{\sqrt{2}}|z\rangle\left(\frac{|0\rangle - |1\rangle}{\sqrt{2}}\right). \tag{3.36}$$

Infine, utilizziamo di nuovo le trasformazioni di Hadamard, ottenendo l'evoluzione totale:

$$(\mathbf{H} \otimes \mathbf{H})\, \hat{U}_f\, (\mathbf{H} \otimes \mathbf{H})|x\rangle|1\rangle = \sum_s c_f(x,s)|s\rangle|1\rangle, \tag{3.37}$$

dove $s = 0, 1$, e abbiamo introdotto i coefficienti:

$$c_f(x,s) = \frac{1}{2}(-1)^{f(0)}\left[1 + (-1)^{x+s}(-1)^{f(1)-f(0)}\right]. \tag{3.38}$$

Notiamo che quest'ultimo passaggio fa interferire le diverse ampiezze di probabilità: questo è ciò che ci permette di ottenere il risultato finale della computazione. L'*interferenza quantistica* è un altro ingrediente chiave che la computazione quantistica può sfruttare per superare i limiti di quello classico.

Torniamo all'algoritmo di Deutsch. Dopo l'ultima trasformazione di Hadamard, il registro di output è rimasto invariato, poiché è ancora nello stato $|1\rangle$, mentre il registro di input ha subito l'evoluzione:

$$|x\rangle \to \sum_s c_f(x,s)|s\rangle. \tag{3.39}$$

Se $f(x) \in \{0, 1\}$, allora è facile verificare che:

- se $f(1) = f(0) \Rightarrow |c_f(x,x)|^2 = 1$ e $|c_f(x,\overline{x})|^2 = 0$,
- se $f(1) \neq f(0) \Rightarrow |c_f(x,x)|^2 = 0$ e $|c_f(x,\overline{x})|^2 = 1$,

quindi, se una misura sul registro di input dà un risultato $|x\rangle$, possiamo concludere che $f(1) = f(0)$, se porta a $|\overline{x}\rangle$, abbiamo $f(1) \neq f(0)$. Questo avviene dopo un singolo utilizzo di $\hat{U}_f$. Notate che non conosciamo il valore effettivo di $f(1)$ e $f(0)$: questo è un tipico compromesso quantistico che sacrifica informazioni particolari per acquisire informazioni relazionali.

3.6.2 Algoritmo di Deutsch–Jozsa

Ora la nostra funzione è

$$f : \{0,1\}^{\otimes n} \to \{0,1\}, \tag{3.40}$$

cioè $f(x) \in \{0,1\}$ ma $0 \leq x < 2^n$. Supponiamo di sapere che f può avere solo le seguenti due proprietà mutuamente esclusive:

- o f è *costante*: $f(x) = f(0)$, $\forall x$;
- o f è *bilanciata*: $f(x) = 1$, per metà dei possibili 2^n valori di x, altrimenti $f(x) = 0$.

Il problema è decidere se f è bilanciata o no.

Nel caso migliore un computer classico *deterministico* può risolvere il problema con solo due utilizzi di $\hat{U}_f$ [se, dati $x^{(1)} \neq x^{(2)}$, si ha $f(x^{(1)}) \neq f(x^{(2)})$ allora f è effettivamente bilanciata]. Tuttavia nel caso peggiore potrebbe accadere che le prime $2^n/2 = 2^{n-1}$ valutazioni di attraverso $\hat{U}_f$ diano lo stesso output, quindi abbiamo bisogno di una valutazione in più per rispondere al problema: se abbiamo ancora lo stesso risultato f è costante, altrimenti è bilanciata.

Un algoritmo classico *randomizzato* può fare meglio. Questo algoritmo sceglie casualmente $m \leq 2^{n-1}$ valori di x, ottenendo l'insieme $\{x^{(1)}, \ldots x^{(m)}\}$, e confronta il valore $f(x^{(k)})$ con quello di $f(x^{(1)})$, $1 < k \leq m$. Data una f bilanciata e il valore $f(x^{(1)})$, la probabilità che $f(x^{(k)}) = f(x^{(1)})$ è $1/2$. Pertanto la *probabilità di fallimento*, cioè la probabilità che $f(x^{(1)}) = f(x^{(k)})$, $\forall k$, è:

$$p_{\text{fail}}(m) = \underbrace{\frac{1}{2} \times \frac{1}{2} \times \ldots \times \frac{1}{2}}_{(m-1)\text{-volte}} = \frac{1}{2^{m-1}}, \tag{3.41}$$

dove consideriamo solo $m - 1$ valori di x perché il primo è usato come controllo. Otteniamo quindi che dopo m applicazioni di $\hat{U}_f$, la probabilità di successo, cioè concludere che f sia bilanciata, è $p_{\text{succ}}(m) = 1 - p_{\text{fail}}(m)$.

Nella figura 3.17 possiamo vedere il circuito quantistico per risolvere il problema di Deutsch–Jozsa. Lo stato di input è lo stato di $n + 1$ qubit $|0\rangle_n|1\rangle$, e, dopo l'applicazione delle trasformazioni di Hadamard e una sola applicazione di $\hat{U}_f$,

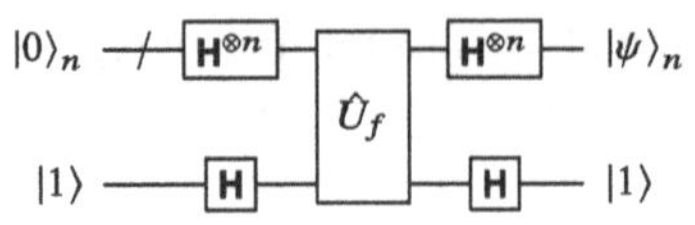

Figura 3.17 Circuito quantistico per risolvere il problema di Deutsch–Jozsa

abbiamo:

$$\hat{U}_f(\mathbf{H}^{\otimes n} \otimes \mathbf{H})|0\rangle_n|1\rangle = \hat{U}_f\left(\frac{1}{2^{n/2}}\sum_{x=0}^{2^n-1}|x\rangle_n\right)\left(\frac{|0\rangle - |1\rangle}{\sqrt{2}}\right)$$
$$= \frac{1}{2^{n/2}}\sum_{x=0}^{2^n-1}(-1)^{f(x)}|x\rangle_n\left(\frac{|0\rangle - |1\rangle}{\sqrt{2}}\right). \tag{3.42}$$

Ora dobbiamo applicare le trasformazioni di Hadamard per ottenere l'interferenza tra le ampiezze di probabilità (notate il phase kickback):

$$(\mathbf{H}^{\otimes n} \otimes \mathbf{H})\,\hat{U}_f(\mathbf{H}^{\otimes n} \otimes \mathbf{H})|0\rangle_n|1\rangle = \frac{1}{2^n}\sum_{z=0}^{2^n-1}\sum_{x=0}^{2^n-1}(-1)^{z\cdot x+f(x)}|z\rangle_n|1\rangle \tag{3.43a}$$
$$= |\psi\rangle_n|1\rangle, \tag{3.43b}$$

dove:

$$|\psi\rangle_n = \sum_{z=0}^{2^n-1} c_f(z)|z\rangle_n, \tag{3.44}$$

con

$$c_f(z) = \frac{1}{2^n}\sum_{x=0}^{2^n-1}(-1)^{z\cdot x+f(x)}. \tag{3.45}$$

Possiamo concentrarci su:

$$c_f(0) = \frac{1}{2^n}\sum_{x=0}^{2^n-1}(-1)^{f(x)}. \tag{3.46}$$

Da un lato, se $f(x)$ è *costante*, cioè $f(x) = f(0)$, $\forall x$, abbiamo $c_f(0) = (-1)^{f(0)}$, e, poiché $|\psi\rangle_n$ deve essere normalizzato, cioè $\sum_z |c_f(z)|^2 = 1$, otteniamo $c_f(z) = 0$, $\forall z \neq 0$. D'altra parte, se $f(x)$ è *bilanciata* otteniamo $c_f(0) = 0$, poiché la somma in Eq. (3.46) contiene 2^{n-1} volte il valore "$+1$" e 2^{n-1} volte il valore "-1" e, quindi, lo stato corrispondente $|\psi\rangle_n$ non contiene $|0\rangle_n$.

Riassumendo, l'algoritmo di Deutsch–Jozsa porta alla seguente evoluzione del registro di input a n-qubit:

$$|0\rangle_n \to \begin{cases} |0\rangle_n & \text{se } f \text{ è costante,} \\ \sum_{z=1}^{2^n-1} c_f(z)|z\rangle_n & \text{se } f \text{ è bilanciata,} \end{cases} \tag{3.47}$$

quindi, subito dopo una singola applicazione di U_f, una misura dello stato evoluto del registro di input ci permette di decidere se f è costante (otteniamo $|0\rangle_n$) o bilanciata (in quest'ultimo caso abbiamo $|x\rangle_n$, $x \neq 0$).

Vale la pena notare che: (i) non esiste alcuna applicazione pratica conosciuta di questo tipo di algoritmo; (ii) il metodo utilizzato per valutare $f(x)$ è diverso nel caso classico e in quello quantistico; (iii) gli algoritmi probabilistici possono trovare la soluzione del problema di Deutsch–Jozsa con alta probabilità dopo poche valutazioni (casuali) di $f(x)$.

3.6.3 Algoritmo di Bernstein–Vazirani

Sia a un numero intero sconosciuto, $0 \leq a < 2^n$ e consideriamo la funzione:

$$f(x) = a \cdot x \equiv a_0 x_0 \oplus \cdots \oplus a_{n-1} x_{n-1}. \tag{3.48}$$

Il problema è trovare il numero sconosciuto a dato un sottoprogramma che valuta $f(x)$ per un intero $0 \leq x < 2^n$. Classicamente l'unico modo per risolvere il problema è valutare $f(2^m) \equiv a_m$ per $m = 0, 1, \ldots, n-1$, che, quindi, richiede n valutazioni di $f(x)$.

La figura 3.18 mostra la rappresentazione del circuito quantistico del problema di Bernstein–Vazirani. Il registro di input codifica lo stato a n-qubit $|x\rangle_n = |x_{n-1}\rangle \otimes \ldots \otimes |x_0\rangle$ mentre il registro di output, che è inizializzato a $|0\rangle$, dopo l'evoluzione attraverso l'operatore unitario $\hat{U}_f$ associato alla funzione definita nell'Eq. (3.48), diventa $|a \cdot x\rangle$.

Il circuito quantistico di cui abbiamo bisogno per risolvere il presente problema con una sola chiamata di $\hat{U}_f$ è lo stesso del problema di Deutsch–Jozsa (si veda la figura 3.17). Poiché, ora, l'azione di f è data in Eq. (3.48), i coefficienti dello stato in Eq. (3.44) diventano:

$$c_f(z) = \frac{1}{2^n} \sum_{x=0}^{2^n-1} (-1)^{z \cdot x + a \cdot x}, \tag{3.49a}$$

$$= \frac{1}{2^n} \prod_{k=0}^{n-1} \sum_{x_k=0,1} (-1)^{(z_k + a_k) x_k}, \tag{3.49b}$$

$$= \frac{1}{2^n} \prod_{k=0}^{n-1} \left[1 + (-1)^{z_k + a_k}\right]. \tag{3.49c}$$

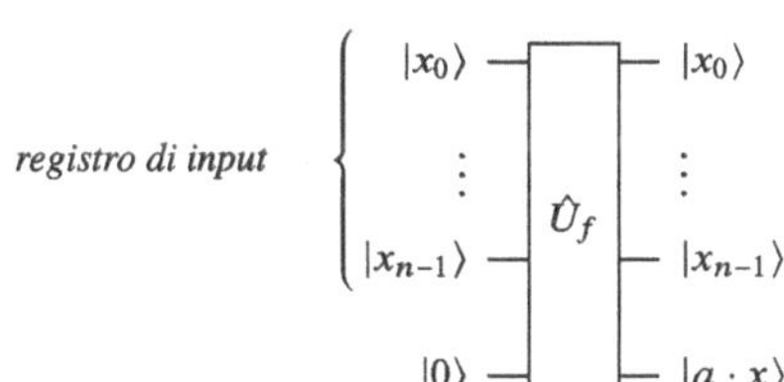

Figura 3.18 Il problema di Bernstein–Vazirani

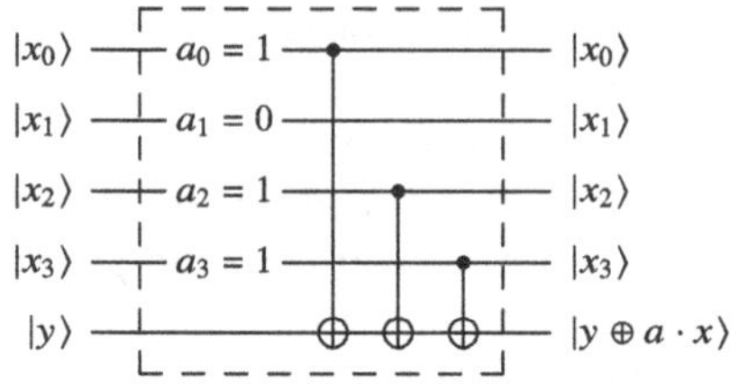

Figura 3.19 Circuito quantistico per implementare la trasformazione unitaria $\hat{U}_f$ del problema di Bernstein–Vazirani per $a = 1101$: se $a_k = 1$ allora il bit k-esimo agisce come controllo per l'operazione NOT sul registro di output (filo inferiore)

Dall'ultima uguaglianza concludiamo che se esiste k tale che $z_k \neq a_k$, allora deve essere $c_f(z) = 0$. Pertanto abbiamo:

$$c_f(z) \to \begin{cases} 0 & \text{se } z \neq a, \\ 1 & \text{se } z = a, \end{cases} \tag{3.50}$$

cioè, l'evoluzione del registro di input può essere riassunta come:

$$|0\rangle_n \to |a\rangle_n, \tag{3.51}$$

e la misura del registro di input evoluto nella base computazionale fornisce direttamente il valore sconosciuto di a.

Un'ulteriore analisi del circuito quantistico che implementa $\hat{U}_f$ può spiegare il meccanismo sottostante l'algoritmo di Bernstein–Vazirani. In particolare, la figura 3.19 illustra il circuito quantistico, basato su porte CNOT, utilizzato per calcolare $f(x) = a \cdot x$ nel caso di $n = 4$ e $a = 1101$. È chiaro che il valore y del registro di output viene invertito solo se a_k e x_k sono entrambi uguali a 1, poiché il CNOT che prende $|x_k\rangle$ come bit di controllo è presente nel circuito solo se $a_k = 1$.

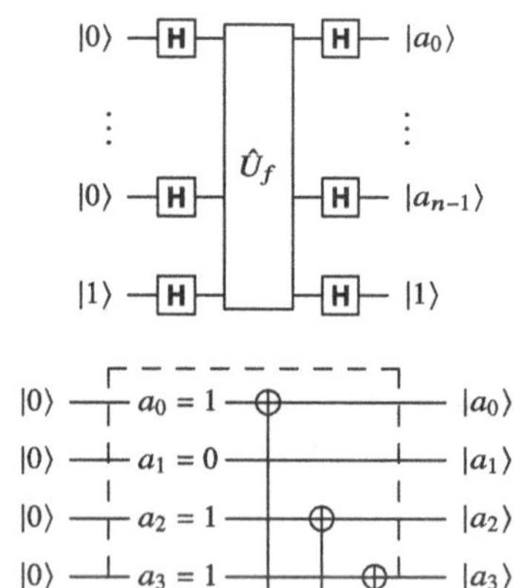

Figura 3.20 (In alto) Soluzione quantistica del problema di Bernstein–Vazirani. (In basso) Il circuito quantistico equivalente per risolvere il problema per $a = 1101$: abbiamo utilizzato l'identità $\mathbf{C}_{hk} = \mathbf{H}_h \mathbf{H}_k \mathbf{C}_{kh} \mathbf{H}_h \mathbf{H}_k$

Come mostrato nella figura 3.20 (in alto), la soluzione del problema consiste nell'applicazione della trasformazione di Hadamard prima e dopo l'unitaria U_f. Ma poiché $\mathbf{C}_{hk} = \mathbf{H}_h\mathbf{H}_k\mathbf{C}_{kh}\mathbf{H}_h\mathbf{H}_k$ (si veda il problema 1.7 e la sezione 3.5), il circuito risultante è equivalente a quello mostrato in figura 3.20 (in basso): è ora facile vedere che prendendo $|0\rangle_n$ e $|1\rangle$ come stati iniziali dei registri di input e output, rispettivamente, si ha $|0\rangle_n \to |a\rangle_n$

3.7 Logica classica con computer quantistici

Abbiamo sottolineato che la logica classica è intrinsecamente irreversibile, a causa della perdita di informazione durante la computazione (AND e OR sono operazioni irreversibili). Tuttavia, i computer classici, basati su questo quadro irreversibile, sono ovviamente strumenti estremamente utili per affrontare una miriade di problemi. Essendo irreversibili, le porte classiche come AND e OR non possono essere *direttamente* implementate nello scenario quantistico, ma si può ricorrere a particolari porte quantistiche reversibili in grado di eseguire l'azione di qualsiasi porta classica e, dunque, di qualsiasi computazione, in modo reversibile.

3.7.1 La porta di Toffoli

Qualsiasi operazione aritmetica può essere costruita su un computer classico reversibile a partire da porte a tre bit NOT-controllato-controllato (CCNOT) chiamate porte di Toffoli.

La porta di Toffoli, rappresentata qui dall'operatore unitario $\mathbf{T}$, agisce su uno stato a tre bit come segue:

$$\mathbf{T}|x\rangle|y\rangle|z\rangle = |x\rangle|y\rangle|z \oplus xy\rangle, \tag{3.52}$$

dove xy corrisponde al prodotto aritmetico tra i valori x e y. L'azione della porta di Toffoli sulla base computazionale è riassunta nella tabella 3.1. Come si può ve-

Tabella 3.1 L'azione della porta di Toffoli

$\|x\rangle\|y\rangle\|z\rangle$	$\mathbf{T}\|x\rangle\|y\rangle\|z\rangle$
$\|0\rangle\|0\rangle\|0\rangle$	$\|0\rangle\|0\rangle\|0\rangle$
$\|0\rangle\|0\rangle\|1\rangle$	$\|0\rangle\|0\rangle\|1\rangle$
$\|0\rangle\|1\rangle\|0\rangle$	$\|0\rangle\|1\rangle\|0\rangle$
$\|0\rangle\|1\rangle\|1\rangle$	$\|0\rangle\|1\rangle\|1\rangle$
$\|1\rangle\|0\rangle\|0\rangle$	$\|1\rangle\|0\rangle\|0\rangle$
$\|1\rangle\|0\rangle\|1\rangle$	$\|1\rangle\|0\rangle\|1\rangle$
$\|1\rangle\|1\rangle\|0\rangle$	$\|1\rangle\|1\rangle\|1\rangle$
$\|1\rangle\|1\rangle\|1\rangle$	$\|1\rangle\|1\rangle\|0\rangle$

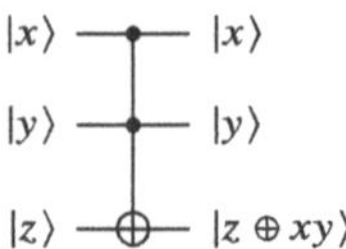

Figura 3.21 Circuito quantistico per la porta di Toffoli

dere, **T** lascia inalterato il terzo bit, a meno che lo stato dei due bit di controllo sia $|1\rangle|1\rangle$, in questo caso il valore del bit bersaglio viene invertito (si vedano le ultime due righe della tabella). Naturalmente **T** è reversibile e la sua azione sulla base computazionale è una permutazione. Il circuito quantistico per la porta di Toffoli è mostrato nella figura 3.21.

Come abbiamo menzionato nel capitolo 1, tutte le operazioni logiche e, quindi, aritmetiche possono essere costruite a partire da AND e NOT. Utilizzando la porta di Toffoli si può calcolare l'AND logico di due bit, che corrisponde formalmente al prodotto dei loro valori, e il NOT, cioè:

$$\text{AND} \rightarrow \mathbf{T}|x\rangle|y\rangle|0\rangle = |x\rangle|y\rangle|xy\rangle \equiv |x\rangle|y\rangle|x \wedge y\rangle, \tag{3.53a}$$

$$\text{NOT} \rightarrow \mathbf{T}|1\rangle|1\rangle|z\rangle = |1\rangle|y\rangle|z \oplus 1\rangle \equiv |1\rangle|1\rangle|\bar{z}\rangle, \tag{3.53b}$$

rispettivamente. Abbiamo dimostrato l'universalità della porta di Toffoli. Inoltre, abbiamo:

$$\text{XOR} \rightarrow \mathbf{T}|1\rangle|y\rangle|z\rangle = |1\rangle|y\rangle|z \oplus y\rangle, \tag{3.54a}$$

$$\text{NAND} \rightarrow \mathbf{T}|x\rangle|y\rangle|1\rangle = |x\rangle|y\rangle|\overline{x \wedge y}\rangle, \tag{3.54b}$$

Possiamo concludere che è possibile fare qualsiasi computazione in modo reversibile.

Abbiamo visto l'importanza della porta di Toffoli. Tuttavia, questa porta non può essere realizzata con porte classiche a uno o due bit. Fortunatamente, esistono le porte quantistiche! Nella figura 3.22 è rappresentato un circuito quantistico che agisce come una porta $\hat{U}^2$-controllato-controllato (una CC-$\hat{U}^2$), dove $\hat{U}$ è un operatore unitario ($\hat{U}\hat{U}^\dagger = \hat{U}^\dagger\hat{U} = \hat{\mathbb{I}}$), che coinvolge solo porte CNOT e porte $\hat{U}$-controllato (C-$\hat{U}$). Potete facilmente verificare che il circuito applica l'operatore $\hat{U}^2$ allo stato $|z\rangle$ del registro di output solo se il registro di input a due bit è $|x\rangle|y\rangle = |1\rangle|1\rangle$, cioè:

$$|x\rangle|y\rangle|z\rangle \rightarrow \hat{\mathbb{I}} \otimes \hat{\mathbb{I}} \otimes \left[\hat{U}^y(\hat{U}^\dagger)^{x \oplus y}\hat{U}^x\right]|x\rangle|y\rangle|z\rangle. \tag{3.55}$$

Se ora introduciamo l'operatore unitario:

$$\hat{U} = \sqrt{\hat{\sigma}_x} \rightarrow \frac{1}{1+i}\begin{pmatrix} 1 & i \\ i & 1 \end{pmatrix} \tag{3.56}$$

(radice quadrata di NOT)

tale che $\hat{U}^2 = \sqrt{\hat{\sigma}_x}\sqrt{\hat{\sigma}_x} = \hat{\sigma}_x$, allora il CCNOT può essere ottenuto con il circuito quantistico della figura 3.22. Si noti che $\sqrt{\hat{\sigma}_x}$ non esiste come porta classica, ma

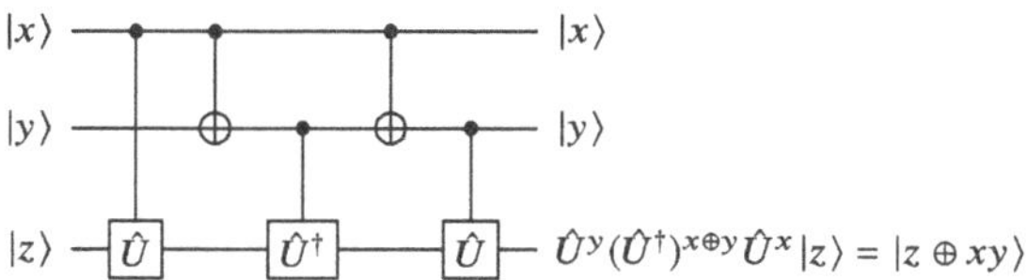

Figura 3.22 Circuito quantistico che agisce come una porta CC-$\hat{U}^2$ basato su porte CNOT e C-$\hat{U}$. Se scegliamo $\hat{U} = \sqrt{\hat{\sigma}_x}$ (la radice quadrata di NOT) possiamo riprodurre l'effetto della porta di Toffoli

esiste come porta quantistica, poiché:

$$\sqrt{\hat{\sigma}_x}|0\rangle = \frac{|0\rangle + i|1\rangle}{1+i}, \quad \text{e} \quad \sqrt{\hat{\sigma}_x}|1\rangle = \frac{i|0\rangle + |1\rangle}{1+i}. \tag{3.57}$$

3.7.2 *La porta di Fredkin*

La porta di Fredkin è un'altra porta a tre bit che può essere utilizzata per costruire un insieme universale di porte. Questa porta ha un bit di controllo e due bersagli: quando il bit di controllo è 1 i valori dei bersagli vengono scambiati tramite una porta SWAP, altrimenti rimangono inalterati. L'azione della porta di Fredkin, rappresentata qui dall'operatore unitario **F**, è riassunta nella tabella 3.2, mentre mostriamo il corrispondente circuito quantistico nella figura 3.23.

Impostando adeguatamente i bit di ingresso è possibile implementare qualsiasi operazione logica. Ad esempio abbiamo:

$$\text{AND} \rightarrow \mathbf{F}|x\rangle|y\rangle|0\rangle = |x\rangle|\overline{x} \wedge y\rangle|x \wedge y\rangle, \tag{3.58a}$$

$$\text{NOT} \rightarrow \mathbf{F}|x\rangle|0\rangle|1\rangle = |x\rangle|x\rangle|\overline{x}\rangle, \tag{3.58b}$$

quindi la porta di Fredkin è universale. Si noti che nell'ultimo caso abbiamo implementato contemporaneamente le operazioni COPY (di un bit classico!) e NOT.

Tabella 3.2 L'azione della porta di Fredkin

$\|x\rangle\|y\rangle\|z\rangle$	$\mathbf{F}\|x\rangle\|y\rangle\|z\rangle$
$\|0\rangle\|0\rangle\|0\rangle$	$\|0\rangle\|0\rangle\|0\rangle$
$\|0\rangle\|0\rangle\|1\rangle$	$\|0\rangle\|0\rangle\|1\rangle$
$\|0\rangle\|1\rangle\|0\rangle$	$\|0\rangle\|1\rangle\|0\rangle$
$\|0\rangle\|1\rangle\|1\rangle$	$\|0\rangle\|1\rangle\|1\rangle$
$\|1\rangle\|0\rangle\|0\rangle$	$\|1\rangle\|0\rangle\|0\rangle$
$\|1\rangle\|0\rangle\|1\rangle$	$\|1\rangle\|1\rangle\|0\rangle$
$\|1\rangle\|1\rangle\|0\rangle$	$\|1\rangle\|0\rangle\|1\rangle$
$\|1\rangle\|1\rangle\|1\rangle$	$\|1\rangle\|1\rangle\|1\rangle$

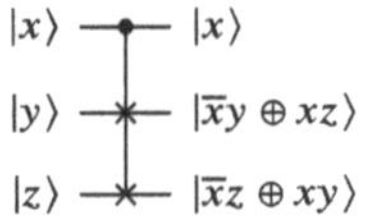

Figura 3.23 Circuito quantistico per la porta di Fredkin

$|x\rangle$ — $|x\rangle$
$|y\rangle$ — $|\bar{x}y \oplus xz\rangle$
$|z\rangle$ — $|\bar{x}z \oplus xy\rangle$

3.8 Porte quantistiche universali

La computazione quantistica universale può essere eseguita mediante qualsiasi interazione che crea entanglement insieme a operazioni unitarie locali. In altre parole, qualsiasi operatore unitario, che agisce su un sistema di qubit, può essere ridotto a un prodotto di operatori che rendono entangled *due* qubit o agiscono localmente su un *singolo* qubit. Per dimostrare questa affermazione, in questa sezione mostriamo prima che qualsiasi trasformazione unitaria che agisce su d livelli può essere scomposta in un prodotto di unitarie che agiscono al massimo su due soli livelli; poi dimostriamo che qualsiasi unitaria a due livelli può essere implementata tramite CNOT e porte a singolo qubit, i primi creano entanglement mentre le altre eseguono operazioni locali sui qubit presi singolarmente.

3.8.1 Universalità delle unitarie a due livelli

Qualsiasi unitaria $\mathbf{U}$ che agisce su d livelli può essere scomposta in un prodotto di unitarie a due livelli, corrispondenti a trasformazioni unitarie adatte $\mathbf{G}(h,k)$, con $h < k$ agenti sui livelli h e k associati agli stati $|h\rangle$ e $|k\rangle$ della base computazionale, $h, k \in \{1, \ldots, d\}$. La trasformazione $\mathbf{G}(h,k)$ può essere vista come una matrice $d \times d$ i cui elementi sono:

$$\begin{cases} g_{hh}(h,k) = c^*, & g_{kk}(h,k) = -c \\ g_{hk}(h,k) = s^*, & g_{kh}(h,k) = s \\ g_{pp}(h,k) = 1 & \text{se } p \neq h,k \\ g_{pq}(h,k) = 0 & \text{altrimenti,} \end{cases} \tag{3.59}$$

dove c e s sono numeri complessi (si veda la figura 3.24). Useremo questo tipo di trasformazione per ridurre $\mathbf{U}$ a un prodotto di unitarie a due livelli, poiché quando $\mathbf{G}(h,k)$ viene applicata a $\mathbf{U}$ agisce solo sui due livelli h e k.

Per mostrare come funziona il metodo, ci concentriamo sul semplice esempio a tre livelli (cioè $d = 3$) e vedremo che l'estensione a dimensioni maggiori è semplice. L'idea di base è sfruttare le trasformazioni definite sopra per rendere uguali a zero gli elementi della matrice u_{p1} della prima colonna di $\mathbf{U}$, eccetto u_{11}, che viene lasciato uguale a 1. Procediamo come segue. Se scegliamo $c = u_{11}/\mu$ e $s = u_{21}/\mu$, dove $\mu = \sqrt{|u_{11}|^2 + |u_{21}|^2}$, abbiamo (per chiarezza ci concentriamo solo sulla

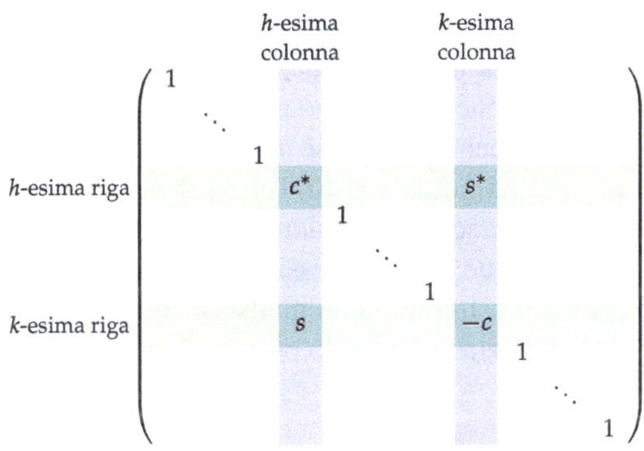

Figura 3.24 Rappresentazione matriciale della trasformazione unitaria $\mathbf{G}(h,k)$

prima colonna e usiamo il simbolo "$*$" per tutti gli altri elementi di matrice):

$$\mathbf{G}(1,2)\,\mathbf{U} = \begin{pmatrix} \mu & * & * \\ 0 & * & * \\ u_{31} & * & * \end{pmatrix}. \tag{3.60}$$

È chiaro che l'azione è eseguire la trasformazione $u_{11} \to \mu$ e $u_{21} \to 0$ sulla prima colonna (come previsto l'elemento u_{31} rimane invariato). Ora, agendo in modo simile, applichiamo $\mathbf{G}(1,3)$ impostando $c = \mu/\mu'$ e $s = u_{31}/\mu'$, dove $\mu' = \sqrt{\mu^2 + |u_{31}|^2} = 1$ (dato che $\mathbf{U}$ è unitario abbiamo $\sum_p |u_{p\tilde{q}}|^2 = \sum_q |u_{\tilde{p}q}|^2 = 1$, $\forall \tilde{p}, \tilde{q}$) e otteniamo:

$$\mathbf{G}(1,3)\,\mathbf{G}(1,2)\,\mathbf{U} = \begin{pmatrix} 1 & 0 & 0 \\ 0 & * & * \\ 0 & * & * \end{pmatrix} \equiv V_{2,3}. \tag{3.61}$$

Notiamo che $V_{2,3}$ è un operatore unitario che agisce sui due livelli 2 e 3. Dall'Eq. (3.61) segue direttamente che $\mathbf{U}$ può essere scritto come il prodotto dei seguenti operatori unitari a due livelli:

$$\mathbf{U} = V_{1,2} V_{1,3} V_{2,3}, \tag{3.62}$$

dove $V_{1,2}^{\dagger} = G(1,2)$ e $V_{1,3}^{\dagger} = G(1,3)$.

Per una dimensione generica d, si deve ripetere la procedura precedente considerando le altre colonne al fine di ottenere una matrice della forma (vengono riportati solo gli elementi non nulli):

$$\begin{pmatrix} \mathbb{I}_{d-2} & & \\ & * & * \\ & * & * \end{pmatrix}, \tag{3.63}$$

che agisce solo sugli ultimi due livelli. È anche possibile dimostrare che il numero di unitarie a due livelli necessarie è al massimo $d(d-1)/2$. Questo conclude la dimostrazione dell'universalità delle trasformazioni unitarie a due livelli.

Vale la pena notare che un sistema di n qubit codifica $d = 2^n$ livelli, cioè, $|x\rangle_n = |x_{n-1}\rangle \ldots |x_0\rangle$ con $x \in \{0, 1, \ldots, 2^n - 1\}$ e $x_k \in \{0, 1\}$, e, quindi, una unitaria a due livelli può anche accoppiare due livelli appartenenti a qubit diversi e il numero di unitarie a due livelli necessari è al massimo $2^n(2^n - 1)/2 \sim O(4^n)$. Nella prossima sezione mostreremo che qualsiasi trasformazione unitaria a due livelli può essere implementata utilizzando porte a singolo qubit e CNOT.

3.8.2 Universalità delle porte a singolo qubit e CNOT

Per chiarezza (e semplicità!) qui ci concentriamo su un sistema di tre qubit, cioè $d = 2^3 = 8$, che, nella base computazionale, porta ad avere gli otto livelli seguenti:

$$|0\rangle_3 = |0\rangle|0\rangle|0\rangle\,, \quad |1\rangle_3 = |0\rangle|0\rangle|1\rangle\,, \tag{3.64a}$$
$$|2\rangle_3 = |0\rangle|1\rangle|0\rangle\,, \quad |3\rangle_3 = |0\rangle|1\rangle|1\rangle\,, \tag{3.64b}$$
$$|4\rangle_3 = |1\rangle|0\rangle|0\rangle\,, \quad |5\rangle_3 = |1\rangle|0\rangle|1\rangle\,, \tag{3.64c}$$
$$|6\rangle_3 = |1\rangle|1\rangle|0\rangle\,, \quad |7\rangle_3 = |1\rangle|1\rangle|1\rangle\,. \tag{3.64d}$$

Consideriamo una matrice unitaria 8×8, $\mathbf{U}$, agente solo sui due livelli $|x\rangle_3$ e $|y\rangle_3$, $x < y$ e con elementi di matrice dati da (si veda la figura 3.25):

$$\begin{cases} u_{x+1\,x+1} = \alpha\,, u_{x+1\,y+1} = \gamma\,, & \\ u_{y+1\,x+1} = \beta\,, u_{y+1\,y+1} = \zeta\,, & \\ u_{pp} = 1 & \text{se } p \neq x+1, y+1 \\ u_{pq} = 0 & \text{altrimenti,} \end{cases} \tag{3.65}$$

che agisce come segue:

$$\begin{cases} \mathbf{U}|x\rangle_3 = \alpha|x\rangle_3 + \beta|y\rangle_3\,, & \\ \mathbf{U}|y\rangle_3 = \gamma|x\rangle_3 + \zeta|y\rangle_3\,, & \\ \mathbf{U}|p\rangle_3 = |p\rangle_3 & \text{se } p \neq x, y. \end{cases} \tag{3.66}$$

Cerchiamo un circuito quantistico che implementi $\mathbf{U}$, costruito da porte a singolo qubit e CNOT. Il trucco è usare i cosiddetti *codici di Gray*: un codice di Gray che collega due numeri binari x e y è una sequenza di m numeri binari $\{b_1, b_2, \ldots b_m\}$ che parte da $b_1 = x$ e arriva a $b_m = y$, in modo che i numeri adiacenti differiscano esattamente per un solo bit.

Come esempio, consideriamo $x = 0$ e $y = 7$, cioè, $|x\rangle_3 = |0\rangle|0\rangle|0\rangle$ e $|y\rangle_3 = |1\rangle|1\rangle|1\rangle$. Il codice di Gray che collega i due numeri (o, equivalentemente, stati), è

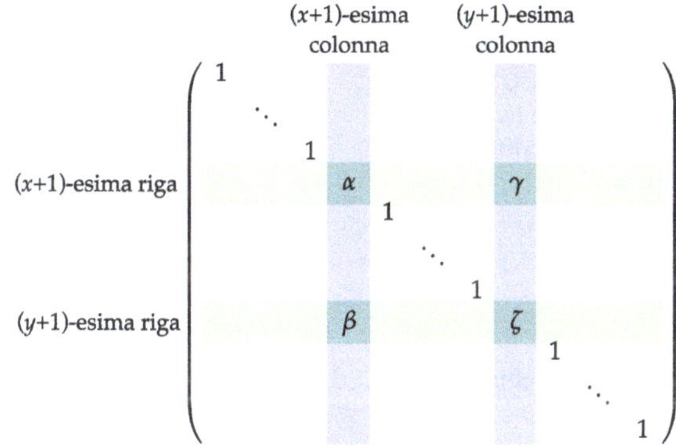

Figura 3.25 Rappresentazione matriciale della trasformazione unitaria **U**

(per chiarezza abbiamo aggiunto un pedice per identificare i tre qubit):

$$|0\rangle_3 = |0\rangle_A|0\rangle_B|0\rangle_C \tag{3.67a}$$
$$\rightarrow |0\rangle_A|0\rangle_B|1\rangle_C \tag{3.67b}$$
$$\rightarrow |0\rangle_A|1\rangle_B|1\rangle_C \tag{3.67c}$$
$$\rightarrow |1\rangle_A|1\rangle_B|1\rangle_C = |7\rangle_3 . \tag{3.67d}$$

Per passare da un elemento a quello adiacente, possiamo facilmente usare le porte CCNOT (porte NOT controllate da due qubit), che hanno come bersaglio l'unico bit diverso (qui il qubit A) e usano i valori degli altri come controllo (qui B e C). Possiamo utilizzare questa strategia per collegare passo dopo passo $|x\rangle_3 = |0\rangle_A|0\rangle_B|0\rangle_C$ a $|0\rangle_A|1\rangle_B|1\rangle_C$, l'elemento appena prima di $|y\rangle_3 = |1\rangle_A|1\rangle_B|1\rangle_C$, e poi agire con un CC-$\mathbf{U}_{xy}$ con bersaglio il *primo qubit*, ovvero, l'operatore unitario $\mathbf{U}_{xy}$ definito come la matrice 2×2:

$$\mathbf{U}_{xy} = \begin{pmatrix} \alpha & \gamma \\ \beta & \zeta \end{pmatrix} \tag{3.68}$$

viene applicato al qubit A solo se gli altri sono nello stato $|1\rangle_B|1\rangle_C$. Infine, applichiamo le stesse porte CCNOT, ma nell'ordine inverso. Il circuito complessivo è mostrato nella figura 3.26. L'azione delle prime due porte può essere riassunta in un operatore $\mathcal{G}$ tale che:

$$\mathcal{G}|0\rangle_3 = |0\rangle_A|1\rangle_B|1\rangle_C , \tag{3.69}$$
$$\mathcal{G}|7\rangle_3 = |1\rangle_A|1\rangle_B|1\rangle_C , \tag{3.70}$$

mentre quando viene applicato agli altri stati $|p\rangle_3$, con $p \neq 0, 7$, lo stato finale dei qubit B e C è $|0\rangle_B|0\rangle_C$ o $|b\rangle_B|c\rangle_C$, con $b \neq c$. Pertanto, il CC-$\mathbf{U}_{xy}$ può agire in

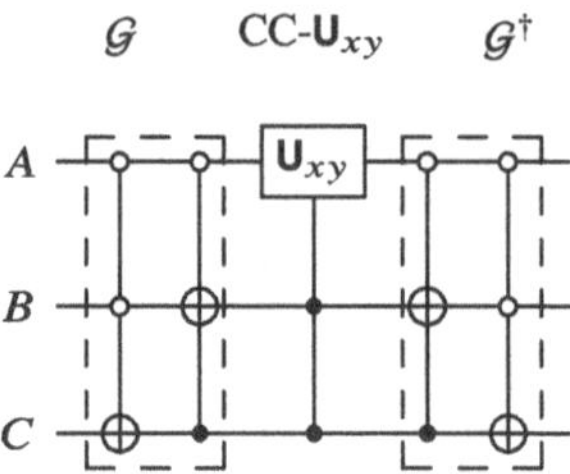

Figura 3.26 Circuito quantistico che implementa una unitaria $\mathbf{U}_{xy}$ che agisce sui due livelli (o stati) $|x\rangle_3 = |0\rangle_A|0\rangle_B|0\rangle_C$ e $|y\rangle_3 = |1\rangle_A|1\rangle_B|1\rangle_C$.

modo non banale solo sui due stati $|0\rangle_A|1\rangle_B|1\rangle_C$ e $|1\rangle_A|1\rangle_B|1\rangle_C$, cioè:

$$\begin{aligned}
\text{CC-}\mathbf{U}_{xy}\,\mathcal{G}|0\rangle_3 &= \text{CC-}\mathbf{U}_{xy}|0\rangle_A|1\rangle_B|1\rangle_C \\
&= \alpha|0\rangle_A|1\rangle_B|1\rangle_C + \beta|1\rangle_A|1\rangle_B|1\rangle_C\,, &(3.71)\\
\text{CC-}\mathbf{U}_{xy}\,\mathcal{G}|7\rangle_3 &= \text{CC-}\mathbf{U}_{xy}|1\rangle_A|1\rangle_B|1\rangle_C \\
&= \gamma|0\rangle_A|1\rangle_B|1\rangle_C + \zeta|1\rangle_A|1\rangle_B|1\rangle_C\,, &(3.72)\\
\text{CC-}\mathbf{U}_{xy}\,\mathcal{G}|p\rangle_3 &= \mathcal{G}|p\rangle_3\,, \quad \text{se } |p\rangle_3 \neq |0\rangle_3, |7\rangle_3\,, &(3.73)
\end{aligned}$$

dato che $\mathbf{U}_{xy}|0\rangle_A = \alpha|0\rangle_A + \beta|1\rangle_A$ e $\mathbf{U}_{xy}|1\rangle_A = \gamma|0\rangle_A + \zeta|1\rangle_A$. Infine, l'azione di $\mathcal{G}^\dagger$ porta alla trasformazione desiderata:

$$\begin{cases}
\mathcal{G}^\dagger\,\text{CC-}\mathbf{U}_{xy}\,\mathcal{G}|0\rangle_3 = \alpha|0\rangle_3 + \beta|7\rangle_3\,, \\
\mathcal{G}^\dagger\,\text{CC-}\mathbf{U}_{xy}\,\mathcal{G}|7\rangle_3 = \gamma|0\rangle_3 + \zeta|7\rangle_3\,, \\
\mathcal{G}^\dagger\,\text{CC-}\mathbf{U}_{xy}\,\mathcal{G}|p\rangle_3 = |p\rangle_3\,, \qquad \text{se } |p\rangle_3 \neq |0\rangle_3, |7\rangle_3\,,
\end{cases} \tag{3.74}$$

cioè $\mathcal{G}^\dagger\,\text{CC-}\mathbf{U}_{xy}\,\mathcal{G} \equiv \mathbf{U}$, come si può vedere anche dall'Eq. (3.66) con $x = 0$ e $y = 7$. Notiamo che le porte con doppio controllo che agiscono sui tre qubit possono essere implementate utilizzando solo porte CNOT e porte a singolo qubit (si veda la figura 3.22).

Nel caso generale di n qubit, dove abbiamo 2^n livelli, si può estendere il precedente protocollo basato sui codici di Gray. Se $|g_1\rangle_n, |g_2\rangle_n, \ldots, |g_m\rangle_n$ sono gli m elementi del codice di Gray che collegano $|g_1\rangle_n = |x\rangle_n$ e $|g_m\rangle_n = |y\rangle_n$, possiamo sempre trovare un codice tale che $m \leq n + 1$ (infatti $|x\rangle_n$ e $|y\rangle_n$ possono differire al massimo in n posizioni). Utilizzando porte controllate passiamo da $|g_1\rangle_n$ a $|g_{m-1}\rangle_n$, poi applichiamo il controllato $\mathbf{U}_{xy}$ al qubit situato nel singolo bit dove $|g_{m-1}\rangle_n$ e $|g_m\rangle_n$ differiscono; infine annulliamo le trasformazioni della prima fase. Per quanto riguarda l'implementazione, si può facilmente estendere lo schema presentato in figura 3.22 a sistemi che coinvolgono più di tre qubit aggiungendo opportunamente altre porte CNOT e porte a singolo qubit. Pertanto, grazie al risultato ottenuto nella sezione precedente (l'universalità delle unitarie a due livelli), abbiamo infine dimostrato anche che le porte CNOT e quelle a singolo qubit sono universali. Notiamo che l'implementazione di un'operazione unitaria che agisce su n qubit richiede un circuito quantistico contenente $O(n^2 4^n)$ porte singole di qubit e CNOT. Infatti, un'unitaria a due livelli richiede $O(n^2)$ porte ($\mathcal{G}$ e il CC-$\mathbf{U}_{xy}$ richiedono entrambi

$O(n)$ porte CNOT e singole di qubit) e un'unitaria arbitraria richiede $O(4^n)$ porte, come mostrato nella sezione precedente. Di fatto, l'approccio seguito in questa costruzione di universalità non fornisce circuiti quantistici efficienti ... Per trovare algoritmi veloci si dovrebbe utilizzare un approccio diverso.

3.8.3 Insieme di porte quantistiche universali

Abbiamo dimostrato che le porte a singolo qubit e i CNOT possono essere utilizzati per eseguire la computazione quantistica universale. Tuttavia, non esiste un metodo diretto per implementarle in modo da essere resistenti agli errori. D'altra parte, è possibile trovare un insieme discreto di porte per *approssimare* qualsiasi operazione unitaria. L'*insieme standard* di porte universali consiste nelle porte di Hadamard, quella di fase, CNOT e T (o $\frac{\pi}{8}$ gate), introdotte nella sezione 3.1. In realtà le porte di Hadamard, CNOT e T possono approssimare un circuito quantistico, ma la presenza della porta di fase S, che, formalmente, agisce come T^2, è giustificata poiché permette di approssimare il circuito in modo tollerante ai guasti (fault-tolerant). Infatti, durante una computazione le porte coinvolte devono essere implementate assumendo che i qubit di input possano essere affetti da errori. Pertanto, come vedremo nel capitolo 8, le porte quantistiche devono operare su più qubit generati da un codice di correzione degli errori quantistici adeguato. Anche in presenza di porte difettose si può eseguire una computazione quantistica arbitrariamente buona se la probabilità di errore della porta è al di sotto di una certa soglia. In questo scenario, la porta di fase, come porta autonoma, risulta essere estremamente utile.

3.8.4 Approssimazione delle porte singole di qubit

Prima di tutto, ricordiamo che una porta a singolo qubit descritta dall'operatore unitario $\hat{U}$ può essere scomposta come (omettiamo la possibile fase globale):

$$\hat{U} \to U = e^{i\theta\, \boldsymbol{v}\cdot\boldsymbol{\sigma}} = \mathcal{R}_{\boldsymbol{n}}(\beta)\, \mathcal{R}_{\boldsymbol{m}}(\gamma)\, \mathcal{R}_{\boldsymbol{n}}(\delta), \tag{3.75}$$

dove $\boldsymbol{n}$ e $\boldsymbol{m}$ sono vettori (unitari) ortogonali e gli angoli β, γ e δ dipendono da $\boldsymbol{v}$ e θ. Osserviamo anche che se α è un multiplo *irrazionale* di 2π, allora gli angoli $\kappa\alpha(\mathrm{mod}\ 2\pi)$, $\kappa \in \mathbb{N}$, sono *densi*[1] nell'intervallo $[0, 2\pi]$ e, quindi, possiamo approssimare con precisione arbitraria qualsiasi rotazione come:

$$\mathcal{R}_{\boldsymbol{n}}(\beta) \approx [\mathcal{R}_{\boldsymbol{n}}(\alpha)]^{\kappa}\,. \tag{3.76}$$

---

[1] Un sottoinsieme di numeri reali $\mathbb{A}$ è denso nel sottoinsieme di numeri reali $\mathbb{B}$ se $\forall\beta \in \mathbb{B}$ esistono $\alpha \in \mathbb{A}$ e $\varepsilon > 0$ tali che $|\beta - \alpha| < \varepsilon$.

Qui mostriamo che è possibile approssimare qualsiasi porta a singolo qubit $\hat{U}$ utilizzando solo due porte, cioè, la porta $\hat{T}$, che, come abbiamo visto, si scrive:

$$\hat{T} \to e^{i\pi/8}\begin{pmatrix} e^{-i\pi/8} & 0 \\ 0 & e^{i\pi/8} \end{pmatrix}, \tag{3.77}$$

e la *radice quadrata* della porta di Hadamard, cioè:

$$\sqrt{\mathbf{H}} = \frac{e^{i\pi/4}}{\sqrt{2}}(\hat{\mathbb{I}} - i\,\mathbf{H}) \qquad (\sqrt{\mathbf{H}})^{-1} = \frac{e^{-i\pi/4}}{\sqrt{2}}(\hat{\mathbb{I}} + i\,\mathbf{H}). \tag{3.78}$$

Quindi, il nostro problema è trovare i due assi ortogonali, identificati da $\boldsymbol{n}$ e $\boldsymbol{m}$, e un angolo irrazionale, α, per ottenere le corrispondenti rotazioni mediante combinazioni appropriate di $\hat{T}$ e $\sqrt{\mathbf{H}}$.

Per eseguire i calcoli, è utile riscrivere formalmente $\hat{T}$ come funzione delle matrici di Pauli. Abbiamo:

$$T \to e^{i\pi/8}\Big(\cos\frac{\pi}{8}\,\mathbb{1} - i\,\sin\frac{\pi}{8}\,\sigma_z\Big) \tag{3.79a}$$

$$= e^{i\pi/8}\exp\Big(-i\frac{\pi}{8}\,\sigma_z\Big) \tag{3.79b}$$

$$= \Big[e^{i\pi/2}\exp\Big(-i\frac{\pi}{2}\,\sigma_z\Big)\Big]^{\frac{1}{4}} \to \sqrt[4]{\hat{\sigma}_z}\,. \tag{3.79c}$$

Pertanto abbiamo anche (ricordiamo che dobbiamo usare solo le due porte scelte come punto di partenza):

$$\sqrt{\mathbf{H}}\sqrt{\mathbf{H}}\,\hat{T}\,\sqrt{\mathbf{H}}\sqrt{\mathbf{H}} \equiv \sqrt[4]{\hat{\sigma}_x}\,. \tag{3.80}$$

Ora consideriamo l'operazione unitaria data da:

$$\hat{T}^{-1}\,\sqrt{\mathbf{H}}\sqrt{\mathbf{H}}\,\hat{T}\,\sqrt{\mathbf{H}}\sqrt{\mathbf{H}} = (\sqrt[4]{\hat{\sigma}_z})^{-1}\sqrt[4]{\hat{\sigma}_x} \tag{3.81a}$$

$$= \exp\Big(i\frac{\pi}{8}\,\sigma_z\Big)\,\exp\Big(-i\frac{\pi}{8}\,\sigma_x\Big) \tag{3.81b}$$

$$= \cos^2\frac{\pi}{8}\,\mathbb{1} - i\,\sin\frac{\pi}{8}\,\boldsymbol{q}\cdot\boldsymbol{\sigma} \tag{3.81c}$$

$$= \cos\alpha\,\mathbb{1} - i\,\sin\alpha\,\boldsymbol{n}\cdot\boldsymbol{\sigma}, \tag{3.81d}$$

dove

$$\boldsymbol{n} = \frac{\boldsymbol{q}}{|\boldsymbol{q}|} \quad \text{con} \quad \boldsymbol{q} = \Big(\cos\frac{\pi}{8}, -\sin\frac{\pi}{8}, -\cos\frac{\pi}{8}\Big), \tag{3.82}$$

e abbiamo definito:

$$\cos\alpha = \cos^2\Big(\frac{\pi}{8}\Big) = \frac{1}{2}\Big(1 + \frac{1}{\sqrt{2}}\Big), \tag{3.83}$$

da cui si vede che α è un multiplo irrazionale di 2π.

La seconda rotazione che stiamo cercando può essere ottenuta come:

$$(\sqrt{\mathbf{H}})^{-1}\left(\hat{T}^{-1}\sqrt{\mathbf{H}}\sqrt{\mathbf{H}}\,\hat{T}\,\sqrt{\mathbf{H}}\sqrt{\mathbf{H}}\right)\sqrt{\mathbf{H}} \to \cos\alpha\,\mathbb{1} - i\sin\alpha\,\boldsymbol{m}\cdot\boldsymbol{\sigma}, \tag{3.84}$$

dove $\boldsymbol{m} = \boldsymbol{p}/|\boldsymbol{p}|$ con:

$$\boldsymbol{p} = \frac{1}{\sqrt{2}}\left(\cos\Big(\frac{\pi}{8}+\frac{\pi}{2}\Big), -2\sin\Big(\frac{\pi}{8}+\frac{\pi}{2}\Big), -\cos\Big(\frac{\pi}{8}+\frac{\pi}{2}\Big)\right), \tag{3.85}$$

α è lo stesso angolo introdotto sopra e abbiamo usato:

$$(\sqrt{\mathbf{H}})^{-1}\,\hat{\sigma}_x\,\sqrt{\mathbf{H}} = \frac{\hat{\sigma}_x - \sqrt{2}\,\hat{\sigma}_y + \hat{\sigma}_z}{2}, \tag{3.86a}$$

$$(\sqrt{\mathbf{H}})^{-1}\,\hat{\sigma}_y\,\sqrt{\mathbf{H}} = \frac{\hat{\sigma}_x - \hat{\sigma}_z}{\sqrt{2}}, \tag{3.86b}$$

$$(\sqrt{\mathbf{H}})^{-1}\,\hat{\sigma}_z\,\sqrt{\mathbf{H}} = \frac{\hat{\sigma}_x + \sqrt{2}\,\hat{\sigma}_y + \hat{\sigma}_z}{2}. \tag{3.86c}$$

Notare che $\boldsymbol{n}\cdot\boldsymbol{m} = 0$.

In sintesi, abbiamo trovato le due rotazioni:

$$\mathcal{R}_{\boldsymbol{n}}(\alpha) = \cos\alpha\,\mathbb{1} - i\sin\alpha\,\boldsymbol{n}\cdot\boldsymbol{\sigma}, \tag{3.87}$$

$$\mathcal{R}_{\boldsymbol{m}}(\alpha) = \cos\alpha\,\mathbb{1} - i\sin\alpha\,\boldsymbol{m}\cdot\boldsymbol{\sigma}, \tag{3.88}$$

necessarie per approssimare con precisione arbitraria qualsiasi unitaria di singolo qubit (3.76).

Se consideriamo $\mathbf{H}$ invece di $\sqrt{\mathbf{H}}$, possiamo usare le due rotazioni:

$$\mathbf{H}\hat{T}\mathbf{H}\hat{T} = \sqrt[4]{\hat{\sigma}_x}\,\sqrt[4]{\hat{\sigma}_z}$$

e

$$\mathbf{H}(\mathbf{H}\hat{T}\mathbf{H}\hat{T})\mathbf{H} = \sqrt[4]{\hat{\sigma}_z}\,\sqrt[4]{\hat{\sigma}_x},$$

ma non sono ortogonali e non possiamo ricorrere all'Eq. (3.75), richiedendo quindi una decomposizione dell'operatore unitario in più di tre fattori.

3.9 Universalità e vantaggio quantistico

Nella sezione precedente abbiamo discusso l'universalità di un dato insieme di porte. Più in generale, una delle proprietà di un insieme di porte quantistiche per essere universale è che deve contenere più del cosiddetto *gruppo di Clifford* $\{\mathrm{CNOT}, \mathbf{H}, \hat{S}\}$. A tal proposito abbiamo un teorema, dimostrato da Daniel Gottesman e Emanuel Knill, che mostra che una computazione quantistica basata solo su porte di Clifford e misure di osservabili nel gruppo di Pauli può essere simulata efficientemente su un computer classico:

Teorema 3.1 (Teorema di Gottesman–Knill) *Qualsiasi computer quantistico che esegue solo:*

a) porte del gruppo di Clifford;
b) misure degli operatori del gruppo di Pauli;
c) operazioni del gruppo di Clifford condizionate su bit classici, che possono essere i risultati di misure precedenti;

può essere simulato perfettamente in tempo polinomiale su un computer classico probabilistico.

Pertanto, per avere un vantaggio quantistico, dobbiamo andare oltre il gruppo di Clifford e questo vale anche in presenza di entanglement!

Infatti, non tutti gli algoritmi quantistici possono essere implementati utilizzando solo porte di Clifford, ma ce ne sono alcuni, come il teletrasporto quantistico, che rientrano nelle richieste del teorema di Gottesman–Knill e, quindi, possono essere simulati efficientemente su un computer classico. Vedremo nel capitolo 8 che anche certe classi di codici di correzione degli errori quantistici possono essere descritte all'interno di questa struttura.

Problemi

3.1 ♣ (Entanglement swapping) Considerare lo stato entangled:

$$|\psi_{AB}\rangle = \frac{|0_A\rangle|0_B\rangle + |1_A\rangle|1_B\rangle}{\sqrt{2}},$$

appartenente allo spazio di Hilbert $\mathcal{H}_A \otimes \mathcal{H}_B$ e mostrare che se teletrasportiamo lo stato del qubit A sul qubit D dello stato entangled:

$$|\psi_{CD}\rangle = \frac{|0_C\rangle|0_D\rangle + |1_C\rangle|1_D\rangle}{\sqrt{2}},$$

appartenente allo spazio di Hilbert $\mathcal{H}_C \otimes \mathcal{H}_D$, allora otteniamo lo stato entangled:

$$|\psi_{AD}\rangle = \frac{|0_A\rangle|0_D\rangle + |1_A\rangle|1_D\rangle}{\sqrt{2}}.$$

Questo protocollo è noto come "entanglement swapping" (scambio di entanglement), poiché l'entanglement tra i sistemi A–B e C–D viene infine scambiato tra i due sistemi precedentemente non correlati.

3.2 ♣ (Problema di Deutsch) Trovare quattro possibili operatori unitari a due qubit $\hat{U}_f$ che implementano le corrispondenti $f : \{0, 1\} \to \{0, 1\}$, cioè:

a) $f(0) = f(1) = 0$;
b) $f(0) = f(1) = 1$;
c) $f(0) \neq f(1) = 0$;
d) $f(0) \neq f(1) = 1$.

3.3 ♣ Dimostrare che la funzione:

$$f(x) = a \cdot x \equiv a_0 x_0 \oplus \cdots \oplus a_{n-1} x_{n-1}$$

del problema di Bernstein–Vazirani può essere solo costante o bilanciata.

Ulteriori letture

M. A. Nielsen and I. L. Chuang, *Quantum Computation and Quantum Information*, (Cambridge University Press, 2010) – Capitolo 1, Capitolo 4.5, Capitolo 10.6
N. D. Mermin, *Quantum Computer Science*, (Cambridge University Press, 2007) – Capitolo 2
C.-K. Li, R. Roberts and X. Yin, *Decomposition of unitary matrices and quantum gates*, Int. J. Quantum Inf. **11**, 1350015 (2013)
J. Stolze and D. Suter, *Quantum Computing: A Short Course from Theory to Experiment* (Wiley-VCH, 2008) – Capitolo 5.3
D. Gottesman, *The Heisenberg Representation of Quantum Computers*, e-Print: quant-ph/9807006 [quant-ph]

Capitolo 4
Computer universali e complessità computazionale

Sommario In questo capitolo descriviamo (veramente) in breve due importanti esempi di "computer universali": la *macchina di Turing* e il suo corrispondente quantistico, la *macchina di Turing quantistica* (deterministica). Queste "macchine" sono utili per verificare la computabilità e l'efficienza degli algoritmi senza specificare una particolare implementazione hardware, che è uno dei compiti principali dell'informatica. Per completezza introduciamo anche le principali classi di complessità (P, NP e le loro analoghe quantistiche BQP e QMA).

4.1 La macchina di Turing

La macchina di Turing è l'esempio più semplice di un *computer quantistico universale*. Definiamo la macchina di Turing deterministica come un sistema dinamico a tempo discreto, con un nastro di input/output infinito, una testina per leggere e scrivere simboli sul nastro e un insieme di stati interni. A questi stati appartiene anche il cosiddetto stato di "halt", in cui la macchina si ferma.

La configurazione di una macchina di Turing può essere definita come $C = (q_C, h_C, s_C)$, dove q_C è lo stato interno della macchina, h_C la posizione della testina e s_C è la stringa dei simboli sul nastro. Il simbolo particolare in posizione h sul nastro, è dato da $s(h)$ (vedere la figura 4.1). Le regole di transizione

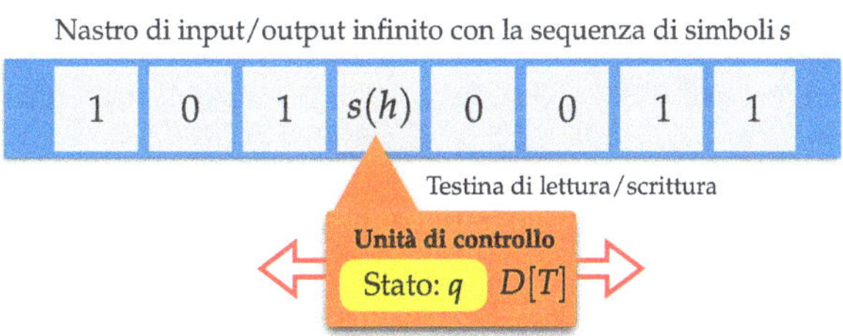

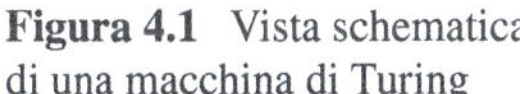
Figura 4.1 Vista schematica di una macchina di Turing

S. Olivares, *Guida allo studio della computazione quantistica*,
https://doi.org/10.1007/978-3-032-23971-6_4

classiche, dato uno stato interno p e un simbolo letto σ, possono essere definite come $\delta_c(p, \sigma) = (\tau, q, d)$, cioè, la macchina scrive il simbolo τ sul nastro, cambia il suo stato interno in q e sposta la posizione della testina da h a $h + d$, dove $d = +1$ ($d = -1$) corrisponde a un passo a destra (sinistra). Se, per esempio, $\delta_c\big(q_C, s_C(h_C)\big) = (\tau, q, d)$, abbiamo la transizione:

$$(q_C, h_C, s_C) \to (q, h_C + d, s_C^\tau), \tag{4.1}$$

dove $s_C^\tau(h_C) = \tau$ mentre $s_C^\tau(j) = s_C(j)$ per $j \neq h_C$. Una computazione è effettuata da una definizione appropriata delle regole di transizione e il numero di passaggi necessari per completare la computazione è legata alla complessità del problema.

Sebbene la macchina di Turing non abbia un interesse pratico, vale la pena notare che ogni compito che può essere eseguito da un computer (classico) può essere eseguito da una macchina di Turing. Infatti, secondo la tesi di Church–Turing, *ogni funzione che sarebbe naturalmente considerata come calcolabile può essere calcolata dalla macchina di Turing universale* (c'è anche una tesi forte di Church–Turing: *Qualsiasi modello di computazione può essere simulato su una macchina di Turing probabilistica con al massimo un aumento polinomiale nel numero di operazioni elementari richieste*). Una macchina di Turing universale T_U può simulare ogni macchina di Turing T data la sua descrizione $D[T]$, cioè, un numero binario che codifica l'insieme delle sue regole di transizione. In particolare, il numero di passaggi utilizzati da T_U per simulare una data macchina di Turing T è una funzione polinomiale della lunghezza del numero $D[T]$. Se x è l'input di T e $T(x)$ il suo output, allora $T_U\big(D[T], x\big) = T(x)$.

4.2 La macchina di Turing quantistica

La versione quantistica della macchina di Turing, la *macchina di Turing quantistica*, è caratterizzata da uno stato quantistico $|C\rangle$ corrispondente alla sua configurazione, che è un vettore in uno spazio di Hilbert appropriato. Possiamo scrivere la configurazione come:

$$|C\rangle = |q_C\rangle|h_C\rangle|s_C\rangle. \tag{4.2}$$

Potete osservare che lo stato interno, la posizione della testina e il simbolo sul nastro sono sostituiti da stati quantistici. L'evoluzione, ora, non è deterministica, ma è descritta da un'unitaria $\hat{U}$ associata alla funzione di transizione quantistica:

$$\delta(p, \sigma; \tau, q, d) \in \mathbb{C}, \tag{4.3}$$

che dipende dalla transizione classica $(p, \sigma) \to (\tau, q, d)$. Pertanto, abbiamo:

$$\hat{U}|C\rangle = \sum_{\tau,q,d} \delta\big(q_C, s_C(h_C); \tau, q, d\big)\, |q\rangle|h_C + d\rangle|s_C^\tau\rangle. \tag{4.4}$$

Il risultato si ottiene misurando lo stato del nastro dopo che la computazione è stata completata. E questo è un problema: la computazione è completata quando lo stato interno $|q\rangle$ si trova nello stato di halt, ma per verificarlo si dovrebbe eseguire una misura che può disturbare (e di solito lo fa) la computazione stessa. Per risolvere il problema, Deutsch ha proposto di introdurre un qubit aggiuntivo, il *qubit di halt*, e un'osservabile $\hat{n}_0$ per monitorarlo. Quando lo stato interno è diverso dallo stato di halt, il qubit di halt è $|0\rangle$, ma in presenza dello stato di halt, il suo valore è $|1\rangle$. Pertanto, si inizializza il qubit di halt a $|0\rangle$ e un algoritmo valido imposta il suo valore a $|1\rangle$ solo alla fine della computazione, senza altrimenti interagire con esso. L'osservabile $\hat{n}_0$, secondo Deutsch, può essere osservata periodicamente dall'esterno, senza influire sul funzionamento della macchina.

4.3 Principali classi di complessità classiche e quantistiche

In questa sezione ci concentriamo sui cosiddetti *problemi di decisione*, cioè, problemi la cui domanda può essere posta come una domanda sì-no. Tuttavia, i problemi di decisione sono strettamente correlati ai *problemi di funzione*, dove il problema è calcolare i valori di una data funzione. Lo spazio contenente i problemi di decisione che possono essere risolti da una macchina di Turing utilizzando una quantità polinomiale di spazio è chiamato P-SPAZIO (se n è il numero di bit dell'input, $\mathcal{O}(n^k)$ è la quantità di memoria necessaria).

In generale, un problema computazionale può essere classificato secondo diverse misure di complessità. L'analisi approfondita della teoria della complessità è al di fuori dello scopo di queste note e qui menzioniamo solo alcune classi importanti (in caso di interesse potete trovare un'analisi approfondita dello zoo delle classi di complessità nella ulteriori letture suggerite.).

Consideriamo un compito da eseguire su un numero intero x (l'input della nostra computazione). A seconda del compito particolare, una macchina di Turing richiederà (sperabilmente) un certo numero di passaggi s per risolverlo. Di fatto, s dipende da x (per esempio, la fattorizzazione di un piccolo numero intero richiede meno passaggi rispetto alla fattorizzazione di un intero di 20 cifre!). La complessità computazionale del compito caratterizza come il numero s aumenta con il numero di bit necessari per codificare x, ovvero, $L = \log_2 x$. Ad esempio, se il compito è il calcolo di x^2, possiamo trovare *un algoritmo* tale che, approssimativamente, $s \sim L^2$. Quando s è una funzione *polinomiale* di L, come nel caso precedente, diciamo che il problema appartiene alla classe di complessità P (*polinomiale nel tempo*). Se s cresce esponenzialmente con L, il problema è considerato *difficile*.

Tuttavia, in molti casi verificare la soluzione è molto più facile che trovarla. È il caso della fattorizzazione di grandi numeri interi: per il miglior algoritmo che conosciamo (oggi ...) abbiamo:

$$s \sim \exp\left(\sqrt[3]{\frac{64}{9} L \log L}\right). \tag{4.5}$$

Questo tipo di problemi decisionali appartengono alla classe NP, dove NP significa *polinomiale non deterministico* (*nondeterministic polyomial*). Inoltre, il problema è NP-difficile se

$$s \sim e^{f(L)}, \tag{4.6}$$

per qualche $f(L) > 0$.

Un algoritmo polinomiale non deterministico può seguire due percorsi diversi ad ogni passaggio, che vengono seguiti in parallelo: si può eseguire un numero esponenziale di calcoli in tempo polinomiale (a spese della capacità computazionale, che cresce esponenzialmente ...). Per verificare la soluzione, basta seguire, in tempo polinomiale, il percorso corretto dell'algoritmo ad albero corrispondente.

Possiamo dare una definizione più formale della classe NP come segue. Un problema decisionale P appartiene alla classe NP se, data la stringa di input (di bit) x, un *dimostratore onnisciente* può fornire una prova π (un'altra stringa di bit) di P tale che un verificatore può eseguire un algoritmo deterministico V in tempo polinomiale per verificarlo, ovvero, $V(x, \pi) = 1$ se x è un'istanza sì o $V(x, \pi) = 0$ se x è un'istanza no. Dobbiamo anche soddisfare altre due proprietà. La prima è chiamata *correttezza*: se x è un'istanza sì, allora deve esistere una prova π tale che $V(x, \pi) = 1$; l'altra proprietà è la *completezza*, cioè se x è un'istanza no allora $\forall \pi$ si trova $V(x, \pi) = 0$.

Esiste una classe di problemi, chiamata Merlin–Arthur, MA, che è collegata a quella NP. In questo caso, data l'istanza x, il dimostratore, Merlin, fornisce una prova π al verificatore, Arthur, che può eseguire un algoritmo polinomiale *probabilistico* V_p. Ora, se x è un'istanza sì, allora esiste una prova π tale che $V_p(x, \pi) = 1$ con una probabilità $p \geq 2/3$ (o, a volte, $p \geq 3/4$); se, d'altra parte, x è un'istanza no, $\forall \pi$ fornita da Merlin troviamo $V_p(x, \pi) = 1$ con probabilità $p < 1/3$ o (o, a volte, $p < 1/4$)

Un'altra importante classe di complessità contiene i cosiddetti problemi NP-completi. Ricordiamo che un problema P_2 è *riducibile* o *riducibile polinomialmente* a un problema P_1, se la soluzione di P_2 può essere trovata applicando P_1 un numero polinomiale di volte (si dice anche che "P_2 non può essere più difficile di P_1"). Un problema è NP-completo se ogni problema NP può essere ridotto ad esso. Un tipico problema NP-completo è il *problema del commesso viaggiatore*: data una lista di città e le distanze tra ogni coppia di esse, trovare il percorso più breve possibile che visita ogni città esattamente una volta e ritorna alla città di origine. Più precisamente, la classe NP-completi corrisponde all'intersezione tra la classe NP e la classe NP-difficili, quest'ultima essendo l'insieme dei problemi (non solo problemi decisionali, ma anche problemi di ottimizzazione e così via). Possiamo anche dire che un problema NP-difficile è almeno tanto difficile quanto i problemi più difficili in NP. Uno dei problemi più fondamentali della teoria quantistica dell'informatica è scoprire se P e NP coincidono: se qualcuno trova una soluzione polinomiale per qualsiasi problema NP-completo, allora P = NP.

Mentre il *problema del commesso viaggiatore* è un problema di ottimizzazione che appartiene sia a NP-difficili che a NP-completi, ci sono problemi decisionali che sono NP-difficili ma non NP-completi, ad esempio il *problema dell'arresto* (*halting*

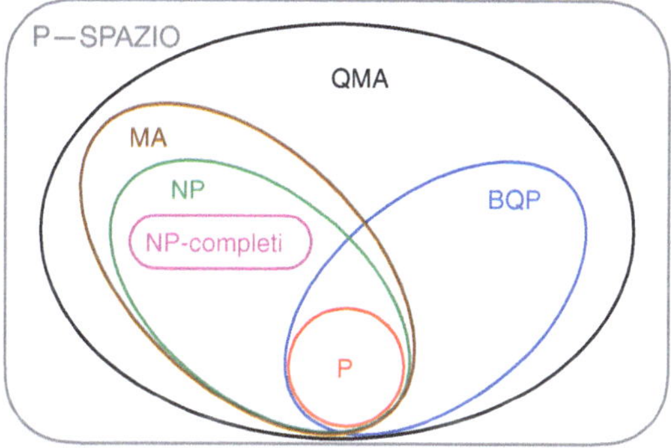

Figura 4.2 Relazioni tra alcune importanti classi di complessità discusse nel testo

problem): supponiamo di avere una macchina di Turing T con descrizione $D[T]$, la macchina si fermerà per un dato input x? È possibile dimostrare che i problemi NP-difficili possono essere ridotti a questo problema; ma è anche noto che è un esempio di problema *insolubile*, quindi, non è NP-completo! Questo può essere dimostrato supponendo che esista una macchina di Turing universale T_H con descrizione $D[T_H]$ tale che "$T_H(D[T])$ si ferma se e solo se $T(D[T])$ non si ferma" (stiamo usando come input per le macchine numero binario $D[T]$). Ma se ora mettiamo $T \equiv T_H$ abbiamo la chiara contraddizione "$T_H(D[T_H])$ si ferma se e solo se $T_H(D[T_H])$ non si ferma"!! Questo è l'argomento usato dallo stesso Turing per dimostrare che non esiste un algoritmo generale per decidere se una macchina di Turing si ferma.

Nella figura 4.2 mostriamo una rappresentazione grafica della relazione tra le classi di complessità P, NP e NP-completi. Nella stessa figura riportiamo anche le due classi di complessità quantistiche più importanti: la classe BQP (*Bounded-error Quantum Polynomial-time*) e la classe QMA (*quantum Merlin-Arthur*). La BQP è la classe dei problemi decisionali che possono essere risolti da un computer quantistico in tempo polinomiale, con una probabilità di errore al massimo di 1/3 per tutte le istanze. A questa classe appartiene, in particolare, l'algoritmo di fattorizzazione di Shor, che richiede:

$$s \sim L^2 \log L \log\log L, \tag{4.7}$$

dimostrando così che il problema della fattorizzazione di numeri interi può essere risolto in modo efficiente su un computer quantistico e, quindi, appartiene alla classe di complessità BQP.

L'ultima classe che menzioniamo è la QMA, l'analoga quantistica della classe NP: è correlata a BQP nello stesso modo in cui NP è correlata a P. In parole povere, la classe QMA contiene i problemi decisionali per i quali le prove, fornite dall'oracolo, Merlin, con potere infinito, devono essere verificabili da Arthur in tempo polinomiale su un computer quantistico attraverso un algoritmo adatto V_q. Come nel caso della classe MA, se x è un'istanza sì, allora esiste una prova associata allo stato $|\varphi\rangle$, tale che $V_q(x, |\varphi\rangle) = 1$ con probabilità $p \geq 2/3$; se x è un'istanza no, allora $\forall|\varphi\rangle$ fornito dall'oracolo, troviamo $V_q(x, |\varphi\rangle) = 1$ con probabilità $p \leq 1/3$.

Ulteriori letture

J. Stolze and D. Suter, *Quantum Computing: A Short Course from Theory to Experiment* (Wiley-VCH, 2004) – Capitolo 3.3

M. Ozawa, *Quantum Nondemolition Monitoring of Universal Quantum Computers*, Phys. Rev. Lett. **80**, 631–634 (1998)

D. Deutsch, *Quantum Theory, the Church-Turing Principle and the Universal Quantum Computer*, Proc. R. Soc. London A **400**, 97–117 (1985)

J. Watrous in *Meyers R. (eds) Encyclopedia of Complexity and Systems Science* (Springer, New York, NY, 2009)

M. A. Nielsen and I. L. Chuang, *Quantum Computation and Quantum Information* (Cambridge University Press, 2010) – Capitolo 3.2, Capitolo 4.5.5

Capitolo 5
Trasformata di Fourier quantistica e algoritmo di fattorizzazione di Shor

Sommario In questo capitolo introduciamo la Trasformata di Fourier Quantistica (QFT), che è un elemento chiave di molti protocolli quantistici, e stimiamo il numero di porte quantistiche necessarie per implementarla. Successivamente, applichiamo la QFT al problema della stima della fase e affrontiamo l'algoritmo di fattorizzazione proposto da Shor. In particolare, evidenziamo il ruolo della QFT nel protocollo di ricerca dell'ordine che permette di superare i limiti computazionali dei migliori algoritmi classici.

5.1 Trasformata di Fourier discreta e QFT

Sebbene il suo significato sia diverso da quello della omonima quantistica, è utile descrivere l'azione della trasformata di Fourier discreta (classica). Come vedrete, ci sono alcune analogie tra le versioni classica e quantistica, ma un'analisi più approfondita rivela chiaramente le loro differenze fondamentali.

La trasformata di Fourier discreta (classica) mappa un vettore $(x_1, \ldots, x_N)$ di N numeri complessi in un nuovo vettore $(y_1, \ldots, y_N)$, dove:

$$y_h = \frac{1}{\sqrt{N}} \sum_{k=1}^{N} \exp\left(2\pi i \, \frac{h\,k}{N}\right) x_k \,. \tag{5.1}$$

In un modo "simile" possiamo definire la QFT. Dato lo stato di n-qubit:

$$|x\rangle_n = \bigotimes_{m=0}^{n-1} |x_m\rangle \tag{5.2}$$

$$= |x_{n-1}\rangle|x_{n-2}\rangle \ldots |x_0\rangle, \tag{5.3}$$

S. Olivares, *Guida allo studio della computazione quantistica*,
https://doi.org/10.1007/978-3-032-23971-6_5

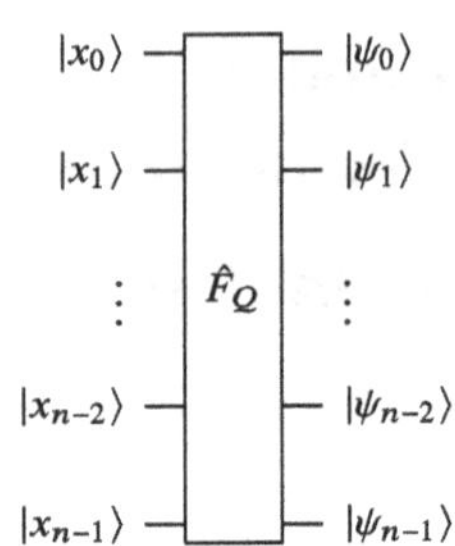

Figura 5.1 Trasformata di Fourier quantistica: lo stato di input di n-qubit $|x\rangle_n = \bigotimes_{k=0}^{n-1} |x_k\rangle = |x_{n-1}\rangle \dots |x_0\rangle$ viene trasformato nello stato di output di n-qubit $\bigotimes_{k=0}^{n-1} |\psi_k\rangle = |\psi_{n-1}\rangle \dots |\psi_0\rangle$. Vedere il testo per i dettagli

dove x è un numero intero, $0 \le x < 2^n$, e $x_{n-1}x_{n-2}\dots x_0$ è la sua rappresentazione binaria, cioè, $x = \sum_{k=0}^{n-1} x_k\, 2^k$, con $x_k \in \{0, 1\}$, abbiamo:

$$\hat{F}_Q |x\rangle_n = \frac{1}{2^{n/2}} \sum_{y=0}^{2^n-1} \exp\left(2\pi i\, \frac{x\, y}{2^n}\right) |y\rangle_n. \tag{5.4}$$

Poiché $|y\rangle_n = \bigotimes_{m=0}^{n-1} |y_m\rangle$ e $y = \sum_{m=0}^{n-1} y_m\, 2^m$, possiamo scrivere l'Eq. (5.4) come:

$$\hat{F}_Q |x\rangle_n = \frac{1}{2^{n/2}} \sum_{y_{n-1}=0}^{1} \cdots \sum_{y_0=0}^{1} \bigotimes_{m=0}^{n-1} \exp\left(2\pi i\, \frac{x\, y_m}{2^{n-m}}\right) |y_m\rangle, \tag{5.5}$$

$$= \frac{1}{2^{n/2}} \bigotimes_{m=0}^{n-1} \left[|0_m\rangle + \exp\left(2\pi i\, \frac{x}{2^{n-m}}\right) |1_m\rangle \right], \tag{5.6}$$

$$= \bigotimes_{m=0}^{n-1} |\psi_m\rangle, \tag{5.7}$$

dove abbiamo definito:

$$|\psi_m\rangle = \frac{1}{\sqrt{2}} \left[|0_m\rangle + \exp\left(2\pi i\, \frac{x}{2^{n-m}}\right) |1_m\rangle \right].$$

Nella figura 5.1 mostriamo l'azione della QFT sullo stato $|x\rangle_n$.

Per trovare il circuito quantistico che implementa la QFT, invece della trasformazione (5.7) è meglio considerare quella seguente (per semplicità usiamo lo stesso simbolo $\hat{F}_Q$ per entrambe le operazioni):

$$\hat{F}_Q |x\rangle_n = \frac{1}{2^{n/2}} \bigotimes_{m=1}^{n} \left[|0_{n-m}\rangle + \exp\left(2\pi i\, \frac{x}{2^m}\right) |1_{n-m}\rangle \right], \tag{5.8a}$$

$$= \frac{1}{2^{n/2}} \bigotimes_{m=0}^{n-1} \left[|0_{n-m-1}\rangle + \exp\left(2\pi i\, \frac{x}{2^{m+1}}\right) |1_{n-m-1}\rangle \right], \tag{5.8b}$$

$$= \bigotimes_{m=0}^{n-1} |\psi_{n-m-1}\rangle. \tag{5.8c}$$

La sottile differenza tra (5.7) e (5.8a) è che l'azione complessiva della prima può essere riassunta come:

$$\begin{aligned}
|x_0\rangle &\to |\psi_0\rangle, \\
|x_1\rangle &\to |\psi_1\rangle, \\
&\vdots \\
|x_{n-1}\rangle &\to |\psi_{n-1}\rangle,
\end{aligned}$$

mentre nel secondo caso abbiamo:

$$\begin{aligned}
|x_0\rangle &\to |\psi_{n-1}\rangle, \\
|x_1\rangle &\to |\psi_{n-2}\rangle, \\
&\vdots \\
|x_{n-1}\rangle &\to |\psi_0\rangle,
\end{aligned}$$

o, in una forma più compatta (per semplicità tralasciamo i pedici):

$$|x_m\rangle \to |\psi_{n-m-1}\rangle = \frac{1}{\sqrt{2}}\Big[\,|0\rangle + \exp\Big(2\pi i\,\frac{x}{2^{m+1}}\Big)|1\rangle\Big]. \tag{5.9}$$

Notiamo che possiamo anche scrivere:

$$\exp\Big(2\pi i\,\frac{x}{2^{m+1}}\Big) = \prod_{k=0}^{n-1} \exp\left(2\pi i\,\frac{x_k 2^k}{2^{m+1}}\right), \tag{5.10}$$

dove abbiamo usato $x = \sum_{k=0}^{n-1} x_k 2^k$. Introducendo la funzione:

$$f_m(z,k) = \begin{cases} \exp\Big(2\pi i\,\dfrac{z}{2^{m-k+1}}\Big) & \text{se } 0 \le k < m, \\ (-1)^z & \text{se } k = m, \\ 1 & \text{se } m < k < n, \end{cases} \tag{5.11}$$

con $z \in \{0,1\}$, abbiamo:

$$|x_m\rangle \to \frac{1}{\sqrt{2}}\left[\,|0\rangle + \prod_{k=0}^{n-1} f_m(x_k,k)\,|1\rangle\right] \tag{5.12}$$

$$= \frac{1}{\sqrt{2}}\left[\,|0\rangle + \prod_{k=0}^{m} f_m(x_k,k)\,|1\rangle\right]. \tag{5.13}$$

Se ora definiamo l'operatore $\hat{R}_h(z)$, tale che:

$$\hat{R}_h(z)|0\rangle = |0\rangle, \quad \text{e} \quad \hat{R}_h(z)|1\rangle = \exp\Big(2\pi i\,\frac{z}{2^h}\Big)|1\rangle, \tag{5.14}$$

che corrisponde alla matrice 2×2:

$$\hat{R}_h(z) \to \begin{pmatrix} 1 & 0 \\ 0 & \exp\left(2\pi i \frac{z}{2^h}\right) \end{pmatrix}, \tag{5.15}$$

possiamo scrivere (per $m > 0$):

$$|x_m\rangle \to \frac{1}{\sqrt{2}}\left[|0\rangle + \prod_{k=0}^{m} f_m(x_k, k)\,|1\rangle\right] \tag{5.16}$$

$$= \hat{R}_{m+1}(x_0)\,\hat{R}_m(x_1)\,\ldots\,\hat{R}_2(x_{m-1})\,\underbrace{\frac{|0\rangle + (-1)^{x_m}|1\rangle}{\sqrt{2}}}_{\mathbf{H}|x_m\rangle}, \tag{5.17}$$

dove $\mathbf{H}$ è la trasformazione di Hadamard (si veda il paragrafo 1.4.4). Per essere più chiari, possiamo guardare l'evoluzione dei primi tre qubit:

$$|x_0\rangle \to \frac{|0\rangle + f_1(x_0,0)|1\rangle}{\sqrt{2}} \equiv \mathbf{H}|x_0\rangle, \tag{5.18}$$

$$|x_1\rangle \to \frac{|0\rangle + f_1(x_0,0)f_1(x_1,1)|1\rangle}{\sqrt{2}} \tag{5.19}$$

$$= \frac{|0\rangle + \hat{R}_2(x_0)(-1)^{x_1}|1\rangle}{\sqrt{2}} \equiv \hat{R}_2(x_0)\mathbf{H}|x_1\rangle, \tag{5.20}$$

$$|x_2\rangle \to \frac{|0\rangle + f_2(x_0,0)f_2(x_1,1)f_2(x_2,2)|1\rangle}{\sqrt{2}} \tag{5.21}$$

$$= \frac{|0\rangle + \hat{R}_3(x_0)\hat{R}_2(x_1)(-1)^{x_2}|1\rangle}{\sqrt{2}} \equiv \hat{R}_3(x_0)\hat{R}_2(x_1)\mathbf{H}|x_2\rangle, \tag{5.22}$$

dove abbiamo usato l'Eq. (5.11). Più in generale, se $0 < m < n$ abbiamo:

$$|x_m\rangle \to \prod_{k=0}^{m-1} \hat{R}_{m-k+1}(x_k)\,\mathbf{H}|x_m\rangle.$$

Di fatto, $\hat{R}_h(0) = \hat{\mathbb{I}}$, quindi possiamo vedere $\hat{R}_h(x_k)$ come una porta *controllata*, che applica uno shift di fase al qubit interessato solo se il qubit di controllo $|x_k\rangle$ assume il valore $x_k = 1$. Pertanto, il circuito quantistico corrispondente coinvolge porte a singolo qubit (trasformazioni di Hadamard) e porte a due qubit [trasformazioni $\hat{R}_h \equiv \hat{R}_h(1)$ controllate], come rappresentato in figura 5.2.

Per invertire l'ordine degli output è necessario applicare al massimo $n/2$ porte SWAP (ricordate che sono necessarie tre porte CNOT per implementare una singola SWAP). Oltre alle SWAP, il numero totale di porte coinvolte nella figura 5.2 è:

$$n + (n-1) + \cdots + 1 = n(n+1)/2 \sim n^2. \tag{5.23}$$

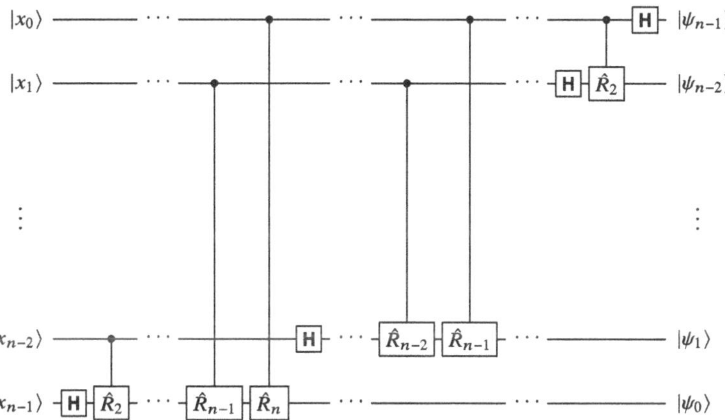

Figura 5.2 Circuito quantistico che implementa la QFT (non sono mostrate le porte SWAP finali)

Notate che l'algoritmo classico della trasformata di Fourier veloce (FFT, *fast Fourier transform*) richiede $\sim n\, 2^n$ porte (poiché ignora operazioni banali come la moltiplicazione per 1), mentre il calcolo diretto della trasformata di Fourier discreta richiede $\sim 2^{2n}$ porte! Tuttavia, ci sono due problemi principali da sottolineare: (i) le ampiezze di probabilità finali non possono essere accessibili direttamente; (ii) non esiste una preparazione efficiente dello stato iniziale. Trovare applicazioni della QFT è più sottile di quanto si possa sperare ...

5.2 Il protocollo di stima della fase

La procedura di *stima della fase* è un ingrediente chiave per molti algoritmi quantistici. Supponiamo che $\hat{U}$ sia un operatore unitario e $|u\rangle$ sia uno dei suoi autovettori, talc chc:

$$\hat{U}|u\rangle = \exp(2\pi i\phi)|u\rangle, \tag{5.24}$$

dove la fase $\phi \in [0, 1)$ è sconosciuta. La rappresentazione binaria di ϕ è data da $0.\varphi_1\varphi_2\varphi_3\ldots$, dove $\varphi_k \in \{0, 1\}$, e:

$$\phi = \sum_k \varphi_k\, 2^{-k}. \tag{5.25}$$

Poiché ϕ è una fase globale, non possiamo valutarla direttamente. Tuttavia, se abbiamo a disposizione delle "black box" (gli *oracoli*) in grado di preparare $|u\rangle$ e di eseguire le operazioni controllate-$\hat{U}^{2^{k-1}}$, cioè $c\hat{U}_k^{2^{k-1}}$, che usano il qubit k-esimo come controllo, possiamo riuscire a stimare ϕ. Notate che, poiché non possiamo

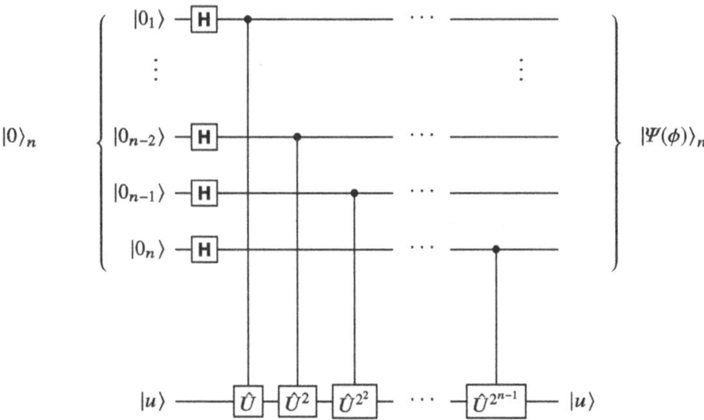

Figura 5.3 Circuito quantistico che rappresenta il primo passo del protocollo di stima della fase. L'espressione dello stato $|\Psi(\phi)\rangle_n$ è data nell'Eq (5.29)

accedere a $\hat{U}$ (per questo motivo è rappresentata come una black box), la procedura di stima della fase non è un algoritmo completo in sé.

Inizialmente, assumiamo che ϕ possa essere specificata esattamente con n bit: in questo caso la procedura di stima ci permette di ottenere il valore effettivo di ϕ. Il protocollo utilizza due registri: il primo contiene n qubit preparati nello stato iniziale $|0\rangle_n$; il secondo contiene tanti qubit quanti sono necessari per codificare $|u\rangle$ (senza perdita di generalità assumiamo che sia necessario solo un qubit). Il primo passo della procedura applica n trasformazioni di Hadamard a $|0\rangle_n$, generando una sovrapposizione bilanciata di tutti gli stati $|x\rangle_n$, $0 \le x < 2^n$. Poi applichiamo un $\hat{U}^{2^k-1}$-controllato, in breve $c\hat{U}_k^{2^{n-k}}$, a $|u\rangle$ con qubit di controllo corrispondente a il qubit k-esimo del primo registro (si veda la figura 5.3).

Dato che l'azione del $c\hat{U}_k^{2^{n-k}}$ è (notare, anche in questo caso, l'uso del phase kickback):

$$c\hat{U}_k^{2^{n-k}}|x_k\rangle|u\rangle = \exp\big(2\pi i\phi\, x_k\, 2^{n-k}\big)|x_k\rangle|u\rangle, \tag{5.26}$$

abbiamo (scriviamo solo l'evoluzione del k-esimo qubit del primo registro e quello del secondo registro):

$$c\hat{U}_k^{2^{k-1}}(\mathbf{H}\otimes\hat{\mathbb{I}})|0_k\rangle|u\rangle = \frac{1}{\sqrt{2}}\big[|0_k\rangle + \exp\big(2\pi i\, 2^{k-1}\phi\big)|1_k\rangle\big]|u\rangle \equiv |\psi_k\rangle|u\rangle. \tag{5.27}$$

Pertanto, dopo il primo passo della procedura, il primo registro evolve come segue (dato che il secondo registro rimane invariato, non lo scriviamo esplicitamente):

$$|0\rangle_n \to |\psi_n\rangle|\psi_{n-1}\rangle\ldots|\psi_1\rangle \equiv |\Psi(\phi)\rangle_n. \tag{5.28}$$

Come nel caso dell'Eq. (5.7), possiamo scrivere:

$$|\Psi(\phi)\rangle_n = \frac{1}{2^{n/2}} \sum_{x=0}^{2^n-1} \exp(2\pi i\, \phi x)|x\rangle_n, \tag{5.29}$$

dove vale la pena notare che qui $x = \sum_{k=1}^{n} x_k\, 2^{k-1}$. Ora applichiamo l'inverso della QFT a $|\Psi(\phi)\rangle_n$:

$$\hat{F}_Q^\dagger|\Psi(\phi)\rangle_n = \frac{1}{2^n} \sum_{x=0}^{2^n-1} \exp(2\pi i\, \phi x) \sum_{y=0}^{2^n-1} \exp\Big(-2\pi i\, \frac{yx}{2^n}\Big)|y\rangle_n \tag{5.30a}$$

$$= \frac{1}{2^n} \sum_{y=0}^{2^n-1} \underbrace{\sum_{x=0}^{2^n-1} \exp\left[-2\pi i\, x\, \frac{(y-2^n\phi)}{2^n}\right]}_{2^n\, \delta_{0,y-2^n\phi}} |y\rangle_n \tag{5.30b}$$

$$= |2^n\phi\rangle_n \equiv |\varphi\rangle_n \tag{5.30c}$$

dove nell'Eq. (5.30c) abbiamo definito il numero *intero* φ come:

$$2^n\phi = 2^n \sum_{m=1}^{n} \varphi_m 2^{-m} = \sum_{k=0}^{n-1} \varphi_{n-k} 2^k \equiv \varphi, \tag{5.31}$$

e ricordiamo che sia y che φ sono interi minori di 2^n [altrimenti non si ottiene la delta di Kronecker, si veda, a tal riguardo, l'Eq. (5.35) sotto]. Infine, dato che (notare che per ottenere il corrispondente numero intero in uscita si dovrebbe moltiplicare φ_k per 2^{n-k} e non 2^k come al solito):

$$|\varphi\rangle_n = |\varphi_n\rangle|\varphi_{n-1}\rangle \dots |\varphi_1\rangle, \tag{5.32}$$

possiamo, quindi, recuperare il valore φ_k di ogni bit misurando il corrispondente qubit nella base computazionale e ottenere $\varphi = 0.\varphi_1\varphi_2 \dots \varphi_n$.

Nell'esempio seguente, consideriamo la porta T definita nell'Eq. (3.5). È facile verificare che $T|1\rangle = e^{2\pi i \phi}|1\rangle$ con $\phi = 1/8$ o, in notazione binaria, $\phi = 0.\varphi_1\varphi_2\varphi_3 = 0.001_2$ (dove l'indice 2 si riferisce alla base scelta). Il circuito quantistico per implementare la stima della fase è disegnato nella figura 5.4. Lo stato del registro di input dopo l'inverso della QFT si legge (la dimostrazione è lasciata a voi):

$$\hat{F}_Q^\dagger|\Psi(\phi)\rangle_3 = \frac{1}{2^3} \sum_{y=0}^{7} \underbrace{\sum_{x=0}^{7} \exp\left(-2\pi i\, x\, \frac{y-2^3\phi}{2^3}\right)}_{2^3\delta_{0,y-2^3\phi}} |y\rangle_3\,. \tag{5.33}$$

Dato che $2^3\phi = 1 = \varphi_1\varphi_2\varphi_3 = 001_2$, otteniamo (notare l'ordine inverso!):

$$\hat{F}_Q^\dagger|\Psi\rangle = |2^3\phi\rangle_3 = |\varphi_3\rangle|\varphi_2\rangle|\varphi_1\rangle = |1_3\rangle|0_2\rangle|0_1\rangle. \tag{5.34}$$

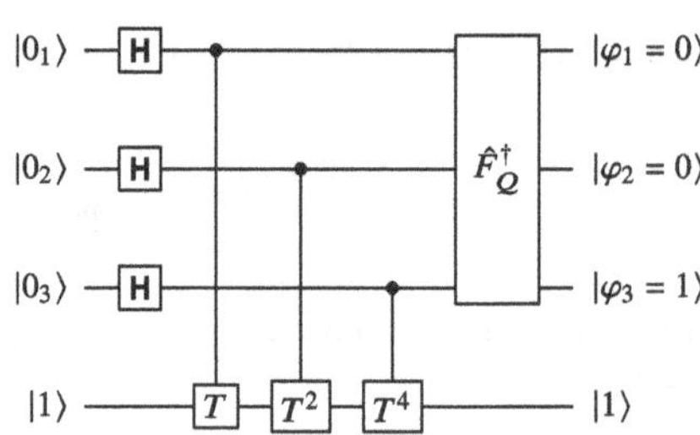

Figura 5.4 Stima della fase per la porta T o $\frac{\pi}{8}$. Per ottenere il numero intero associato all'espansione binaria $\varphi_3\varphi_2\varphi_1$ si deve moltiplicare φ_k per 2^{3-k}. Vedere il testo per i dettagli

Se il valore numerico della fase, diciamo ϕ^*, non può essere scritto esattamente con un'espressione a n-bit, allora la stima non fornisce il suo valore effettivo, ma solo un'approssimazione. Infatti, in questo caso $2^n\phi^*$ non è un intero e l'Eq. (5.30b) diventa:

$$\begin{aligned}\hat{F}_Q^\dagger|\Psi(\phi)\rangle_n &= \sum_{y=0}^{2^n-1}\frac{1}{2^n}\frac{1-\exp\left[-2\pi i\,(y-2^n\phi^*)\right]}{1-\exp\left[-2\pi i\,(y-2^n\phi^*)2^{-n}\right]}|y\rangle_n,\\ &= \sum_{y=0}^{2^n-1} f_y(\phi^*;n)|y\rangle_n, \end{aligned} \tag{5.35}$$

che è una sovrapposizione di *tutti* i possibili risultati $|y\rangle_n$, ciascuno con probabilità:

$$p(y) = \left|f_y(\phi^*;n)\right|^2 = \frac{1}{2^{2n}}\frac{1-\cos\left[2\pi\,(y-2^n\phi^*)\right]}{1-\cos\left[2\pi\,(y-2^n\phi^*)2^{-n}\right]}. \tag{5.36}$$

Potete verificare che $p(y) \geq 0$ e $\sum_{y=0}^{2^n-1} p(y) = 1$. Nelle figure 5.5 e 5.6 riportiamo la probabilità $p(y)$ per due valori della fase sconosciuta e un diverso numero n di qubit del registro di input.

Tra i possibili risultati della misura ci sarà un particolare intero $\varphi^{(b)}$, $0 \leq \varphi^{(b)} < 2^n$, tale che $\phi^{(b)} = 2^{-n}\varphi^{(b)}$, è la migliore approssimazione a n-bit del valore effettivo ϕ^*. Supponiamo che una misura porti al risultato φ corrispondente alla fase $\phi = 2^{-n}\varphi$. Una delle caratteristiche interessanti della presente procedura di stima della fase è che la probabilità che $|\varphi - \varphi^{(b)}| > t$, dove l'intero t rappresenta la tolleranza all'errore, diminuisce all'aumentare di t. Notate che:

$$\left|\varphi - \varphi^{(b)}\right| > t \Rightarrow \left|\phi - \phi^{(b)}\right| > 2^{-n}t\,. \tag{5.37}$$

È possibile dimostrare che questa probabilità è data da:

$$p\left(\left|\varphi - \varphi^{(b)}\right| > t\right) \leq \frac{1}{2(t-1)} \tag{5.38}$$

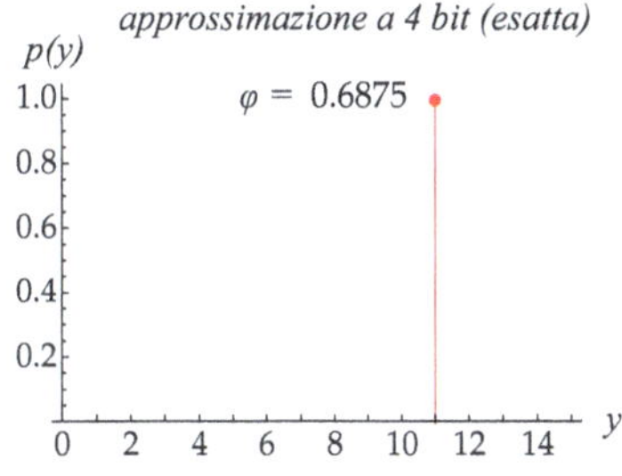

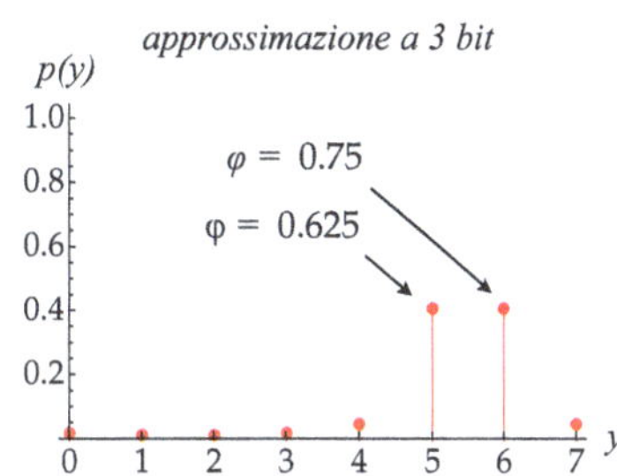

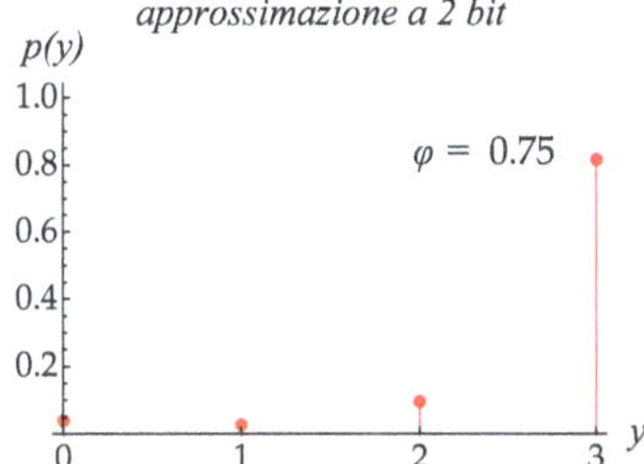

Figura 5.5 Grafico di $p(y)$ dato nell'Eq. (5.36) per la stima della fase $\phi^* = 0.6875$, che ha l'espansione binaria esatta 0.1011_2. Abbiamo utilizzato un diverso numero n di qubit per il registro di input: $n = 4, 3$ e 2

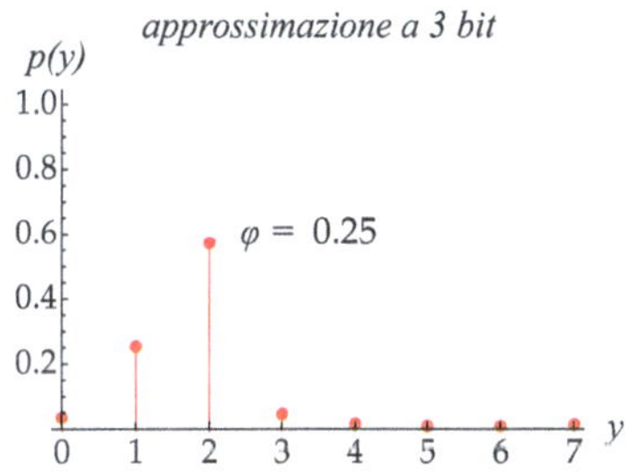

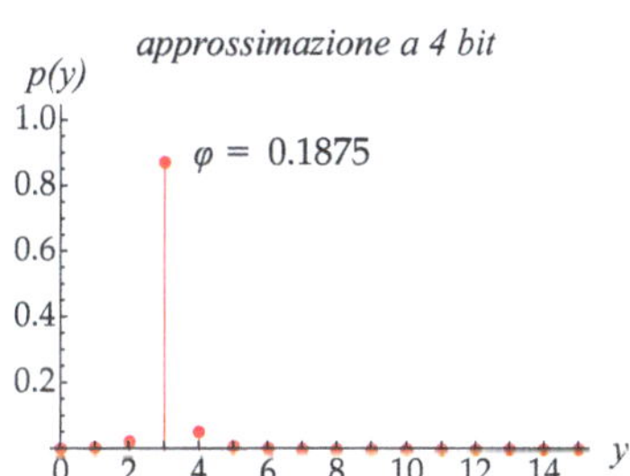

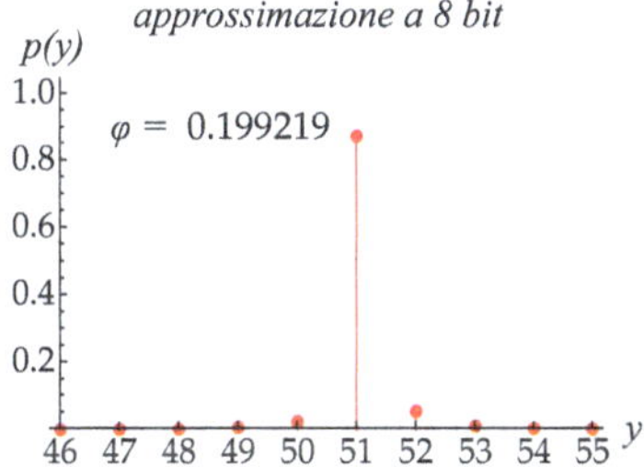

Figura 5.6 Grafico di $p(y)$ dato nell'Eq. (5.36) per la stima della fase $\phi^* = 0.2$, che non ha un'esatta espansione binaria ($0.00110011\ldots_2$), utilizzando un numero crescente n di qubit per il registro di input: $n = 3, 4$ e 8

e, quindi, la *probabilità di successo* (la probabilità di ottenere una stima di ϕ entro la tolleranza t) è:

$$p\left(\left|\varphi - \varphi^{(b)}\right| \leq t\right) > 1 - \frac{1}{2(t-1)}. \tag{5.39}$$

Questo risultato permette di calcolare il numero di qubit n per ottenere la stima della fase entro una data precisione. Ad esempio, supponiamo di voler approssimare ϕ con una precisione 2^{-q}, $0 < q < n$, cioè:

$$\left|\phi - \phi^{(b)}\right| < 2^{-q}, \tag{5.40}$$

o, equivalentemente, moltiplicando entrambi i membri per 2^n:

$$\left|\varphi - \varphi^{(b)}\right| \leq t = 2^{n-q} - 1, \tag{5.41}$$

(osservate che $2^{n-q} - 1$ corrisponde al massimo intero che può essere codificato utilizzando solo $n - q$ bit). Se richiediamo una probabilità di successo:

$$p\left(\left|\varphi - \varphi^{(b)}\right| \leq t\right) = 1 - \varepsilon, \tag{5.42}$$

per un dato $\varepsilon > 0$, allora il numero n di qubit richiesti per il primo registro dovrebbe essere almeno:

$$n = q + \left\lceil \log_2\left(2 + \frac{1}{2\varepsilon}\right)\right\rceil, \tag{5.43}$$

dove $\lceil z \rceil$ è la funzione soffitto, che rappresenta il più piccolo intero non inferiore a $z \in \mathbb{R}$.

5.3 L'algoritmo di fattorizzazione (algoritmo di Shor)

Lo scopo di un algoritmo di fattorizzazione è trovare i fattori non banali di un intero N. In questa sezione mostriamo che il problema della fattorizzazione risulta essere equivalente al cosiddetto *problema della ricerca dell'ordine moltiplicativo*, che introdurremo tra poco, riconducibile a sua volta alla stima di una fase. In altre parole, un algoritmo veloce per la ricerca dell'ordine può essere facilmente trasformato in un algoritmo veloce per la fattorizzazione. L'algoritmo si basa essenzialmente su due teoremi, ma è utile richiamare prima i seguenti concetti.

Dati tre numeri interi a, b e N, abbiamo che:

$$a = b(\text{mod } N) \Rightarrow \exists q \in \mathbb{Z} \text{ such that } a - b = q\,N. \tag{5.44}$$

Supponiamo ora di avere due numeri interi, x e N, $x < N$, con *nessun fattore comune*. L'*ordine moltiplicativo* o, semplicemente, l'*ordine* di $x \pmod N$ è definito come il minimo numero intero positivo r tale che

$$x^r \pmod N = 1. \tag{5.45}$$

Ad esempio, dato $x = 5$ e $N = 21$, abbiamo:

$$\begin{aligned} 5 \pmod{21} &= 5, & 5^4 \pmod{21} &= 16, \\ 5^2 \pmod{21} &= 4, & 5^5 \pmod{21} &= 17, \\ 5^3 \pmod{21} &= 20, & 5^6 \pmod{21} &= 1. \end{aligned}$$

Pertanto l'ordine di $5 \pmod{21}$ è $r = 6$. Se consideriamo, invece, $x = 3$ e $N = 10$, troviamo:

$$\begin{aligned} 3 \pmod{10} &= 3, & 3^3 \pmod{10} &= 7, \\ 3^2 \pmod{10} &= 9, & 3^4 \pmod{10} &= 1, \end{aligned}$$

e l'ordine di $3 \pmod{10}$ è $r = 4$. Notiamo anche che se r è l'ordine di x modulo N, allora $x^{(r+s)} \pmod N = x^s \pmod N$.

Inoltre, data la funzione toziente di Eulero:

$$\varphi(N) = N \prod_{p|N} \left(1 - \frac{1}{p}\right), \tag{5.46}$$

dove $p|N$ indica i numeri primi distinti, p, che dividono N, abbiamo il teorema di Eulero, cioè:

$$a^{\varphi(N)} = 1 \pmod N, \tag{5.47}$$

con a e N coprimi.[1] Poiché, chiaramente, $\varphi(N) \leq N$, se $a^r = 1 \pmod N$, abbiamo:

$$r \leq \varphi(N) \leq N\,. \tag{5.48}$$

Possiamo ora enunciare i due teoremi che sono alla base dell'algoritmo di fattorizzazione.

Teorema 5.1 *Supponiamo che N sia un numero composto di L bit, e che x sia una soluzione non banale dell'equazione $x^2 = 1 \pmod N$ nell'intervallo $1 \leq x \leq N$, cioè, $x \neq \pm 1 \pmod N$. Allora almeno uno tra* $\mathrm{MCD}(x-1, N)$ *e* $\mathrm{MCD}(x+1, N)$ *è un fattore non banale di N che può essere calcolato usando $O(L^3)$ operazioni.*

[1] Per la dimostrazione si veda, ad esempio, G. H. Hardy e E. M. Wright, *An Introduction to the Theory of Numbers* – 6th edition (Oxford University Press, 2008) – Capitolo 6.

Notiamo che se $x \in [1, N]$, allora:

$$x \neq 1 (\bmod N) \Rightarrow x \neq 1, \quad \text{e} \quad x \neq -1 (\bmod N) \Rightarrow x \neq N - 1.$$

Il problema si riduce quindi a trovare una soluzione non banale x a $x^2 = 1(\bmod N)$. Questo secondo teorema può aiutarci.

Teorema 5.2 *Supponiamo che $N = p_1^{\alpha_1} \dots p_m^{\alpha_m}$ sia la fattorizzazione in numeri primi di un numero intero dispari composto. Sia y un numero intero scelto uniformemente a caso, soggetto ai requisiti che $1 \leq y \leq N - 1$ e y è coprimo con N, cioè* MCD$(y, N) = 1$. *Sia r l'ordine di y modulo N, cioè il minimo numero intero positivo tale che $y^r (\bmod N) = 1$. Allora la probabilità che r sia pari e $y^{r/2} \neq -1(\bmod N)$ soddisfa:*

$$p\big(r \text{ pari e } y^{r/2} \neq -1(\bmod N)\big) \geq 1 - \frac{1}{2^m}. \tag{5.49}$$

Pertanto, il problema della fattorizzazione è equivalente a trovare l'ordine r del numero casuale y modulo N [notiamo che se $y = 1$, il suo ordine è $r = 1$, essendo $1^r (\bmod N) = 1$, $\forall r > 0$]: se r è pari e $x = y^{r/2}$ non è una soluzione banale di $x^2 = 1(\bmod N)$, e questo è molto probabile secondo il Teorema 5.2, allora possiamo applicare il Teorema 5.1, cioè, uno tra MCD$(x - 1, N)$ e MCD$(x + 1, N)$ è un fattore non banale di N.

5.3.1 Protocollo di ricerca dell'ordine

Trovare l'ordine di $x(\bmod N)$ è un *problema difficile* su un computer classico, poiché non esiste un algoritmo per risolverlo utilizzando risorse polinomiali in $O(L)$, dove $L = \lceil \log_2 N \rceil$ è il numero di bit necessari per specificare N. Di seguito indagheremo le prestazioni di un algoritmo quantistico.

Iniziamo da un operatore unitario $\hat{U}_x$ tale che:

$$\hat{U}_x |y\rangle_L = |xy(\bmod N)\rangle_L, \tag{5.50}$$

dove $0 \leq y < 2^L$. Nella figura 5.7 riportiamo i circuiti quantistici che rappresentano l'azione di $\hat{U}_x$. Consideriamo ora lo stato:

$$|u_s(x, r)\rangle_L = \frac{1}{\sqrt{r}} \sum_{k=0}^{r-1} \exp\left(-2\pi i \frac{ks}{r}\right) |x^k (\bmod N)\rangle_L \tag{5.51}$$

a $|y\rangle_L$ —/—[$\hat{U}_x$]— $|xy(\bmod N)\rangle_L$

b $|y\rangle_L$ —/—[$x(\bmod N)$]— $|xy(\bmod N)\rangle_L$

Figura 5.7 **a** Circuito quantistico che rappresenta l'azione della porta $\hat{U}_x$ sullo stato di input $|y\rangle_L$ di L qubit. **b** Per semplicità possiamo sostituire al simbolo $\hat{U}_x$ l'espressione $x(\bmod N)$

con $0 < s < r$ intero e r è l'ordine (sconosciuto!) di x modulo N, cioè, $x^r (\text{mod}\, N) = 1$. Notiamo che:

$$_L\langle u_t(x,r)|u_s(x,r)\rangle_L = \delta_{t,s}. \tag{5.52}$$

Abbiamo:

$$\begin{aligned}
\hat{U}_x|u_s(x,r)\rangle_L &= \frac{1}{\sqrt{r}}\sum_{k=0}^{r-1}\exp\left(-2\pi i\,\frac{ks}{r}\right)|x^{k+1}(\text{mod}\, N)\rangle_L && (5.53)\\
&= \frac{1}{\sqrt{r}}\sum_{k=1}^{r}\exp\left[-2\pi i\,\frac{(k-1)s}{r}\right]|x^{k}(\text{mod}\, N)\rangle_L && (5.54)\\
&= \exp\left(2\pi i\,\frac{s}{r}\right)\frac{1}{\sqrt{r}}\sum_{k=1}^{r}\exp\left(-2\pi i\,\frac{ks}{r}\right)|x^{k}(\text{mod}\, N)\rangle_L. && (5.55)
\end{aligned}$$

Dato che $|x^r(\text{mod}\, N)\rangle_L = |x^0(\text{mod}\, N)\rangle_L = |1\rangle$ possiamo scrivere l'ultima equazione come:

$$\begin{aligned}
\hat{U}_x|u_s(x,r)\rangle_L &= \exp\left(2\pi i\,\frac{s}{r}\right)\underbrace{\frac{1}{\sqrt{r}}\sum_{k=0}^{r-1}\exp\left(-2\pi i\,\frac{ks}{r}\right)|x^{k}(\text{mod}\, N)\rangle_L}_{|u_s(x,r)\rangle_L} && (5.56a)\\
&= \exp\left(2\pi i\,\frac{s}{r}\right)|u_s(x,r)\rangle_L && (5.56b)\\
&\equiv \exp\left[2\pi i\,\phi_s(r)\right]|u_s(x,r)\rangle_L && (5.56c)
\end{aligned}$$

dove abbiamo introdotto la fase:

$$\phi_s(r) = \frac{s}{r}. \tag{5.57}$$

Ne consegue che $|u_s(x,r)\rangle_L$ è un autostato di $\hat{U}_x$ con autovalore $\exp(2\pi i\, s/r)$. Pertanto, possiamo stimare $\phi_s(r)$ applicando la procedura di stima della fase descritta nella sezione 5.2. Il circuito quantistico che implementa la procedura di ricerca dell'ordine è riportato nella figura 5.8.

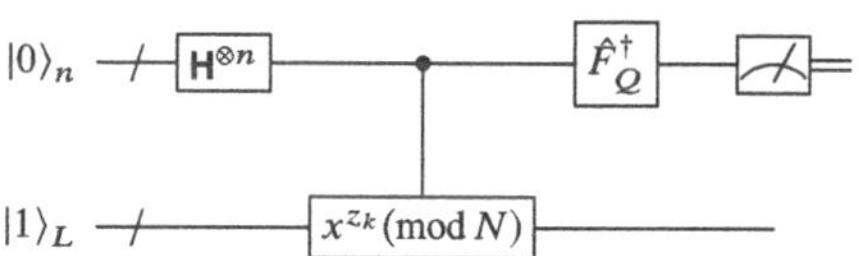

Figura 5.8 Circuito quantistico che implementa la procedura di ricerca dell'ordine. Dopo le trasformazioni di Hadamard il primo registro è $2^{-n/2}\sum_{z=0}^{2^n-1}|z\rangle_n$, con $|z\rangle_n = |z_n\rangle|z_{n-1}\rangle\ldots|z_0\rangle$.

In effetti, dobbiamo essere in grado di implementare le porte $\hat{U}_x^{2^k}$ controllate, e questo non è un problema. Il problema potrebbe essere la preparazione dell'autostato $|u_s(x,r)\rangle_L$, che non conosciamo. Tuttavia notiamo che:

$$\frac{1}{\sqrt{r}}\sum_{s=0}^{r-1}|u_s(x,r)\rangle_L = \frac{1}{r}\sum_{k=0}^{r-1}\underbrace{\sum_{s=0}^{r-1}\exp\left(-2\pi i\,\frac{sk}{r}\right)}_{r\,\delta_{k,0}}|x^k(\text{mod}\,N)\rangle_L = |1\rangle_L. \quad (5.58)$$

Pertanto, se prepariamo lo stato $|1\rangle_L \equiv |1(\text{mod}\,N)\rangle_L$, stiamo anche preparando una sovrapposizione bilanciata di tutti gli r stati $|u_s(x,r)\rangle_L$, $0 \leq s < r$, ciascuno con probabilità $1/r$. Richiediamo che $1-\varepsilon$ sia la probabilità di successo per la stima di s/r per un dato $|u_s(x,r)\rangle$, allora la probabilità di successo *complessiva* (non conosciamo il valore effettivo di s poiché abbiamo una sovrapposizione) è $(1-\varepsilon)/r$.

Ora indaghiamo come implementare un circuito quantistico per la procedura di ricerca dell'ordine. Come per il solito protocollo di stima della fase, partiamo dallo stato di input $|0\rangle_n|1\rangle_L$ e applichiamo $\mathbf{H}^{\otimes n}$ al primo registro, cioè a $|0\rangle_n$, ottenendo la sovrapposizione bilanciata di tutti gli interi da 0 a 2^n-1:

$$\frac{1}{2^{n/2}}\sum_{z=0}^{2^n-1}|z\rangle_n|1\rangle_L. \quad (5.59)$$

Calcoliamo, ora, l'azione della $U_x^{2^k}$ controllata, $k=0,\ldots,n-1$, su $|1\rangle_L$, dove, per un dato $|z\rangle_n = |z_{n-1}\rangle\ldots|z_0\rangle$, $z=\sum_{h=0}^{n-1} z_h 2^h$, il qubit di controllo è $|z_k\rangle$. In generale possiamo scrivere:

$$|z\rangle_n|1\rangle_L \longrightarrow |z\rangle_n\frac{1}{\sqrt{r}}\sum_{s=0}^{r-1}\hat{U}_x^{z_{n-1}2^{n-1}}\ldots\hat{U}_x^{z_0 2^0}|u_s(x,r)\rangle_L \quad (5.60a)$$

$$|z\rangle_n\frac{1}{\sqrt{r}}\sum_{s=0}^{r-1}\exp[2\pi i\left(z_{n-1}2^{n-1}+\ldots+z_0 2^0\right)\phi_s(r)]|u_s(x,r\rangle_L \quad (5.60b)$$

$$|z\rangle_n\frac{1}{\sqrt{r}}\sum_{s=0}^{r-1}\exp\left[2\pi i\, z\phi_s(r)\right]|u_s(x,r\rangle_L. \quad (5.60c)$$

Quindi, dopo la $\hat{U}_x^{2^k}$ controllato otteniamo lo stato finale (prima di applicare l'inverso della QFT):

$$\frac{1}{\sqrt{r}}\sum_{s=0}^{r-1}\left\{\frac{1}{2^{n/2}}\sum_{z=0}^{2^n-1}\exp\left[2\pi i\, z\phi_s(r)\right]|z\rangle_n\right\}|u_s(x,r\rangle_L. \quad (5.61)$$

Infine, possiamo riscrivere lo stato (5.61) come segue:

$$\frac{1}{\sqrt{r}} \sum_{s=0}^{r-1} |\Psi[\phi_s(r)]\rangle_n |u_s(x,r)\rangle_L, \tag{5.62}$$

dove :

$$|\Psi[\phi_s(r)]\rangle_n = \frac{1}{2^{n/2}} \sum_{z=0}^{2^n-1} \exp\left[2\pi i\, z\, \phi_s(r)\right] |z\rangle_n, \tag{5.63}$$

che ha la stessa forma dell'Eq. (5.29). Se ora supponiamo di misurare (misura implicita) il registro di output e di trovare come risultato lo stato $|u_s(x,r)\rangle_L$ (con probabilità $1/r$), allora il registro di input viene lasciato nello stato $|\Psi[\phi_s(r)]\rangle_n$. È chiaro che $\hat{F}_Q^\dagger |\Psi[\phi_s(r)]\rangle_n$ porta a una stima di $\phi_s(r)$ come mostrato nella prossima sezione.

Abbiamo visto come sia possibile ridurre il problema della ricerca dell'ordine a quello di stima della fase, dove la fase sconosciuta da stimare è $\phi_s(r) = s/r$. Naturalmente, alla fine del protocollo otteniamo un valore stimato ϕ di $\phi_s(r)$, dove sia s che r sono sconosciuti, quindi dobbiamo trovare un modo per recuperare queste informazioni a partire da ϕ. Questo sarà mostrato nella sezione 5.3.2.

5.3.2 *Algoritmo delle frazioni continue*

Prima di tutto ricordiamo che l'algoritmo delle frazioni continue descrive un numero reale positivo z in termini di interi positivi $[a_0, a_1, \ldots, a_M]$, dove $a_0 \geq 0$ e $a_k > 0$, $k > 0$, cioè:

$$z \to [a_0, a_1, \ldots, a_M] = a_0 + \cfrac{1}{a_1 + \cfrac{1}{\ldots + \cfrac{1}{a_M}}}. \tag{5.64}$$

Ad esempio, $z = 2.93 \to [2, 1, 13, 3, 2]$. È anche possibile decomporre una frazione come una frazione continua, cioè

$$z = \frac{31}{13} = 2.\overline{384615} \to [2, 2, 1, 1, 2].$$

La convergente m-esima alla frazione continua $[a_0, a_1, \ldots, a_M]$ è $[a_0, \ldots, a_m]$, con $0 \leq m \leq M$. Inoltre, se $z = S/R$, dove S e R sono interi di L bit, allora l'algoritmo per passare da z a $[a_0, a_1, \ldots, a_M]$ richiede $O(L^3)$ operazioni.

Per trovare la frazione s/r corrispondente alla fase stimata ϕ di $\phi_s(r)$, possiamo utilizzare il seguente teorema:

Teorema 5.3 *Se*

$$\left|\frac{s}{r} - \phi\right| \leq \frac{1}{2r^2} \tag{5.65}$$

allora s/r è una convergente della frazione continua per ϕ e può essere calcolata con $O(L^3)$ operazioni utilizzando l'algoritmo delle frazioni continue.

Per applicare il Teorema 5.3 dobbiamo soddisfare la condizione in Eq. (5.65). Nel nostro caso N è un intero di L-bit, e, grazie alla disuguaglianza (5.47), l'ordine r è tale che $r \leq N \leq 2^L$; abbiamo:

$$\frac{1}{2r^2} \geq \frac{1}{2^{2L+1}}. \tag{5.66}$$

Pertanto, se usiamo $n = 2L + 1$ bit per il registro coinvolto nella stima di $\phi_s(r)$, da un lato l'accuratezza nella stima della migliore $\phi^{(b)}$ è $2^{-(2L+1)}$, cioè:

$$\left|\phi^{(b)} - \phi\right| \leq \frac{1}{2^{2L+1}}, \tag{5.67}$$

e, dall'altro lato, le disuguaglianze (5.66) ci permettono di scrivere:

$$\left|\phi^{(b)} - \phi\right| \leq \frac{1}{2r^2}, \tag{5.68}$$

e, quindi, possiamo applicare il Teorema 5.3 trovando i due interi s e r tali che:

$$\phi^{(b)} = \frac{s}{r}. \tag{5.69}$$

In particolare abbiamo trovato l'ordine r ed e possibile verificare se $x^r (\mathrm{mod}\, N) = 1$.

5.3.3 *L'algoritmo di fattorizzazione*

Possiamo ora riassumere la procedura per fattorizzare un intero N:

1. Se N è pari, restituisci il fattore 2.
2. Determina se $N = a^b$ per interi $a \geq 1$ e $b \geq 2$, e se è vero restituisci il fattore a (questo può essere fatto con un algoritmo classico).
3. Scegli casualmente un intero $y \in [1, N-1]$. Se $\mathrm{MCD}(y, N) > 1$ allora restituisci il fattore $\mathrm{MCD}(y, N)$.
4. Se $\mathrm{MCD}(y, N) = 1$, usa la procedura di ricerca dell'ordine per trovare l'ordine r di y modulo N: è qui la meccanica quantistica ci aiuta.
5. Se r è pari e $x = y^{r/2} \neq -1 (\mathrm{mod}\, N)$, allora calcola

   $$\mathrm{MCD}(x - 1, N) \quad \text{e} \quad \mathrm{MCD}(x + 1, N),$$

   e verifica se uno di questi è un fattore non banale N, restituendo quel fattore se sì (si veda il Teorema 5.1). Altrimenti, l'algoritmo fallisce.

5.3.4 Esempio: fattorizzazione del numero 15

Il più piccolo numero intero che non è né pari né una potenza di un numero più piccolo è il numero $N = 15$, quindi possiamo applicare il protocollo di ricerca dell'ordine per fattorizzarlo.

Dato che $N = 15$, abbiamo $L = \lceil \log_2 15 \rceil = 4$. Pertanto, se richiediamo una probabilità di successo di almeno $1 - \varepsilon = 3/4$, corrispondente a una probabilità di errore al massimo $\varepsilon = 1/4$, il numero di qubit necessari per il primo registro è:

$$n = 2L + 1 + \left\lceil \log_2\left(2 + \frac{1}{2\varepsilon}\right) \right\rceil = 11, \tag{5.70}$$

dove il termine $2L + 1$ è necessario per applicare l'algoritmo delle frazioni continue (si veda la sezione 5.3.2).

Procediamo come segue.

1. Generiamo il numero casuale $y \in [1, N-1] \equiv [1, 14]$, per esempio, otteniamo $y = 7$.
2. Usiamo il protocollo di ricerca dell'ordine per trovare l'ordine r di $y (\text{mod}\, N)$. Lo stato iniziale è $|0\rangle_{11}|1\rangle_4$ e dopo l'applicazione delle trasformazioni di Hadamard e dele porte gate $\hat{U}^{2^h}$ controllate (ma prima di applicare l'inverso della QFT, si veda la figura 5.8), otteniamo lo stato:

$$\frac{1}{\sqrt{2048}} \sum_{z=0}^{2047} |z\rangle_{11} |y^z (\text{mod}\, N)\rangle_4 \,, \tag{5.71}$$

che si scrive esplicitamente:

$$\frac{1}{\sqrt{2048}} \Big(|0\rangle_{11}|1\rangle_4 + |1\rangle_{11}|7\rangle_4 + |2\rangle_{11}|4\rangle_4 + |3\rangle_{11}|13\rangle_4 \\ + |4\rangle_{11}|1\rangle_4 + |5\rangle_{11}|7\rangle_4 + |6\rangle_{11}|4\rangle_4 + |7\rangle_{11}|13\rangle_4 + \dots \Big), \tag{5.72}$$

o, in forma più compatta:

$$\frac{1}{\sqrt{512}} \sum_{k=0}^{511} \frac{1}{2} \Big(|4k\rangle_{11}|1\rangle_4 + |1 + 4k\rangle_{11}|7\rangle_4 \\ + |2 + 4k\rangle_{11}|4\rangle_4 + |3 + 4k\rangle_{11}|13\rangle_4 \Big), \tag{5.73}$$

dove abbiamo messo in evidenza quattro contributi. Ora dobbiamo applicare $\hat{F}_Q^\dagger$ al primo registro. Tuttavia, dato che il secondo registro non subisce ulteriori trasformazioni, possiamo supporre che venga misurato prima dell'applicazione dell'inverso della QFT: questo non influisce sul successo del protocollo ma semplifica i calcoli teorici. L'esito della misura sarà uno dei quattro possibili stati

$|1\rangle_4$, $|7\rangle_4$, $|4\rangle_4$ o $|13\rangle_4$ con probabilità $1/4$. Supponiamo di ottenere $|4\rangle_4$, quindi il primo registro è lasciato nello stato (risultati simili si ottengono dagli altri casi):

$$|\Psi[\phi_s(r)]\rangle_{11} = \frac{1}{\sqrt{512}} \sum_{k=0}^{511} |2+4k\rangle_{11}. \tag{5.74}$$

Dopo l'inverso della QFT il precedente stato del primo registro viene trasformato nella sovrapposizione:

$$\hat{F}_Q^\dagger |\Psi[\phi_s(r)]\rangle_{11} = \frac{1}{\sqrt{512}} \sum_{k=0}^{511} \frac{1}{\sqrt{2048}} \sum_{z=0}^{2047} \exp\left(-2\pi i\, z\, \frac{2+4k}{2048}\right) |z\rangle_{11}\,, \tag{5.75}$$

$$= \sum_{z=0}^{2047} c_z |z\rangle_{11}\,, \tag{5.76}$$

$$= \frac{|0\rangle_{11} - |512\rangle_{11} + |1024\rangle_{11} - |1536\rangle_{11}}{2}\,, \tag{5.77}$$

dove abbiamo introdotto:

$$c_z = \frac{1}{1024} \sum_{k=0}^{511} \exp\left(-2\pi i\, z\, \frac{2+4k}{2048}\right) \tag{5.78}$$

$$= \frac{e^{i\pi z}}{1024} \cos\left(\frac{\pi z}{512}\right) \frac{\sin(\pi z)}{\sin\left(\frac{\pi z}{512}\right)}, \tag{5.79}$$

che è non nullo solo se z è un multiplo intero di 512, cioè:

$$z = 0, 512, 1024, 1536.$$

Pertanto abbiamo:

$$\hat{F}_Q^\dagger |\Psi[\phi_s(r)]\rangle_{11} = \frac{|0\rangle_{11} - |512\rangle_{11} + |1024\rangle_{11} - |1536\rangle_{11}}{2}. \tag{5.80}$$

La misura sul primo registro dà con probabilità $1/4$ uno dei quattro stati e supponiamo di ottenere $|1536\rangle_{11}$ (risultati simili si ottengono per $|512\rangle_{11}$). Poiché $2^{11} = 2048$, il nostro risultato conduce all'espansione in frazione continua $1536/2048 = 3/4$ e, quindi, l'ordine di $y = 7$ modulo $N = 15$ è $r = 4$ (il denominatore della frazione), che è pari!

3. Poiché l'ordine r è pari e $y^{r/2} = 7^2 = 49 \neq 14 \equiv -1 (\text{mod } 15)$, $x = y^{r/2}$ è una soluzione di $x^2 = 1 (\text{mod } N)$ e possiamo applicare il Teorema 5.1 ottenendo:

$$\text{MCD}(x-1, N) = \text{MCD}(48, 15) = 3, \tag{5.81a}$$

$$\text{MCD}(x+1, N) = \text{MCD}(50, 15) = 5. \tag{5.81b}$$

Infine: $15 = 3 \times 5$.

Negli altri due casi, cioè, $|0\rangle_{11}$ e $|1024\rangle_{11}$, l'algoritmo fallisce. Infatti, se $|0\rangle_{11}$ non è possibile recuperare le informazioni su r. Nel caso di $|1024\rangle_{11}$ abbiamo l'espansione in frazione continua $1024/2048 = 1/2$, quindi $r = 2$, che è pari, $x = y^{r/2} = 7$ ma $7^2 (\mathrm{mod}\, 15) = 4 \neq 1$ e l'algoritmo fallisce.

5.4 L'algoritmo RSA

Per inviare messaggi in modo sicuro, un mittente può utilizzare una "chiave" per criptarlo. Naturalmente, il destinatario dovrebbe conoscere la chiave per decifrare con successo il messaggio e comprenderlo. In un tipico sistema di crittografia a chiave pubblica, la chiave del mittente è pubblica e distinta da quella utilizzata per la decrittazione, che è privata o segreta. Poiché abbiamo due chiavi diverse, una pubblica e una privata, questo tipo di protocollo, o algoritmo, viene chiamato "asimmetrico".

Uno degli algoritmi di crittografia asimmetrica più famosi è il cosiddetto RSA, dai cognomi degli inventori Ron Rivest, Adi Shamir e Leonard Adleman. Come vedremo affrontando la sua versione più semplice, la sicurezza del protocollo RSA si basa sulla difficoltà di fattorizzare il prodotto di due grandi numeri primi. Questa è dovuta alla difficoltà stessa del problema di fattorizzazione: il tempo richiesto dal miglior algoritmo classico per risolvere il problema aumenta esponenzialmente con il numero di bit necessari per codificare il numero da fattorizzare (si veda la sezione 4.3). Come abbiamo visto nelle sezioni precedenti, l'algoritmo di Shor può risolverlo in modo polinomiale, ponendo un problema di sicurezza.

Nella sua forma più semplice, l'algoritmo RSA può essere riassunto nei seguenti passaggi.

1. Il destinatario sceglie due numeri primi, diciamo p e q, e li moltiplica ottenendo l'intero $N = p \times q$. Se il messaggio da inviare è associato al numero intero z, allora $p, q > z$.
2. Dati N, p e q, il destinatario valuta la funzione di Eulero (5.46), che ora si riduce a:

$$\varphi(N) = (p-1)(q-1). \tag{5.82}$$

3. Il destinatario sceglie un numero a, chiamato *esponente pubblico*, tale che $\mathrm{MCD}(a, N) = 1$.
4. Il destinatario deve trovare due interi relativi $x > 0$, chiamato *esponente privato*, e y, tali che

$$x\,a + y\,\varphi(N) = 1, \tag{5.83}$$

cioè $x\,a = 1 \big(\mathrm{mod}\, \varphi(N)\big)$.
5. La coppia di numeri $\{N, a\}$ è resa pubblica e viene utilizzata per codificare il messaggio, mentre il destinatario usa $\{N, x\}$ per decifrarlo.

In pratica, dati $\{N, a\}$, il mittente codifica il messaggio z come segue:

$$m = z^a \pmod{N}, \tag{5.84}$$

e m viene inviato al destinatario. Notate che, dopo la fase di codifica, anche il mittente non è più in grado di recuperare il messaggio originale! Per decifrare il messaggio, sono necessari l'esponente privato x così come N, infatti, a causa dell'Eq. (5.83):

$$m^x \pmod{N} = z. \tag{5.85}$$

Per essere più chiari, supponiamo che il messaggio da inviare sia $z = 5$ e noi, come destinatari, scegliamo $p = 7$ e $q = 41$, cioè $N = 287$; la funzione di Eulero porta a $\varphi(287) = 240$. Potete facilmente verificare che i seguenti tre numeri soddisfano i requisiti enunciati sopra: $a = 77$ (esponente pubblico), $x = 53$ (esponente privato) e $y = -17$. Il mittente codifica il messaggio e ci invia il numero $m = 5^{77} \pmod{287} = 185$ e, una volta ricevuto, possiamo utilizzare l'esponente privato per recuperare il messaggio originale, cioè, $185^{53} \pmod{287} = 5$.

In conclusione, poiché i computer quantistici potrebbero fattorizzare in modo efficiente grandi numeri interi attraverso l'algoritmo di Shor, la loro effettiva realizzazione minana la sicurezza dell'algoritmo RSA.

Problemi

5.1 ♣ Data la porta $\hat{T}$:

$$\hat{T} \rightarrow \begin{pmatrix} 1 & 0 \\ 0 & e^{i\pi/4} \end{pmatrix},$$

valutare lo shift di fase applicando, passo dopo passo, il protocollo di stima della fase con tre qubit nel primo registro (si veda anche la figura 5.4).

5.2 Dimostrare che, dati gli interi x, y e N, si ha:

$$[x \pmod{N}]\,[y \pmod{N}] = [xy \pmod{N}]\,. \tag{5.86}$$

Ulteriori letture

M. A. Nielsen and I. L. Chuang, *Quantum Computation and Quantum Information* (Cambridge University Press, 2010) – Capitolo 5

Capitolo 6
Algoritmo quantistico di ricerca

Sommario In questo capitolo affrontiamo la soluzione quantistica al problema della ricerca e, in particolare, discutiamo gli aspetti fondamentali dell'algoritmo di Grover. Viene anche fornita l'interpretazione geometrica dell'algoritmo. Illustreremo inoltre la ricerca quantistica su grafi completi attraverso quantum walk continui nel tempo: in questo caso l'informazione è codificata sui vertici dei grafi completi e la query è codificata nell'Hamiltoniana del sistema.

6.1 Ricerca quantistica come processo computazionale standard

Qui ci concentriamo sulla ricerca in uno spazio di $N = 2^n$ elementi indicizzati da un numero intero $x \in \Omega = \{0, 1, \ldots, N-1\}$ e, quindi, dallo stato quantistico $|x\rangle_n$, e assumiamo che la ricerca abbia M soluzioni. Possiamo rappresentare l'istanza del problema di ricerca tramite una funzione:

$$f : \{0, 1, \ldots, N-1\} \to \{0, 1\}, \tag{6.1}$$

tale che:

$$f(x) = 0 \Rightarrow x \text{ non è una soluzione}, \tag{6.2a}$$
$$f(x) = 1 \Rightarrow x \text{ è una soluzione}. \tag{6.2b}$$

Abbiamo anche bisogno di un oracolo in grado di riconoscere le soluzioni del problema. Come al solito, assumiamo che l'oracolo agisca come segue:

$$|x\rangle_n |q\rangle \xrightarrow{\hat{O}} |x\rangle |q \oplus f(x)\rangle, \tag{6.3}$$

dove $\hat{O}$ è l'operatore quantistico associato all'oracolo e $|q\rangle$ è il qubit dell'oracolo, $q \in \{0, 1\}$. Notate che $|q\rangle \to |\overline{q}\rangle$ solo se $f(x) = 1$, cioè, solo se x è una soluzione.

S. Olivares, *Guida allo studio della computazione quantistica*,
https://doi.org/10.1007/978-3-032-23971-6_6

A causa della linearità, abbiamo anche:

$$|x\rangle_n \frac{|0\rangle - |1\rangle}{\sqrt{2}} \xrightarrow{\hat{\mathcal{O}}} |x\rangle_n \frac{|0 \oplus f(x)\rangle - |1 \oplus f(x)\rangle}{\sqrt{2}} \equiv (-1)^{f(x)}|x\rangle_n \frac{|0\rangle - |1\rangle}{\sqrt{2}}. \quad (6.4)$$

Poiché lo stato del qubit dell'oracolo rimane invariato, possiamo concentrarci solo su $|x\rangle$. Abbiamo:

$$|x\rangle_n \xrightarrow{\hat{\mathcal{O}}} |x\rangle_n \text{ se } x \text{ non è una soluzione,} \quad (6.5a)$$

$$|x\rangle_n \xrightarrow{\hat{\mathcal{O}}} -|x\rangle_n \text{ se } x \text{ è una soluzione,} \quad (6.5b)$$

cioè, l'oracolo marca una soluzione x al problema aggiungendo una fase $e^{i\pi} = -1$ allo stato corrispondente del qubit $|x\rangle$. È importante notare che l'oracolo non conosce la soluzione: è solo in grado di riconoscere una soluzione.

6.2 Ricerca quantistica: l'operatore di Grover

Iniziamo la nostra procedura di ricerca con gli n qubit preparati nello stato $|0\rangle_n$ e, poi, applichiamo n trasformazioni di Hadamard per generare una sovrapposizione di tutti gli stati possibili:

$$\mathbf{H}^{\otimes n}|0\rangle_n = \frac{1}{2^{n/2}} \sum_{x=0}^{2^n-1} |x\rangle_n \equiv |\psi\rangle_n. \quad (6.6)$$

Ora applichiamo il cosiddetto *iteratore di Grover* o *operatore di Grover* $\hat{G}$ che consiste nei seguenti passaggi:

- applicare l'oracolo (questo richiede anche il qubit dell'oracolo aggiuntivo che non consideriamo esplicitamente, ma deve esserci!): $|x\rangle_n \xrightarrow{\hat{\mathcal{O}}} (-1)^{f(x)}|x\rangle_n$;
- applicare $\mathbf{H}^{\otimes n}$;
- applicare lo shift condizionale $|x\rangle_n \to (-1)^{1+\delta_{x,0}}|x\rangle_n$, cioè, tutti gli stati tranne $|0\rangle_n$, che rimane invariato, subiscono uno shift di fase $e^{i\pi} = -1$;
- applicare $\mathbf{H}^{\otimes n}$.

Notate che lo shift di fase condizionale può essere descritto dall'operatore unitario $2|0\rangle_n\langle 0| - \hat{\mathbb{I}}$. Inoltre, abbiamo:

$$\mathbf{H}^{\otimes n}(2|0\rangle_n\langle 0| - \hat{\mathbb{I}})\mathbf{H}^{\otimes n} = 2|\psi\rangle_n\langle\psi| - \hat{\mathbb{I}}, \quad (6.7)$$

quindi, l'operatore di Grover può essere riscritto come:

$$\hat{G} = \left[\left(2|\psi\rangle_n\langle\psi| - \hat{\mathbb{I}}\right) \otimes \hat{\mathbb{I}}\right]\hat{\mathcal{O}}. \quad (6.8)$$

L'azione dell'operatore $2|\psi\rangle_n\langle\psi| - \hat{\mathbb{I}}$ è anche chiamata "inversione rispetto alla media". Infatti, dato lo stato:

$$|\phi\rangle_n = \sum_{y=0}^{2^n-1} c_y |y\rangle_n, \tag{6.9}$$

con $\sum_{y=0}^{2^n-1} |c_y|^2 = 1$, abbiamo:

$$\begin{aligned}\left(2|\psi\rangle_n\langle\psi| - \hat{\mathbb{I}}\right)|\phi\rangle_n &= 2\,\frac{1}{2^{n/2}}\sum_{y=0}^{2^n-1}\left(\frac{1}{2^{n/2}}\sum_{x=0}^{2^n-1} c_x\right)|y\rangle_n - |\phi\rangle_n \\ &= \sum_{x=0}^{2^n-1}\left(2\langle c\rangle - c_n\right)|y\rangle_n\,, \end{aligned} \tag{6.10}$$

dove abbiamo definito la media:

$$\langle c\rangle = 2^{-n}\sum_{y=0}^{2^n-1} c_n\,. \tag{6.11}$$

Nel seguito vedremo che applicando $\hat{G}$ un certo numero di volte, numero che va stimato, si ottiene una soluzione al problema di ricerca con alta probabilità.

6.2.1 Interpretazione geometrica dell'operatore di Grover

Per definizione, lo stato $|\psi\rangle_n$ è una sovrapposizione di *tutti* gli stati possibili $|x\rangle_n$, $x \in \Omega$. Tuttavia, possiamo introdurre i due insiemi A e B, $A \cup B = \Omega$ e $A \cap B = \emptyset$, tali che:

$$\begin{aligned}&\text{se } x \in A \text{ allora } f(x) = 0 \Rightarrow x \text{ non è una soluzione,}\\ &\text{se } x \in B \text{ allora } f(x) = 1 \Rightarrow x \text{ è una soluzione.}\end{aligned}$$

Pertanto è utile definire i due stati ortogonali:

$$|\alpha\rangle_n = \frac{1}{\sqrt{N-M}}\sum_{x\in A}|x\rangle_n, \quad \text{e} \quad |\beta\rangle_n = \frac{1}{\sqrt{M}}\sum_{w\in B}|w\rangle_n, \tag{6.12}$$

dove $|\alpha\rangle_n$ rappresenta la sovrapposizione di tutti gli stati $|x\rangle_n$ che non sono soluzione, mentre $|\beta\rangle_n$ è la sovrapposizione di tutti gli stati $|x\rangle_n$ che sono soluzione al problema di ricerca. Naturalmente abbiamo:

$$|\psi\rangle_n = \sqrt{\frac{N-M}{N}}\,|\alpha\rangle_n + \sqrt{\frac{M}{N}}\,|\beta\rangle_n. \tag{6.13}$$

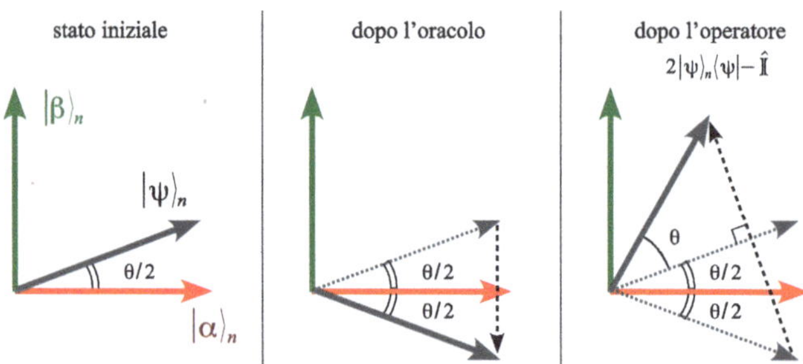

Figura 6.1 Rappresentazione geometrica dell'azione dell'operatore di Grover sullo stato $|\psi\rangle_n$ (vettore grigio): (a sinistra) stato iniziale; (al centro) dopo la chiamata all'oracolo lo stato iniziale viene riflesso rispetto alla direzione del $|\alpha\rangle_n$; (a destra) dopo l'applicazione dell'operatore $2|\psi\rangle_n\langle\psi| - \hat{\mathbb{I}}$ lo stato finale è più vicino al vettore di soluzione $|\beta\rangle_n$. L'effetto complessivo di una singola applicazione dell'operatore di Grover è una rotazione antioraria di un angolo θ applicato allo stato iniziale $|\psi\rangle_n$

Dato che il nostro sistema N-dimensionale è stato ridotto a uno bidimensionale, possiamo introduciamo la seguente parametrizzazione:

$$|\psi\rangle_n = \cos\frac{\theta}{2}\,|\alpha\rangle_n + \sin\frac{\theta}{2}\,|\beta\rangle_n, \tag{6.14}$$

con:

$$\cos\frac{\theta}{2} = \sqrt{\frac{N-M}{N}}, \quad \text{e} \quad \sin\frac{\theta}{2} = \sqrt{\frac{M}{N}}. \tag{6.15}$$

Possiamo rappresentare gli stati $|\alpha\rangle_n$, $|\beta\rangle_n$ e $|\psi\rangle_n$ in uno spazio bidimensionale (reale), come mostrato nel pannello di sinistra della figura 6.1. Questo ci permette di ottenere una interpretazione geometrica dell'azione dell'algoritmo di Grover. Dopo la query all'oracolo abbiamo $|\beta\rangle_n \to -|\beta\rangle_n$, pertanto, lo stato $|\psi\rangle_n$ viene riflesso rispetto alla direzione del vettore associato a $|\alpha\rangle_n$ (si veda la figura 6.1, pannello centrale). Ora dobbiamo applicare $2|\psi\rangle_n\langle\psi| - \hat{\mathbb{I}}$, che corrisponde a una riflessione rispetto alla direzione del vettore associato a $|\psi\rangle_n$ (pannello di destra della figura 6.1). In generale, l'azione di $\hat{G}$ su $|\psi\rangle_n$ dopo una singola iterazione può essere riassunta come segue (ricordiamo che non stiamo considerando esplicitamente il qubit dell'oracolo, che è effettivamente necessario per applicare $\hat{\mathcal{O}}$):

$$|\psi\rangle_n = \cos\frac{\theta}{2}\,|\alpha\rangle_n + \sin\frac{\theta}{2}\,|\beta\rangle_n \xrightarrow{\hat{G}} |\psi^{(1)}\rangle_n \tag{6.16}$$

$$= \cos\frac{3\theta}{2}\,|\alpha\rangle_n + \sin\frac{3\theta}{2}\,|\beta\rangle_n, \tag{6.17}$$

quindi, dal punto di vista geometrico, l'azione dell'operatore di Grover su uno stato è una rotazione antioraria di un angolo θ, descritta dalla matrice:

$$\hat{G} \to \begin{pmatrix} \cos\theta & \sin\theta \\ -\sin\theta & \cos\theta \end{pmatrix}. \tag{6.18}$$

Dopo k iterazioni troviamo:

$$|\psi\rangle_n \xrightarrow{\hat{G}^k} |\psi^{(k)}\rangle_n = \cos\left(\frac{2k+1}{2}\theta\right)|\alpha\rangle_n + \sin\left(\frac{2k+1}{2}\theta\right)|\beta\rangle_n. \tag{6.19}$$

Vale la pena notare che θ è una funzione sia di N, il numero totale di stati, sia del numero di soluzioni M.

6.2.2 *Numero di iterazioni e probabilità di errore*

Di fatto, abbiamo un numero ottimale $\mathcal{R}$ di applicazioni (iterazioni) dell'operatore di Grover che avvicinano lo stato iniziale $|\psi\rangle_n$ il più possibile allo stato $|\beta\rangle_n$: ulteriori iterazioni allontanerebbero lo stato da $|\beta\rangle_n$. Grazie all'interpretazione geometrica (si osservi ancora il pannello di sinistra della figura 6.1) troviamo che per ottenere esattamente $|\beta\rangle_n$ dovremmo ruotare $|\psi\rangle_n$ di un angolo $\phi = \arccos\sqrt{M/N}$. Pertanto il numero di iterazioni necessarie è:

$$\mathcal{R} = \mathrm{CI}\left(\frac{\arccos\sqrt{M/N}}{\theta}\right), \tag{6.20}$$

dove CI(z) corrisponde all'intero più vicino, il *closest integer*, al numero reale z. Dopo questo numero di iterazioni, si misura lo stato finale nella base computazionale e si ottiene una soluzione al problema di ricerca con alta probabilità.

In particolare, se $M \ll N$, abbiamo che l'errore angolare nello stato finale sarà al massimo $\theta/2 \approx \sqrt{M/N}$, e la probabilità di errore è quindi data da:

$$P_{\mathrm{err}} = \left|\sin\frac{\theta}{2}\right|^2 \approx \frac{M}{N} \ll 1. \tag{6.21}$$

Inoltre, poiché:

$$\mathcal{R} = \mathrm{CI}\left(\frac{\arccos\sqrt{M/N}}{\theta}\right) \le \left\lceil \frac{\pi}{2\theta} \right\rceil, \tag{6.22}$$

assumendo $M \le N/2$ troviamo $\theta/2 \ge \sin(\theta/2) = \sqrt{M/N}$ e abbiamo il seguente limite sul miglior numero di iterazioni, cioè:

$$\mathcal{R} \le \left\lceil \frac{\pi}{2\theta} \right\rceil \le \left\lceil \frac{\pi}{4}\sqrt{\frac{N}{M}} \right\rceil, \tag{6.23}$$

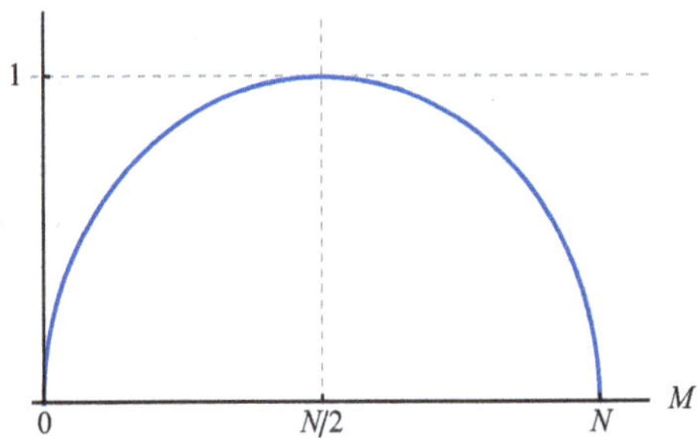

Figura 6.2 Grafico del lato destro dell'Eq. (6.24)

cioè $\mathcal{R} \sim O(\sqrt{N/M})$, mentre un algoritmo classico risolverebbe il problema di ricerca con $O(N)$ passaggi. È importante notare che poiché:

$$\sin\theta = \frac{2\sqrt{M(N-M)}}{N}, \tag{6.24}$$

da un lato se $M \leq N/2$, allora θ cresce con il numero di soluzioni M, richiedendo quindi meno iterazioni; dall'altro lato, se $N/2 < M \leq N$, allora θ diminuisce all'aumentare di M, cioè, sono richieste più iterazioni (si veda la figura 6.2). Questa è una proprietà curiosa dell'algoritmo di ricerca quantistica, che può essere risolta aumentando il numero totale di stati da $N = 2^n$ a $2N = 2^{n+1}$, che corrisponde ad aggiungere solo un qubit.

6.2.3 *Conteggio quantistico*

Fino ad ora abbiamo affrontato il problema della ricerca supponendo che il numero di soluzioni e, quindi, θ fosse noto. In generale questo non è il caso. Tuttavia, è possibile *stimare* sia θ che M: questo ci permette di trovare rapidamente una soluzione e anche di decidere se esiste o meno una soluzione!

Nella sezione 6.2.1 abbiamo visto che nello spazio generato da $|\alpha\rangle_n$ e $|\beta\rangle_n$, $\hat{G}$ si comporta come una rotazione descritta dalla matrice 2×2 dell'Eq. (6.18). È facile vedere che $e^{i\theta}$ e $e^{i(2\pi-\theta)}$ sono gli autovalori di $\hat{G}$, quindi possiamo applicare il protocollo di stima della fase descritto nella sezione 5.2 per stimare θ e M. Per semplificare l'analisi, raddoppiamo N aggiungendo un qubit per essere sicuri che il numero di soluzioni M sia inferiore alla metà dei possibili stati, cioè $2N$. Ora, abbiamo $\sin^2(\theta/2) = M/(2N)$.

Seguendo la sezione 5.2, se vogliamo una precisione a m bit, cioè, $|\Delta\theta| \leq 2^{-m}$, con probabilità di successo $1-\varepsilon$, abbiamo bisogno di utilizzare un registro con almeno un numero di qubit dato dall'Eq. (5.43). Utilizzando $\sin^2(\theta/2) = M/(2N)$ si può mostrare che:

$$|\Delta M| < \left(2\sqrt{NM} + \frac{N}{2^{m+1}}\right)2^{-m}. \tag{6.25}$$

6.2.4 *Esempio di ricerca quantistica*

Come esempio di ricerca quantistica consideriamo uno spazio di ricerca di 2 bit, cioè $N = 2^2$ e assumiamo di sapere che esiste solo una soluzione al problema, cioè $x_0 \in \{0, 1, 2, 3\}$. Dal punto di vista classico si avrebbero bisogno in media di 2.25 chiamate all'oracolo. Qual è la prestazione dell'algoritmo quantistico?

Iniziamo, come al solito, con la sovrapposizione:

$$|\psi\rangle_2 = \frac{1}{2}\sum_{x=0}^{3} |x\rangle_2 = \frac{\sqrt{3}}{2}|\alpha\rangle_2 + \frac{1}{2}|\beta\rangle_2, \tag{6.26}$$

dove $|\alpha\rangle_2 = 3^{-1/2}\sum_{x\neq x_0}|x\rangle_2$ e $|\beta\rangle_2 = |x_0\rangle_2$. Poiché $\sin(\theta/2) = 1/2$, abbiamo $\theta = \pi/3$ e, quindi, ci occorre solo una iterazione di $\hat{G}$ con $\theta = \pi/3$. Dopo l'applicazione dell'oracolo abbiamo:

$$|\psi\rangle_2 \to \frac{1}{2}\sum_{x\neq x_0} |x\rangle_2 - \frac{1}{2}|x_0\rangle_2 = \sum_{x=0} 2^n - 1c_x|x\rangle_n \equiv |\phi\rangle_2\,. \tag{6.27}$$

Secondo l'Eq. (6.10), dopo l'inversione rispetto alla media otteniamo:

$$|\phi\rangle_2 \to \sum_{x=0}^{3}\left(2\langle c\rangle - c_x\right)|x\rangle_2 = |x_0\rangle_2 \tag{6.28}$$

In sintesi, abbiamo la seguente evoluzione complessiva:

$$|\psi\rangle_2 \xrightarrow{\hat{G}} |x_0\rangle_2, \tag{6.29}$$

ottenendo la soluzione corretta con una sola chiamata all'oracolo!

6.3 Ricerca quantistica ed evoluzione unitaria

Supponiamo che $x_0 \in \{0, 1, \dots, 2^n - 1\}$ sia l'indice dell'unica soluzione del nostro problema e troviamo l'Hamiltoniana che risolve il problema assumendo $|\psi\rangle_n$ come stato iniziale e $|x_0\rangle_n$ come soluzione. Formalmente, vogliamo un'Hamiltoniana $\hat{H}$ tale che (usiamo unità naturali, cioè, $\hbar \to 1$):

$$\exp\left(-i\hat{H}t\right)|\psi\rangle_n = |x_0\rangle_n, \tag{6.30}$$

dopo un certo tempo di evoluzione t. Di fatto, $\hat{H}$ dovrebbe dipendere sia da $|\psi\rangle_n$ che da $|x_0\rangle_n$. Pertanto, l'Hamiltoniana più semplice che possiamo considerare è:

$$\hat{H} = |x_0\rangle_n\langle x_0| + |\psi\rangle_n\langle\psi|. \tag{6.31}$$

Per semplicità e per utilizzare il formalismo dei qubit, definiamo i due seguenti stati ortogonali:

$$|0\rangle = |x_0\rangle_n, \quad \text{e} \quad |1\rangle = \frac{1}{\sqrt{N-1}} \sum_{x \neq x_0} |x\rangle_n, \tag{6.32}$$

e scriviamo $|\psi\rangle_n = \alpha|0\rangle + \beta|1\rangle$, con $\alpha = \sqrt{(N-1)/N}$ e $\beta = \sqrt{1/N}$. Abbiamo:

$$\hat{H} = (\alpha^2 + 1)|0\rangle\langle 0| + \beta^2|1\rangle\langle 1| + \alpha\beta(|0\rangle\langle 1| + |1\rangle\langle 0|). \tag{6.33}$$

cioè:

$$\hat{H} = \hat{\mathbb{I}} + \alpha(\beta\,\hat{\sigma}_x + \alpha\,\hat{\sigma}_z). \tag{6.34}$$

Segue che [si veda l'Eq. (2.39)]:

$$\exp\left(-i\hat{H}t\right) = \mathrm{e}^{-it}\left[\cos(\alpha t)\,\hat{\mathbb{I}} - i\,\sin(\alpha t)(\beta\,\hat{\sigma}_x + \alpha\,\hat{\sigma}_z)\right], \tag{6.35}$$

e troviamo la seguente evoluzione (trascuriamo la fase complessiva e^{-it}):

$$\exp\left(-i\hat{H}t\right)|\psi\rangle_n = \cos(\alpha t)\,|\psi\rangle_n - i\,\sin(\alpha t)\,|x_0\rangle_n. \tag{6.36}$$

Scegliendo $t = \pi/(2\alpha)$ abbiamo, a meno di una fase globale, $|\psi\rangle_n \to |x_0\rangle_n$.

L'Hamiltoniana dell'Eq. (6.34) può essere facilmente simulata utilizzando metodi standard basati su un risultato noto come "formula di Trotter":

Teorema *Siano $\hat{A}$ e $\hat{B}$ operatori Hermitiani. Allora per ogni numero reale t abbiamo:*

$$\lim_{k\to\infty}\left[\exp\left(i\hat{A}\frac{t}{k}\right)\exp\left(i\hat{B}\frac{t}{k}\right)\right]^k = \exp\left[i\left(\hat{A}+\hat{B}\right)t\right]. \tag{6.37}$$

6.4 Algoritmo di Grover e quantum walk continui nel tempo

Il problema di ricerca indagato nelle sezioni precedenti può essere riformulato come una ricerca su un grafo completo di N vertici, cioè un grafo in cui ogni vertice è connesso con tutti gli altri $N-1$ vertici (si veda la figura 6.3). In questo caso, i vertici sono associati alle voci dello spazio di ricerca, cioè, $x \to |x\rangle_n$ con $x \in \Omega = \{0, 1, \ldots, N-1\}$, e le soluzioni sono rappresentate da vertici marcati (le cui posizioni effettive sul grafo non sono note). La ricerca viene quindi perseguita considerando il cosiddetto quantum walk continuo nel tempo in uno spazio di Hilbert N-dimensionale supportato dai vertici del grafo.

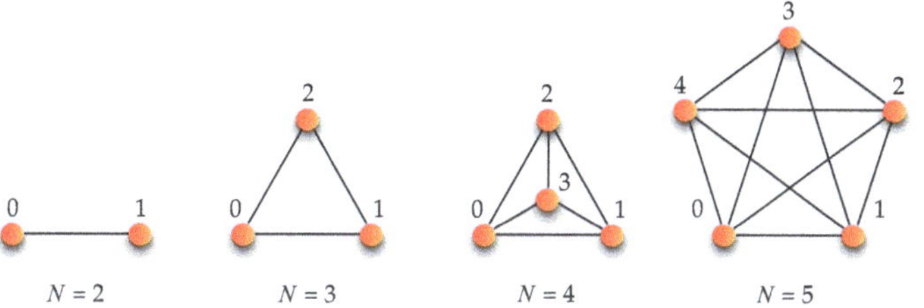

Figura 6.3 Esempi di grafi completi con diversi valori di N. I vertici (o nodi) sono rappresentati dai cerchi mentre le linee sono i lati (o archi), cioè le connessioni tra i vertici

Per descrivere la dinamica del quantum walk sul grafo G, dobbiamo introdurre il Laplaciano $\boldsymbol{L} = \boldsymbol{A} - \boldsymbol{D}$ di G, dove $\boldsymbol{A}$ è la *matrice di adiacenza* e $\boldsymbol{D}$ è una matrice diagonale tale che D_{xx} è il numero di lati (o archi) che sono incidenti al vertice x, cioè, il grado $\deg(x)$ del vertice x. La matrice di adiacenza di un grafo non orientato è definita come

$$A_{x,y} = \begin{cases} 1 & (x, y) \in G, \\ 0 & \text{altrimenti}. \end{cases} \tag{6.38}$$

Come accennato sopra, associamo lo stato $|x\rangle_n$ al vertice x, quindi il quantum walk continuo nel tempo viene definito introducendo l'Hamiltoniana:

$$\hat{H}_{\text{qw}} = -\gamma \boldsymbol{L} \,, \tag{6.39}$$

dove γ è il tasso transizione a un vertice adiacente (per semplicità prendiamo $\hbar = 1$). Poiché qui consideriamo solo grafi regolari $\boldsymbol{D}$ è indipendente da x e possiamo semplicemente assumere

$$\hat{H}_{\text{qw}} = -\gamma \boldsymbol{A} \,. \tag{6.40}$$

Seguendo il formalismo introdotto nella sezione 6.2.1, dobbiamo introdurre l'Hamiltoniana dell'oracolo (potete trovare ulteriori dettagli a riguardo nelle referenze proposte alla fine di questo capitolo)

$$\hat{H}_{\text{sol}} = -\sum_{w \in B} |w\rangle_n \langle w| \,, \tag{6.41}$$

$w \in B$ essendo le soluzioni, mentre $x \in A$ sono le voci che non sono soluzioni, $A \cup B = \Omega$. Notare che $\hat{H}_{\text{sol}}$ ha autovalori uguali a zero per tutti gli stati tranne gli stati fondamentali $|w\rangle_n$, $w \in B$, con autovalore -1.

Per implementare la ricerca sul grafo G, definiamo l'Hamiltoniana

$$\hat{H} = -\gamma \boldsymbol{A} + \hat{H}_{\text{sol}} \,, \tag{6.42}$$

e consideriamo come stato iniziale $|\psi_0\rangle = |\psi\rangle_n$ dato nell'Eq. (6.6), cioè la sovrapposizione bilanciata su tutti i vertici. L'evoluzione dello stato al tempo t è data dall'equazione di Schrödinger

$$i\frac{\partial}{\partial t}|\psi_t\rangle = \hat{H}|\psi_t\rangle\,, \tag{6.43}$$

e il problema è quello di scegliere il tasso di transizione γ in modo tale che $|\psi_T\rangle$ si avvicini alla sovrapposizione degli stati soluzione $|\beta\rangle_n$, introdotti nell'Eq. (6.12), in un tempo T il più piccolo possibile.

Se consideriamo lo spazio di Hilbert generato dagli stati $\{|\beta\rangle_n, |\alpha\rangle_n\}$, l'Hamiltoniana (6.42) può essere riscritta nella seguente forma matriciale:

$$\hat{H} = -\gamma\begin{pmatrix} M-1+\gamma^{-1} & \sqrt{M(N-M)} \\ \sqrt{M(N-M)} & N-M-1 \end{pmatrix}, \tag{6.44}$$

dove

$$|\beta\rangle_n \to \begin{pmatrix}1\\0\end{pmatrix} \quad \text{e} \quad |\alpha\rangle_n \to \begin{pmatrix}0\\1\end{pmatrix}. \tag{6.45}$$

Se ora poniamo $\gamma = 1/N$, gli autostati $\hat{H}|\Psi_\pm\rangle = E_\pm|\Psi_\pm\rangle$ sono:

$$|\Psi_\pm\rangle = \frac{|\psi\rangle_n \mp |\beta\rangle_n}{\sqrt{\mathcal{N}_\pm}}, \tag{6.46}$$

dove $|\psi\rangle_n = 2^{-N/2}\sum_{x=0}^{N-1}|x\rangle_n$, con autovalori

$$E_\pm = \frac{1-N}{N} \pm \sqrt{\frac{M}{N}}\,. \tag{6.47}$$

Dato che dall'Eq. (6.46) abbiamo

$$|\psi\rangle_n = \frac{\sqrt{\mathcal{N}_+}|\Psi_-\rangle + \sqrt{\mathcal{N}_-}|\Psi_+\rangle}{\sqrt{2}}, \tag{6.48}$$

ponendo $|\psi_0\rangle = |\psi\rangle_n$ otteniamo

$$\begin{aligned} |\psi_t\rangle &= e^{-i\hat{H}t}|\psi_0\rangle\,, && (6.49)\\ &= \frac{\sqrt{\mathcal{N}_+}e^{-iE_-t}|\Psi_-\rangle + \sqrt{\mathcal{N}_-}e^{-iE_+t}|\Psi_+\rangle}{\sqrt{2}}, && (6.50) \end{aligned}$$

o, a meno di una fase globale:

$$|\psi_t\rangle = \cos\left(\frac{\Delta E\, t}{2}\right)|\psi\rangle_n - i\sin\left(\frac{\Delta E\, t}{2}\right)|\beta\rangle_n\,, \tag{6.51}$$

dove $\Delta E = E_+ - E_- = 2\sqrt{M/N}$.

È ora chiaro che se scegliamo $t = T$ con

$$T = \frac{\pi}{\Delta E} \equiv \frac{\pi}{2}\sqrt{\frac{N}{M}} \tag{6.52}$$

otteniamo (a meno di una fase globale) $|\psi_T\rangle = |\beta\rangle_n$. Vale la pena notare che abbiamo ottenuto la stessa legge di scala $\sim O(\sqrt{N/M})$ trovata nella sezione 6.2.2 nel caso dell'algoritmo di Grover.

Problemi

6.1 Utilizzando la rappresentazione geometrica, dimostrare che $2|\psi\rangle_n\langle\psi| - \hat{\mathbb{I}}$ corrisponde a una riflessione rispetto alla direzione del vettore associato a $|\psi\rangle_n$.

6.2 Disegnare il circuito quantistico che implementa la ricerca quantistica trattata nella sezione 6.2.4.

6.3 ♣ Dimostrare che l'Hamiltoniana (6.42) può essere riscritta nella forma matriciale (6.44).

Ulteriori letture

M. A. Nielsen and I. L. Chuang, *Quantum Computation and Quantum Information* (Cambridge University Press, 2010) – Capitolo 6

E. Farhi and S. Gutmann, *Analog analogue of a digital quantum computation*, Phys. Rev. A **57**, 2403–2406 (1998)

A. M. Childs and J. Goldstone, *Spatial search by quantum walk*, Phys. Rev. A **70**, 022314 (2004)

Capitolo 7
Operazioni quantistiche

Sommario Nel mondo reale, un sistema quantistico può essere influenzato dall'ambiente circostante, e l'effetto complessivo è una perdita di informazione e, a volte, anche di energia che porta alla decoerenza. In questo caso è necessario descrivere il sistema come un sistema quantistico aperto e la sua dinamica non è più unitaria. Il formalismo delle operazioni quantistiche permette di descrivere l'evoluzione del sistema quantistico in una vasta varietà di circostanze. Nel contesto della computazione quantistica, in particolare, è utile per affrontare gli errori (quantistici) che possono verificarsi durante una computazione. In questo capitolo forniamo un'intuizione fisica e matematica del processo di decoerenza e introduciamo le principali mappe rumorose, che possono influenzare un qubit durante l'evoluzione temporale, ovvero le mappe di bit flip, di phase flip e di bit-phase flip. Descriviamo anche altre mappe di interesse più generale: il canale depolarizzante, il canale di smorzamento dell'ampiezza e la sua versione generalizzata, e il canale di smorzamento della fase.

7.1 Ambiente e operazioni quantistiche

In generale, un'operazione quantistica è una mappa $\mathcal{E}$ che trasforma uno stato quantistico descritto da un operatore densità $\hat{\varrho}$ in un nuovo operatore densità $\hat{\varrho}'$, cioè:

$$\mathcal{E}(\hat{\varrho}) = \hat{\varrho}'. \tag{7.1}$$

Un'operazione quantistica descrive il cambiamento dinamico di uno stato che si verifica come risultato di un qualche processo fisico. L'esempio più semplice di operazione quantistica è l'evoluzione temporale di uno stato $\hat{\varrho}$ sotto l'azione di un operatore unitario $\hat{U}$, che può essere scritta come $\mathcal{E}(\hat{\varrho}) \equiv \hat{U}\hat{\varrho}\hat{U}^\dagger$.

Secondo la meccanica quantistica, dobbiamo anche richiedere che la mappa sia lineare e convessa, cioè, date le probabilità $p_k \geq 0$, $\sum_k p_k = 1$, associate all'insieme

S. Olivares, *Guida allo studio della computazione quantistica*,
https://doi.org/10.1007/978-3-032-23971-6_7

di stati $\{\hat{\varrho}_k\}$, abbiamo:

$$\mathcal{E}\left(\sum_k p_k\,\hat{\varrho}_k\right) = \sum_k p_k\,\mathcal{E}(\hat{\varrho}_k). \tag{7.2}$$

Supponiamo ora di essere in presenza di un sistema S descritto da $\hat{\varrho}_S$ che interagisce con un altro sistema E, che chiamiamo "ambiente" (*environment*), descritto da $\hat{\varrho}_E$. Assumiamo anche che l'interazione sia data dall'operatore unitario $\hat{U}$. Fisicamente, ciò corrisponde a descrivere l'interazione mediante un'Hamiltoniana che accoppia i due sistemi, portando complessivamente alla loro evoluzione unitaria. Se S e E sono inizialmente non correlati, e siamo interessati solo all'evoluzione del sistema, allora il suo stato evoluto può essere rappresentato dalla seguente mappa (che solitamente non è più unitaria):

$$\hat{\varrho}_S \to \mathcal{E}(\hat{\varrho}_S) \equiv \mathrm{Tr}_E\left[\hat{U}\hat{\varrho}_S \otimes \hat{\varrho}_E\,\hat{U}^\dagger\right]. \tag{7.3}$$

Senza perdita di generalità assumiamo che $\hat{\varrho}_E = |e_0\rangle\langle e_0|$, dove $\{|e_k\rangle\}$ è una base ortonormale dello spazio di Hilbert associato all'ambiente. Ora l'operazione quantistica nell'Eq. (7.3) può essere scritta come:

$$\begin{aligned}\mathcal{E}(\hat{\varrho}_S) &= \mathrm{Tr}_E\left[\hat{U}\hat{\varrho}_S \otimes |e_0\rangle\langle e_0|\,\hat{U}^\dagger\right]\\ &= \sum_k \langle e_k|\hat{U}\hat{\varrho}_S \otimes |e_0\rangle\langle e_0|\,\hat{U}^\dagger|e_k\rangle\\ &= \sum_k \hat{E}_k\hat{\varrho}_S\,\hat{E}_k^\dagger, \quad \text{(rappresentazione in somma di operatori)}\end{aligned} \tag{7.4}$$

dove abbiamo introdotto $\hat{E}_k = \langle e_k|\hat{U}|e_0\rangle$, chiamati operatori di Kraus o elementi dell'operazione, che sono operatori lineari agenti sullo spazio degli stati del sistema S. Infatti, per avere uno stato quantistico dobbiamo anche richiedere che $\forall\hat{\varrho}$, $\mathrm{Tr}_S[\hat{\varrho}] = 1$:

$$\begin{aligned}1 &= \mathrm{Tr}_S[\mathcal{E}(\varrho)]\\ &= \mathrm{Tr}_S\left[\sum_k \hat{E}_k\hat{\varrho}\,\hat{E}_k^\dagger\right]\\ &= \sum_k \mathrm{Tr}_S\left[\hat{E}_k^\dagger\hat{E}_k\hat{\varrho}\right] = \mathrm{Tr}_S\left[\left(\sum_k \hat{E}_k^\dagger\hat{E}_k\right)\hat{\varrho}\right],\end{aligned} \tag{7.5}$$

quindi deve essere $\sum_k \hat{E}_k^\dagger\hat{E}_k = \hat{\mathbb{I}}$. Più in generale si può avere $\sum_k \hat{E}_k^\dagger\hat{E}_k \le \hat{\mathbb{I}}$, e quando l'ineguaglianza è saturata, si dice che la mappa *conserva la traccia*.

L'equazione (7.3) mostra che, in generale, una mappa "riassume" l'effetto di un'evoluzione quantistica unitaria che agisce non solo sul sistema in considerazione. Infatti, ci sono mappe che sembrano essere "buone" su un singolo sistema (sono semidefinite positive, conservano la traccia e sono lineari e convesse), ma potrebbero non essere positive se il sistema considerato è un sottosistema di un sistema più grande. Un tipico esempio di questa mappa è l'operazione di trasposizione descritta dalla mappa $\mathcal{T}$.

Dato l'operatore densità $\hat{\varrho}_A$ del sistema A, è chiaro che l'operatore trasposto:

$$\mathcal{T}_A(\hat{\varrho}_A) = \hat{\varrho}_A^{\mathsf{T}} = \hat{\varrho}_A^*, \tag{7.6}$$

è ancora un operatore densità che descrive un sistema fisico (è autoaggiunto, semidefinito positivo e con traccia unitaria). Tuttavia, se:

$$\hat{\varrho}_A = \mathrm{Tr}_B[\hat{\varrho}_{AB}], \tag{7.7}$$

dove $\hat{\varrho}_{AB}$ è lo stato di un sistema più grande, che coinvolge i sottosistemi A e B, lo stato *parzialmente trasposto*:

$$\mathcal{T}_A \otimes \hat{\mathbb{I}}_B\, (\hat{\varrho}_{AB}), \tag{7.8}$$

potrebbe avere autovalori negativi (si consideri, ad esempio, il problema 7.1).

Una mappa $\mathcal{E}_A$ che agisce sugli operatori densità $\hat{\varrho}_A \in \mathcal{L}(\mathcal{H}_A)$ di un sistema A è *positiva* se $\mathcal{E}_A(\hat{\varrho}_A) \geq 0$, dove $\mathcal{L}(\mathcal{H}_A)$ è lo spazio degli operatori lineari definiti sullo spazio di Hilbert $\mathcal{H}_A$. Ora, consideriamo un nuovo sistema arbitrario B. La mappa $\mathcal{E}_A$ è *completamente positiva* (CP) se per qualsiasi operatore densità $\hat{\varrho}_{AB} \in \mathcal{L}(\mathcal{H}_A \otimes \mathcal{H}_B)$ si trova:

$$\mathcal{E}_A \otimes \hat{\mathbb{I}}_B(\hat{\varrho}_{AB}) \geq 0. \tag{7.9}$$

Di solito, una mappa completamente positiva e che conserva la traccia è detta mappa CPT.

Il seguente teorema collega la mappa CPT con la rappresentazione in somma di operatori.

Teorema 7.1 *Una mappa $\mathcal{E} : \mathcal{L}(\mathcal{H}_A) \to \mathcal{L}(\mathcal{H}_B)$ è una mappa che conserva la traccia, lineare, convessa e completamente positiva se e solo se:*

$$\mathcal{E}(\hat{\varrho}) = \sum_k \hat{E}_k \hat{\varrho}\, \hat{E}_k^{\dagger}, \tag{7.10}$$

per un certo insieme di operatori $\{\hat{E}_k\}$ che mappano lo spazio di Hilbert di input $\mathcal{H}_A$ in nello spazio di Hilbert di output $\mathcal{H}_B$ e tali che $\sum_k \hat{E}_k^{\dagger} \hat{E}_k = \hat{\mathbb{I}}$.

7.2 Interpretazione fisica delle operazioni quantistiche

Supponiamo di misurare l'ambiente nella base $\{|e_k\rangle\}$. Lo stato condizionale $\hat{\varrho}_k$ del sistema, corrispondente al risultato k della misura, è (poniamo $\hat{\varrho}_S = \hat{\varrho}$):

$$\begin{aligned} \hat{\varrho}_k &= \frac{1}{p_k} \mathrm{Tr}_E \Big[\hat{U} \hat{\varrho} \otimes |e_0\rangle\langle e_0| \hat{U}^\dagger \, \hat{\mathbb{I}} \otimes \hat{P}_k \Big] \\ &= \frac{1}{p_k} \langle e_k | \hat{U} \hat{\varrho} \otimes |e_0\rangle\langle e_0| \hat{U}^\dagger | e_k \rangle = \frac{1}{p_k} \hat{E}_k \hat{\varrho}\, \hat{E}_k^\dagger, \end{aligned} \tag{7.11}$$

dove $\hat{P}_k = |e_k\rangle\langle e_k|$ e:

$$\begin{aligned} p_k &= \mathrm{Tr}_{SE} \Big[\hat{U} \hat{\varrho} \otimes |e_0\rangle\langle e_0| \hat{U}^\dagger \, \hat{\mathbb{I}} \otimes \hat{P}_k \Big], \\ &= \mathrm{Tr}_S \Big[\hat{E}_k \hat{\varrho}\, \hat{E}_k^\dagger \Big], \end{aligned} \tag{7.12}$$

è la probabilità del risultato k. Quindi abbiamo:

$$\mathcal{E}(\hat{\varrho}) = \sum_k \hat{E}_k \hat{\varrho}\, \hat{E}_k^\dagger \equiv \sum_k p_k \hat{\varrho}_k, \tag{7.13}$$

e l'azione di $\mathcal{E}$ è sostituire $\hat{\varrho}$ con lo stato condizionale $\hat{\varrho}_k$ con probabilità p_k.

7.3 L'isomorfismo di Choi–Jamiołkowski

Esiste una corrispondenza tra i canali quantistici, caratterizzati da superoperatori completamente positivi, e gli stati quantistici, descritti da operatori densità $\hat{\varrho}$, o, più in generale, da operatori positivi. Questa corrispondenza è stata introdotta da Man-Duen Choi e Andrzej Jamiołkowski e, a volte, è chiamata "dualità canale-stato", specialmente nel contesto della teoria quantistica dell'informazione. In realtà, abbiamo due risultati differenti. Da un lato, c'è l'isomorfismo di Choi,[1] dall'altro, troviamo l'isomorfismo di Jamiołkowski.[2]

Data la mappa CPT (tuttavia non è necessario che la mappa conservi anche la traccia):

$$\mathcal{E} : \mathcal{L}(\mathcal{H}_A) \to \mathcal{L}(\mathcal{H}_{A'}), \tag{7.14}$$

---

[1] M. D. Choi, *Completely positive linear maps on complex matrices*, Linear Algebra Appl. **10**, 285–290 (1975).

[2] A. Jamiołkowski, *Linear transformations which preserve trace and positive semidefiniteness of operators*, Rep. Math. Math. **3**, 275–278 (1972).

consideriamo un sistema ausiliario R, tale che $\dim(\mathcal{H}_A) = \dim(\mathcal{H}_R)$, e introduciamo lo stato massimamente entangled (questo stato può anche non essere normalizzato, come vedrete nel seguito, ma si deve comunque verificare la normalizzazione finale degli stati):

$$|\Phi_{RA}\rangle = \frac{1}{\sqrt{d}} \sum_{k=0}^{d-1} |k_R\rangle|k_A\rangle. \tag{7.15}$$

Poiché $\mathcal{E}$ è CPT, l'operatore:

$$\hat{\eta}_{RA'} = \hat{\mathbb{I}}_R \otimes \mathcal{E}\big(|\Phi_{RA}\rangle\langle\Phi_{RA}|\big), \tag{7.16}$$

chiamato "stato di Choi", è un operatore densità associato a qualche stato e appartenente a $\mathcal{L}(\mathcal{H}_R \otimes \mathcal{H}_{A'})$, e può essere anche scritto come:

$$\hat{\eta}_{RA'} = \sum_{k=0}^{d-1} q_k \, |\Psi_{RA'}(k)\rangle\langle\Psi_{RA'}(k)|, \tag{7.17}$$

con $q_k \geq 0$ e $\sum_k q_k = 1$.

A causa della linearità di $\mathcal{E}$, dato lo stato:

$$\hat{\varrho}_A = \sum_{j=0}^{d-1} p_j \, |\varphi_A(j)\rangle\langle\varphi_A(j)|, \tag{7.18}$$

abbiamo:

$$\mathcal{E}(\hat{\varrho}_A) = \sum_{j=0}^{d-1} p_j \, \mathcal{E}\Big(|\varphi_A(j)\rangle\langle\varphi_A(j)|\Big), \tag{7.19}$$

quindi possiamo concentrarci solo su $\mathcal{E}\big(|\varphi_A(j)\rangle\langle\varphi_A(j)|\big)$ e, per semplicità, eliminiamo la dipendenza esplicita da j.

Poiché:

$$|\varphi_A\rangle = \sum_{k=0}^{d-1} \varphi_k \, |k_A\rangle, \tag{7.20}$$

e, dall'Eq. (7.15):

$$|k_A\rangle = \sqrt{d} \, \langle k_R|\Phi_{RA}\rangle, \tag{7.21}$$

possiamo scrivere:

$$
\begin{aligned}
|\varphi_A\rangle &= \sqrt{d}\sum_{k=0}^{d-1}\varphi_k\langle k_R|\Phi_{RA}\rangle, &(7.22)\\
&= \sqrt{d}\left(\sum_{k=0}^{d-1}\varphi_k\,\langle k_R|\right)|\Phi_{RA}\rangle, &(7.23)\\
&= \sqrt{d}\,\langle\varphi_R^*|\Phi_{RA}\rangle, &(7.24)
\end{aligned}
$$

dove:

$$
|\varphi_R^*\rangle = \sum_{k=0}^{d-1}\varphi_k^*\,|k_R\rangle. \tag{7.25}
$$

Successivamente, otteniamo:

$$
\begin{aligned}
\mathcal{E}\big(|\varphi_A\rangle\langle\varphi_A|\big) &= d\;\mathcal{E}\big(\langle\varphi_R^*|\Phi_{RA}\rangle\langle\Phi_{RA}|\varphi_R^*\rangle\big), &(7.26)\\
&= d\;\langle\varphi_R^*|\underbrace{\hat{\mathbb{I}}_R\otimes\mathcal{E}\big(|\Phi_{RA}\rangle\langle\Phi_{RA}\big)}_{\hat{\eta}_{RA'}}|\varphi_R^*\rangle, &(7.27)\\
&= d\;\mathrm{Tr}_R\big[|\varphi_R^*\rangle\langle\varphi_R^*|\otimes\hat{\mathbb{I}}_{A'}\,\hat{\eta}_{RA'}\big], &(7.28)\\
&= d\;\mathrm{Tr}_R\big[\big(|\varphi_R\rangle\langle\varphi_R|\big)^{\mathsf{T}}\otimes\hat{\mathbb{I}}_{A'}\,\hat{\eta}_{RA'}\big], &(7.29)
\end{aligned}
$$

e l'Eq (7.19) si riscrive come:

$$
\mathcal{E}(\hat{\varrho}_A) = d\;\mathrm{Tr}_R\big[\,\hat{\varrho}_R^{\mathsf{T}}\otimes\hat{\mathbb{I}}_{A'}\,\hat{\eta}_{RA'}\big], \tag{7.30}
$$

con:

$$
\hat{\varrho}_R = \sum_{j=0}^{d-1} p_j\,|\varphi_R(j)\rangle\langle\varphi_R(j)|. \tag{7.31}
$$

Sfruttando l'espansione (7.17), troviamo infine:

$$
\begin{aligned}
\mathcal{E}(\hat{\varrho}_A) &= d\sum_{k=0}^{d-1} q_k\,\mathrm{Tr}_R\big[\,\hat{\varrho}_R^{\mathsf{T}}\otimes\hat{\mathbb{I}}_{A'}\,|\Psi_{RA'}(k)\rangle\langle\Psi_{RA'}(k)|\big], &(7.32)\\
&= d\sum_{k=0}^{d-1} q_k\sum_{j=0}^{d-1} p_j\,\langle\varphi_R^*(j)^*|\Psi_{RA'}(k)\rangle\langle\Psi_{RA'}(k)|\varphi_R^*(j)\rangle, &(7.33)\\
&= \sum_{k=0}^{d-1}\hat{E}_k\hat{\varrho}_A\,\hat{E}_k^{\dagger}, &(7.34)
\end{aligned}
$$

e abbiamo introdotto gli operatori lineari $\hat{E}_k : \mathcal{H}_A \to \mathcal{H}_{A'}$ tali che:

$$\hat{E}_k |\varphi_A(j)\rangle = \sqrt{dq_k}\, \langle \varphi_R^*(j)^* | \Psi_{RA'}(k)\rangle. \tag{7.35}$$

Notate che, se $\mathcal{E}$ è CPT, allora $\sum_k \hat{E}_k^\dagger \hat{E}_k = \hat{\mathbb{I}}$.

In sintesi, partendo dalla completa positività di una mappa $\mathcal{E} : \mathcal{L}(\mathcal{H}_A) \to \mathcal{L}(\mathcal{H}_{A'})$, abbiamo mappato uno stato massimamente entangled dello spazio di Hilbert esteso $\mathcal{H}_R \otimes \mathcal{H}_A$ su un operatore densità (lo stato di Choi) su $\mathcal{L}(\mathcal{H}_R) \to \mathcal{L}(\mathcal{H}_{A'})$. Lo stato di Choi può essere espanso come una combinazione convessa di stati puri che possono essere associati a un operatore di Kraus della rappresentazione in somma di operatori della mappa $\mathcal{E}$ stessa.

Grazie all'isomorfismo, si possono indagare le proprietà di una mappa quantistica, o di un canale, studiando le proprietà dell'operatore densità associato. Ad esempio, una mappa è completamente positiva se lo stato di Choi corrispondente è positivo, oppure un canale è entanglement breaking se lo stato di Choi è separabile.

Supponiamo ora di avere un operatore unitario $\hat{U}$ che agisce su $\mathcal{H}_A$ e lascia $\{|k_A\rangle\}$ come base. Allora possiamo scrivere:

$$\hat{U} = \sum_{j,k} \langle j_A | \hat{U} | k_A\rangle \, |j_A\rangle\langle k_A|, \tag{7.36}$$

$$= \sum_{j,k} U_{j,k} \, |j_A\rangle\langle k_A|. \tag{7.37}$$

Poiché $\hat{U}$ è unitario e, in particolare, $\sum_{j,k} |U_{j,k}|^2 = \dim(\mathcal{H}_A)$, è possibile scrivere il seguente stato (a volte, è scritto come un semplice vettore, cioè senza il fattore di normalizzazione $d^{-1/2}$):

$$|\mathbf{U}\rangle\rangle = \frac{1}{\sqrt{d}} \sum_{j,k} U_{j,k} \, |j_A\rangle|k_B\rangle, \tag{7.38}$$

dove $\mathbf{U}$ è una matrice $d \times d$, $[\mathbf{U}]_{j,k} = U_{j,k}$, e $|\mathbf{U}\rangle\rangle \in \mathcal{H}_A \otimes \mathcal{H}_B$.

Potete facilmente verificare che, nel caso degli operatori di Pauli, abbiamo (omettiamo gli indici):

$$|\boldsymbol{\sigma}_x\rangle\rangle = \frac{|0\rangle|1\rangle + |1\rangle|0\rangle}{\sqrt{2}}, \tag{7.39}$$

$$|i\boldsymbol{\sigma}_y\rangle\rangle = \frac{|0\rangle|1\rangle - |1\rangle|0\rangle}{\sqrt{2}}, \tag{7.40}$$

$$|\boldsymbol{\sigma}_z\rangle\rangle = \frac{|0\rangle|0\rangle - |1\rangle|1\rangle}{\sqrt{2}}, \tag{7.41}$$

$$|\mathbb{1}\rangle\rangle = \frac{|0\rangle|0\rangle + |1\rangle|1\rangle}{\sqrt{2}}, \tag{7.42}$$

dove abbiamo anche aggiunto l'operatore identità (notare che $i\boldsymbol{\sigma}_y = \boldsymbol{\sigma}_z\boldsymbol{\sigma}_x$).

Prima di concludere questa sezione, desideriamo fornire un'applicazione utile dell'isomorfismo nel contesto di stati bipartiti. Dato lo stato bipartito generico:

$$|\Psi_{AB}\rangle = \sum_{n,m} \psi_{n,m} \, |n_A\rangle|m_B\rangle, \tag{7.43}$$

possiamo definire la matrice $\mathbf{C}$ tale che $[\mathbf{C}]_{n,m} = \psi_{n,m}$ e, quindi, $|\Psi_{AB}\rangle = |\mathbf{C}\rangle\rangle$. Ora, consideriamo due operatori lineari:

$$\hat{A} = \sum_{k,h} A_{h,k} \, |k_A\rangle\langle h_A|, \quad \text{e} \quad \hat{B} = \sum_{j,i} B_{j,i} \, |j_B\rangle\langle i_B|, \tag{7.44}$$

che agiscono su $\mathcal{H}_A$ e $\mathcal{H}_B$, rispettivamente, e le corrispondenti matrici $\mathbf{A}$ e $\mathbf{B}$ definite come al solito a partire dagli elementi di matrice $A_{h,k} = \langle k_A|\hat{A}|h_A\rangle$ e $B_{j,i} = \langle j_B|\hat{B}|i_B\rangle$. Abbiamo:

$$\hat{A} \otimes \hat{B} \, |\mathbf{C}\rangle\rangle = \sum_{n,m} \sum_{k,h} \sum_{j,i} A_{k,h} \, B_{j,i} \, C_{n,m} \, \langle h_A|n_A\rangle\langle i_B|m_B\rangle|k_A\rangle|j_B\rangle, \tag{7.45}$$

$$= \sum_{k,h} \sum_{j,i} A_{k,h} \, C_{h,i} \, B_{j,i} \, |k_A\rangle|j_B\rangle, \tag{7.46}$$

$$= \sum_{k,j} \left(\sum_{h,i} [\mathbf{A}]_{k,h} \, [\mathbf{C}]_{h,i} \, [\mathbf{B}^{\mathsf{T}}]_{i,j} \right) |k_A\rangle|j_B\rangle, \tag{7.47}$$

$$= \sum_{k,j} [\mathbf{ACB}^{\mathsf{T}}]_{k,j} \, |k_A\rangle|j_B\rangle = |\mathbf{ACB}^{\mathsf{T}}\rangle\rangle \, . \tag{7.48}$$

7.4 Rappresentazione geometrica delle operazioni su singolo qubit

Come abbiamo visto nel capitolo 2, possiamo associare l'operatore densità $\hat{\varrho}$ a una matrice densità 2×2 ϱ, che può essere scritta come:

$$\hat{\varrho} \to \varrho = \frac{1}{2}(\mathbb{1} + \boldsymbol{r} \cdot \boldsymbol{\sigma}) = \frac{1}{2} \begin{pmatrix} 1 + r_z & r_x - i r_y \\ r_x + i r_y & 1 - r_z \end{pmatrix}, \tag{7.49}$$

dove $\boldsymbol{r} = (r_x, r_y, r_z)$, $\boldsymbol{\sigma} = (\sigma_x, \sigma_y, \sigma_z)$ sono le matrici di Pauli corrispondenti agli operatori di Pauli [si vedano le Eqs. (1.27)], e $\boldsymbol{r} \cdot \boldsymbol{\sigma} = r_x\sigma_x + r_y\sigma_y + r_z\sigma_z$. Pertanto un'operazione quantistica che preserva la traccia è equivalente a una mappa affine della sfera di Bloch in se stessa e può essere scritta come $\boldsymbol{r} \to \boldsymbol{r}' = \mathbf{M}\boldsymbol{r} + \boldsymbol{v}$, dove $\mathbf{M}$ è una matrice reale 3×3 e $\boldsymbol{v}$ è un vettore reale tridimensionale.

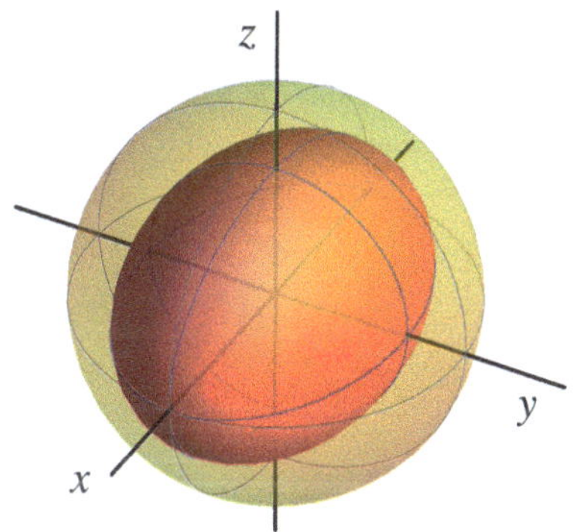

Figura 7.1 Effetto dell'operazione di bit flip sulla sfera di Bloch: abbiamo una contrazione del piano z–y di un fattore $1 - 2p$

7.4.1 Operazione di bit flip

Se p, con $0 \leq p \leq 1$, è la probabilità che si verifichi un'inversione di bit (bit flip) su un qubit, cioè $|0\rangle \to |1\rangle$ e $|1\rangle \to |0\rangle$, l'operazione quantistica corrispondente è:

$$\mathcal{E}_{\text{bf}}(\hat{\varrho}) = (1-p)\hat{\varrho} + p\hat{\sigma}_x\,\hat{\varrho}\,\hat{\sigma}_x, \tag{7.50}$$

e gli elementi della rappresentazione in somma di operatori sono:

$$\hat{E}_0 = \sqrt{1-p}\,\hat{\mathbb{I}}, \quad \text{e} \quad \hat{E}_1 = \sqrt{p}\,\hat{\sigma}_x. \tag{7.51}$$

La trasformazione del vettore $\boldsymbol{r}$ è (la dimostrazione è lasciata a voi):

$$\begin{cases} r_x \to r_x, \\ r_y \to (1-2p)\,r_y, \\ r_z \to (1-2p)\,r_z, \end{cases} \tag{7.52}$$

cioè abbiamo una contrazione del piano z–y di un fattore $1 - 2p$, come nella figura 7.1.

7.4.2 Operazione di phase flip

L'operazione quantistica corrispondente all'inversione di fase (phase flip) che si verifica con probabilità p è:

$$\mathcal{E}_{\text{pf}}(\hat{\varrho}) = (1-p)\hat{\varrho} + p\hat{\sigma}_z\,\hat{\varrho}\,\hat{\sigma}_z, \tag{7.53}$$

e gli elementi della rappresentazione in somma di operatori sono:

$$\hat{E}_0 = \sqrt{1-p}\,\hat{\mathbb{I}}, \quad \text{e} \quad \hat{E}_1 = \sqrt{p}\,\hat{\sigma}_z. \tag{7.54}$$

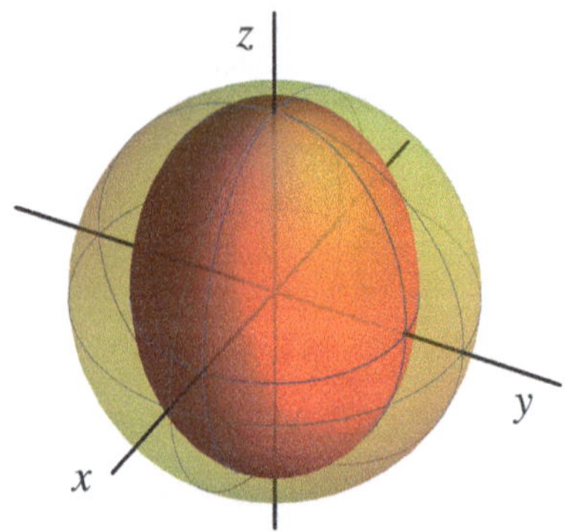

Figura 7.2 Effetto dell'operazione di phase flip sulla sfera di Bloch: abbiamo una contrazione del piano x–y di un fattore $1 - 2p$

La trasformazione del vettore $\boldsymbol{r}$ è (la dimostrazione è lasciata a voi):

$$\begin{cases} r_x \to (1 - 2p)\, r_x, \\ r_y \to (1 - 2p)\, r_y, \\ r_z \to r_z, \end{cases} \tag{7.55}$$

ora abbiamo una contrazione del piano x–y di un fattore $1 - 2p$, come mostrato in figura 7.2.

7.4.3 Operazione di bit-phase flip

Quando sia l'operazione di bit flip che quella di phase flip si verificano insieme con probabilità p, il processo è descritto dall'operazione quantistica:

$$\mathcal{E}_{\text{bpf}}(\hat{\varrho}) = (1 - p)\hat{\varrho} + p\hat{\sigma}_y\, \hat{\varrho}\, \hat{\sigma}_y, \tag{7.56}$$

e gli elementi della rappresentazione della somma degli operatori sono:

$$\hat{E}_0 = \sqrt{1 - p}\, \hat{\mathbb{I}}, \quad \text{e} \quad \hat{E}_1 = \sqrt{p}\, \hat{\sigma}_y. \tag{7.57}$$

Il vettore $\boldsymbol{r}$ si trasforma come segue (la dimostrazione è lasciata a voi):

$$\begin{cases} r_x \to (1 - 2p)\, r_x, \\ r_y \to r_y, \\ r_z \to (1 - 2p)\, r_z, \end{cases} \tag{7.58}$$

e, quindi, abbiamo una contrazione del piano x–z di un fattore $1 - 2p$, si veda la figura 7.3.

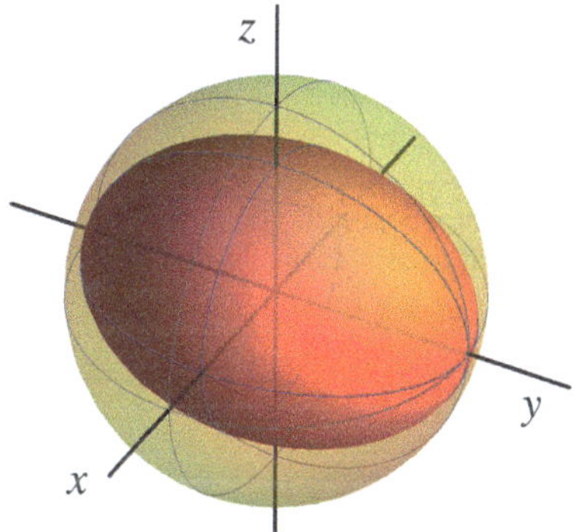

Figura 7.3 Effetto dell'operazione di bit-phase flip sulla sfera di Bloch : abbiamo una contrazione del piano x–z di un fattore $1 - 2p$

7.4.4 Canale di depolarizzante

Il cosiddetto canale di depolarizzante descrive un processo in cui $\hat{\varrho}$ viene sostituito dallo stato massimamente misto $\hat{\mathbb{I}}/2$ con probabilità p, cioè:

$$\mathcal{E}_{\rm dc}(\hat{\varrho}) = (1 - p)\hat{\varrho} + p\frac{\hat{\mathbb{I}}}{2}. \tag{7.59}$$

Per ottenere la rappresentazione in somma di operatori di questa particolare mappa, usiamo la seguente identità (la dimostrazione è lasciata a voi):

$$\frac{\hat{\mathbb{I}}}{2} = \frac{1}{4}\big(\hat{\varrho} + \hat{\sigma}_x\,\hat{\varrho}\,\hat{\sigma}_x + \hat{\sigma}_y\,\hat{\varrho}\,\hat{\sigma}_y + \hat{\sigma}_z\,\hat{\varrho}\,\hat{\sigma}_z\big). \tag{7.60}$$

Troviamo:

$$\mathcal{E}_{\rm dc}(\hat{\varrho}) = \left(1 - \frac{3p}{4}\right)\hat{\varrho} + \frac{p}{4}\sum_{k=x,y,z} \hat{\sigma}_k\,\hat{\varrho}\,\hat{\sigma}_k. \tag{7.61}$$

oppure:

$$\mathcal{E}_{\rm dc}(\hat{\varrho}) = (1 - q)\hat{\varrho} + \frac{q}{3}\sum_{k=x,y,z} \hat{\sigma}_k\,\hat{\varrho}\,\hat{\sigma}_k, \tag{7.62}$$

con $q = 3p/4$, che ci dice che il canale depolarizzante lascia $\hat{\varrho}$ invariato con probabilità $1 - q$, mentre con probabilità $q/3$ gli viene applicato uno degli operatori di Pauli. Il vettore $\boldsymbol{r}$ evolve come segue (la dimostrazione è lasciata a voi):

$$\begin{cases} r_x \to (1 - p)\, r_x, \\ r_y \to (1 - p)\, r_y, \\ r_z \to (1 - p)\, r_z, \end{cases} \tag{7.63}$$

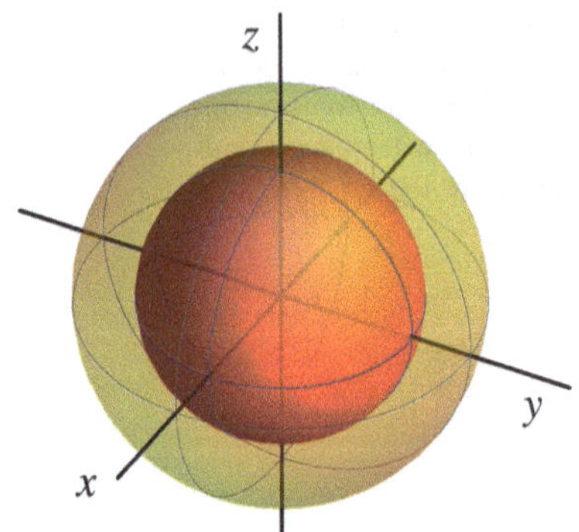

Figura 7.4 Effetto del canale depolarizzante sulla sfera di Bloch: abbiamo una contrazione uniforme di un fattore $p - 1$. Il centro della sfera corrisponde allo stato di un qubit massimamente misto $\hat{\mathbb{I}}/2$

quindi, abbiamo una contrazione dell'intera sfera di un fattore $1 - p$: notate che lo stato massimamente misto, nel formalismo della sfera di Bloch, corrisponde al centro della sfera. La figura 7.4 mostra la contrazione uniforme della sfera di Bloch sotto l'effetto del canale depolarizzante.

7.5 Canale di smorzamento dell'ampiezza

Lo smorzamento dell'ampiezza descrive la dissipazione dell'energia (ad esempio, un atomo che emette un fotone, le perdite durante la propagazione della luce, un sistema che si avvicina all'equilibrio termico). La mappa che descrive questo processo è:

$$\mathcal{E}_{\mathrm{ad}}(\hat{\varrho}) = \hat{E}_0 \hat{\varrho} \hat{E}_0^\dagger + \hat{E}_1 \hat{\varrho} \hat{E}_1^\dagger, \tag{7.64}$$

con:

$$\hat{E}_0 = \frac{1}{2}\Big[(1 + \sqrt{1-\gamma})\,\hat{\mathbb{I}} + (1 - \sqrt{1-\gamma})\,\hat{\sigma}_z\Big] \to \begin{pmatrix} 1 & 0 \\ 0 & \sqrt{1-\gamma} \end{pmatrix}, \tag{7.65a}$$

$$\hat{E}_1 = \frac{\sqrt{\gamma}}{2}(\hat{\sigma}_x + i\hat{\sigma}_y) \to \begin{pmatrix} 0 & \sqrt{\gamma} \\ 0 & 0 \end{pmatrix}, \tag{7.65b}$$

$1 \leq \gamma \leq 0$. Notate che possiamo anche scrivere $\sqrt{\gamma} = \sin\theta$ e $\sqrt{1-\gamma} = \cos\theta$.

Dato che $\hat{E}_0 = |0\rangle\langle 0| + \sqrt{1-\gamma}\,|1\rangle\langle 1|$ e $\hat{E}_1 = \sqrt{\gamma}\,|0\rangle\langle 1|$, è facile verificare che:

$$\hat{E}_0|0\rangle = |0\rangle, \quad \text{e} \quad \hat{E}_0|1\rangle = \sqrt{1-\gamma}|1\rangle, \tag{7.66}$$

e:

$$\hat{E}_1|0\rangle = 0, \quad \text{e} \quad \hat{E}_1|1\rangle = \sqrt{\gamma}|0\rangle, \tag{7.67}$$

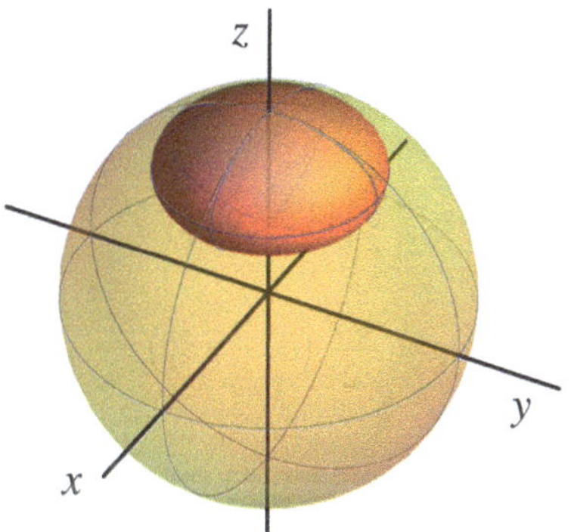

Figura 7.5 Effetto del canale di smorzamento dell'ampiezza sulla sfera di Bloch con $\hat{\varrho}_\infty = |0\rangle\langle 0|$, cioè il polo nord della sfera unitaria

quindi γ può essere pensato come la probabilità di perdere un quanto di energia. Abbiamo il seguente effetto sulla sfera di Bloch:

$$\begin{cases} r_x \to \sqrt{1-\gamma}\, r_x, \\ r_y \to \sqrt{1-\gamma}\, r_y, \\ r_z \to \gamma + (1-\gamma)\, r_z. \end{cases} \tag{7.68}$$

Per descrivere la dinamica dissipativa che colpisce un qubit, facciamo la seguente sostituzione:

$$\gamma \to \gamma(t) = 1 - \mathrm{e}^{-t/\tau}, \tag{7.69}$$

dove t è un parametro corrispondente all'evoluzione temporale e τ è un tempo caratteristico del sistema (qui assumiamo che $t = 0$ rappresenti il tempo iniziale). Inserendo $\gamma(t)$ nell'Eq. (7.64) otteniamo un'operazione quantistica che descrive un'evoluzione temporale dissipativa. In particolare, poiché:

$$\lim_{t\to+\infty} \gamma(t) = 1, \tag{7.70}$$

man mano che il tempo aumenta il sistema evolve verso lo stato $|0\rangle$ (il polo nord della sfera di Bloch), che è il livello di energia più basso del qubit: possiamo ora capire facilmente perché la mappa dell'Eq. (7.64) rappresenta la dissipazione ... almeno per un sistema quantistico a temperatura zero. La figura 7.5 mostra la deformazione della sfera di Bloch a causa del canale di smorzamento dell'ampiezza (con stato asintotico $\hat{\varrho}_\infty = |0\rangle\langle 0|$).

7.6 Canale di smorzamento dell'ampiezza generalizzato

In generale, i sistemi quantistici possono avere una temperatura T non nulla e, in questo caso, lo stato asintotico non corrisponde a quello con l'energia più bassa. Questo fatto è descritto mediante un canale di smorzamento dell'ampiezza *gene-*

ralizzato che coinvolge i due operatori $\hat{E}_0$ e $\hat{E}_1$ delle Eqs. (7.65) e i seguenti due ulteriori operatori:

$$\hat{E}_2 = \frac{1}{2}\Big[(1+\sqrt{1+\gamma})\,\hat{\mathbb{I}} - (1-\sqrt{1-\gamma})\,\hat{\sigma}_z\Big] \to \begin{pmatrix} \sqrt{1-\gamma} & 0 \\ 0 & 1 \end{pmatrix}, \tag{7.71a}$$

$$\hat{E}_3 = \frac{\sqrt{\gamma}}{2}(\hat{\sigma}_x - i\hat{\sigma}_y) \to \begin{pmatrix} 0 & 0 \\ \sqrt{\gamma} & 0 \end{pmatrix}, \tag{7.71b}$$

che rappresentano un processo di amplificazione *insensibile alla fase*. Infatti, poiché:

$$\hat{E}_2 = \sqrt{1-\gamma}\,|0\rangle\langle 0| + |1\rangle\langle 1| \quad \text{e} \quad \hat{E}_3 = \sqrt{\gamma}\,|1\rangle\langle 0|, \tag{7.72}$$

è facile verificare che:

$$\hat{E}_2|0\rangle = \sqrt{1-\gamma}|0\rangle, \quad \text{e} \quad \hat{E}_2|1\rangle = |1\rangle, \tag{7.73}$$

e:

$$\hat{E}_3|0\rangle = \sqrt{\gamma}|1\rangle, \quad \text{e} \quad \hat{E}_3|1\rangle = 0. \tag{7.74}$$

L'intera mappa si legge:

$$\mathcal{E}_{\text{gad}}(\hat{\varrho}) = p\left(\hat{E}_0\hat{\varrho}\hat{E}_0^\dagger + \hat{E}_1\hat{\varrho}\hat{E}_1^\dagger\right) + (1-p)\left(\hat{E}_2\hat{\varrho}\hat{E}_0^\dagger + \hat{E}_3\hat{\varrho}\hat{E}_1^\dagger\right), \tag{7.75}$$

dove $0 \le p \le 1$. Se eseguiamo la stessa sostituzione data nell'Eq. (7.69), troviamo che lo stato stazionario per $t \to +\infty$ è:

$$\hat{\varrho}_\infty = \frac{1}{2}\hat{\mathbb{I}} + \frac{2p-1}{2}\hat{\sigma}_z \to \begin{pmatrix} p & 0 \\ 0 & 1-p \end{pmatrix}. \tag{7.76}$$

7.6.1 Approccio all'equilibrio termico

Quando l'operazione quantistica dell'Eq. (7.75) descrive l'evoluzione di uno stato di qubit verso l'equilibrio termico, la probabilità p è una funzione della temperatura T. Se $\mathcal{E}_x$ è l'energia dello stato $|x\rangle$, $x = 0, 1$, allora si ha che la probabilità di occupazione dello stato è data dalla distribuzione di Boltzmann, cioè:

$$p_x(T) = \frac{1}{\mathcal{Z}}\exp\left(-\frac{\mathcal{E}_x}{k_B T}\right), \tag{7.77}$$

dove $\mathcal{Z} = p_0(T) + p_1(T)$ è la funzione di partizione e k_B è la costante di Boltzmann. Pertanto lo stato stazionario di equilibrio diventa:

$$\hat{\varrho}_\infty(T) \to \begin{pmatrix} p_0(T) & 0 \\ 0 & 1 - p_0(T) \end{pmatrix} \tag{7.78}$$

$$\to \frac{1}{\mathcal{Z}} \begin{pmatrix} \exp\left[- \mathcal{E}_0/(k_B T)\right] & 0 \\ 0 & \exp\left[- \mathcal{E}_1/(k_B T)\right] \end{pmatrix}, \tag{7.79}$$

rappresentante la miscela statistica che descrive un sistema a due livelli all'equilibrio termico a temperatura T. La purezza dello stato $\hat{\varrho}_\infty(T)$ è:

$$\mu[\hat{\varrho}_\infty(T)] = 1 - 2p_0(T)\, p_1(T). \tag{7.80}$$

7.7 Canale di smorzamento della fase

Questo tipo di canale descrive la perdita di informazione quantistica senza perdita di energia. Possiamo derivare l'operazione quantistica di questo canale partendo da un sistema di un singolo qubit sottoposto a una rotazione intorno all'asse z della sfera di Bloch, cioè:

$$\hat{R}_z(\vartheta/2) = \cos\frac{\vartheta}{2}\,\hat{\mathbb{I}} - i\sin\frac{\vartheta}{2}\,\hat{\sigma}_z \to \begin{pmatrix} e^{-i\vartheta/2} & 0 \\ 0 & e^{i\vartheta/2} \end{pmatrix}, \tag{7.81}$$

dove il valore di ϑ è casuale. Supponiamo che ϑ sia distribuito secondo una distribuzione gaussiana con media zero e varianza $2\Delta^2$. Abbiamo la seguente evoluzione:

$$\hat{\varrho} \to \mathcal{E}_{\rm pdc}(\hat{\varrho}) = \frac{1}{\sqrt{4\pi\Delta^2}} \int_{-\infty}^{+\infty} d\vartheta\, \exp\left(-\frac{\vartheta^2}{4\Delta^2}\right) \hat{R}_z(\vartheta)\,\hat{\varrho}\,\hat{R}_z(\vartheta)^\dagger \tag{7.82}$$

$$= \hat{E}_0\hat{\varrho}\hat{E}_0^\dagger + \hat{E}_0\hat{\varrho}\hat{E}_0^\dagger, \tag{7.83}$$

con:

$$\hat{E}_0 = \sqrt{\frac{1+\exp(-\Delta^2)}{2}}\,\hat{\mathbb{I}}, \quad \text{e} \quad \hat{E}_1 = \sqrt{\frac{1-\exp(-\Delta^2)}{2}}\,\hat{\sigma}_z. \tag{7.84}$$

Vale la pena notare che l'operazione quantistica dell'Eq. (7.83) corrisponde all'operazione di bit flip trattata nella sezione 7.4.2 con

$$p = \frac{1+\exp(-\Delta^2)}{2}. \tag{7.85}$$

L'effetto sulla sfera di Bloch è analogo a quello dell'operazione di inversione di fase:

$$\begin{cases} r_x \to \mathrm{e}^{-\Delta^2}\, r_x, \\ r_y \to \mathrm{e}^{-\Delta^2}\, r_y, \\ r_z \to r_z. \end{cases} \tag{7.86}$$

Problemi

7.1 ♣ (Trasposizione parziale e stati di Werner) Dato l'insieme di stati a due qubit (stati di Werner):

$$\hat{\varrho}_{AB} = q\, |\Psi_{AB}\rangle\langle\Psi_{AB}| + \frac{1-q}{4}\, \hat{\mathbb{I}}_{AB}$$

dove:

$$|\Psi_{AB}\rangle = \frac{|0_A\rangle|1_B\rangle - |1_A\rangle|0_B\rangle}{\sqrt{2}},$$

e $\hat{\mathbb{I}}_{AB}$ è l'operatore identità e:

$$q = \frac{3-4p}{3}, \quad p \in [0, 1]$$

trovare i valori di p tali che lo stato parzialmente trasposto $\mathcal{T}_A \otimes \hat{\mathbb{I}}_B(\hat{\varrho}_{AB})$ non sia semi-positivo definito. Dimostrare che se $\mathcal{T}_A \otimes \hat{\mathbb{I}}_B(\hat{\varrho}_{AB}) < 0$, allora $\hat{\varrho}_{AB}$ è entangled.

7.2 Scrivere la mappa di smorzamento dell'ampiezza $\mathcal{E}_{\mathrm{ad}}(\hat{\varrho})$ in funzione degli operatori di Pauli.

7.3 Trovare l'evoluzione del vettore di Bloch $\boldsymbol{r}$ sotto l'effetto del canale di smorzamento dell'ampiezza generalizzato.

Ulteriori letture

M. M. Wilde, *Quantum Information Theory* (Cambridge University Press, 2013) – Capitolo 4.4
M. A. Nielsen and I. L. Chuang, *Quantum Computation and Quantum Information* (Cambridge University Press, 2010) – Capitolo 8.2
J. Preskill, *Lecture Notes for Ph219/CS219: Quantum Information* (2018) – Capitolo 3

Capitolo 8
Fondamenti della correzione quantistica degli errori

Sommario Preservare l'informazione quantistica durante la sua elaborazione è di fondamentale importanza, ed è questo l'obiettivo principale della correzione quantistica degli errori. Da un lato, dobbiamo affrontare il problema degli errori durante la trasmissione e l'archiviazione dell'informazioni quantistica. Qui, mostriamo come il codice a tre qubit (il codice di Shor) possa affrontare questo problema in presenza dei principali errori che influenzano i qubit (bit flip, phase flip e bit-phase flip). Dall'altro lato, dobbiamo evitare la propagazione e l'accumulo di errori dovuti a porte difettose. A questo scopo, spieghiamo gli aspetti fondamentali della computazione quantistica tollerante agli errori (fault tolerant) e uno dei suoi risultati più rilevanti: il teorema della soglia per la computazione quantistica.

8.1 Codice di correzione quantistica degli errori e condizioni per la correzione degli errori

Dato lo spazio di Hilbert $\mathcal{H}_{\mathrm{sys}}$ associato al sistema che intendiamo proteggere dagli errori, un codice di correzione degli errori quantistici è un sottospazio C di uno spazio di Hilbert più grande, $\mathcal{H}_{\mathrm{sys}} \otimes \mathcal{H}_{\mathrm{aux}}$, dove $\mathcal{H}_{\mathrm{aux}}$ è uno spazio di Hilbert ausiliario. Lo stato del sistema che vogliamo proteggere viene quindi mappato in C attraverso un'operazione unitaria appropriata. In seguito, il codice può essere influenzato da un certo rumore descritto da una mappa CPT:

$$\mathcal{E} : \mathcal{L}(C) \to \mathcal{L}(\mathcal{H}_{\mathrm{sys}} \otimes \mathcal{H}_{\mathrm{aux}}), \tag{8.1}$$

e se $\hat{\varrho} \in \mathcal{L}(C)$ è l'operatore di densità associato al codice, lo stato rumoroso influenzato dagli errori è dato da $\mathcal{E}(\hat{\varrho})$.

Ora, per correggere gli errori, prima dobbiamo diagnosticare quale sia l'errore particolare occorso. Questo può essere ottenuto grazie a una *misura della sindrome*. Una volta che abbiamo determinato la *sindrome dell'errore* (cioè il risultato della misura della sindrome) possiamo procedere al *recupero* al fine di ripristinare lo

S. Olivares, *Guida allo studio della computazione quantistica*,
https://doi.org/10.1007/978-3-032-23971-6_8

stato originale del codice. Di solito, la misura della sindrome e il recupero vengono implementati insieme e la correzione dell'errore può essere ottenuta applicando una mappa CPT $\mathcal{R}$, l'operazione di correzione dell'errore, tale che:

$$(\mathcal{R} \circ \mathcal{E})(\hat{\varrho}) = \hat{\varrho}. \tag{8.2}$$

La misura della sindrome deve discriminare tra le sindromi degli errori e questo è possibile se questi errori mappano il codice originale in sottospazi ortogonali di $\mathcal{H}_{\text{sys}} \otimes \mathcal{H}_{\text{aux}}$. A questo scopo, un operatore di misura della sindrome $\hat{M}_k$, $k = 1, 2, \ldots$, deve essere associato alla sindrome dell'errore k-esimo.

Un particolare codice di correzione degli errori quantistici protegge contro un rumore $\mathcal{E}$ se alcune condizioni per correzione quantistica degli errori sono soddisfatte, come affermato dal seguente teorema:

Teorema 8.1 (Condizioni per la correzione quantistica degli errori) *Sia C un codice quantistico e $\hat{P}_C$ il proiettore su C. Data l'operazione quantistica $\mathcal{E}$ con elementi $\{\hat{E}_k\}$, una condizione necessaria e sufficiente per l'esistenza di un'operazione per la correzione degli errori $\mathcal{R}$ correggendo $\mathcal{E}$ su C è che:*

$$\hat{P}_C \hat{E}_j^\dagger \hat{E}_k \hat{P}_C = A_{j,k} \, \hat{P}_C, \tag{8.3}$$

dove $A_{j,k} \in \mathbb{C}$ sono gli elementi di una matrice Hermitiana $\mathbf{A}$.

Nel seguito introduciamo il codice a tre qubit come esempio dell'applicazione della correzione quantistica degli errori.

8.2 Il canale binario simmetrico

In un canale binario simmetrico classico (BSC) le informazioni sono codificate nei bit $|0\rangle$ e $|1\rangle$ e assumiamo che un errore di bit flip possa verificarsi con probabilità p. La probabilità di errore, cioè la probabilità che $|x\rangle \to |\overline{x}\rangle$, con $x = 0, 1$, è semplicemente data dalla probabilità di bit flip, cioè:

$$p_{\text{err}}^{(1)} = p, \tag{8.4}$$

dove l'apice ci dice che stiamo usando un solo bit per codificare l'informazione.

8.2.1 *Il codice a tre bit*

Uno dei codici classici utilizzati per correggere l'errore di bit flip è il codice a tre bit. L'informazione è codificata su tre copie indipendenti del bit originale e la strategia

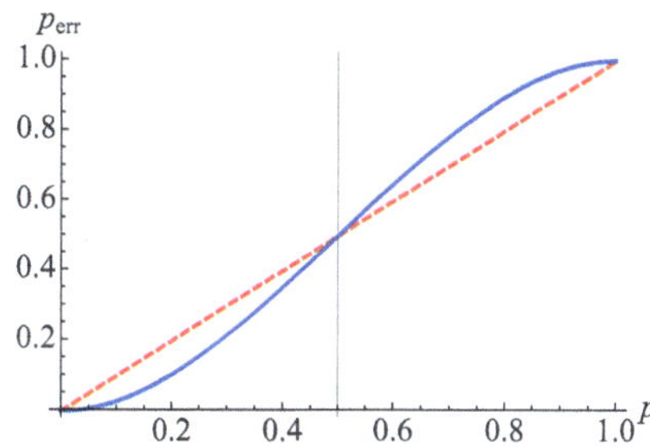

Figura 8.1 Grafico di $p_{\text{err}}^{(1)}$ (linea tratteggiata, rossa) e $p_{\text{err}}^{(3)}$ (linea continua, blu) come funzioni della probabilità di bit flip p. Per valori di p inferiori a 0.5 il codice a tre bit ha una migliore performance rispetto alla codifica a singolo bit

di correzione si basa sul *voto di maggioranza*: se, tra i tre bit ricevuti, almeno due hanno lo stesso valore x, allora decidiamo che il valore del bit inviato era x. Infatti, qui stiamo anche assumendo che solo un bit subisce un bit flip e, quindi, abbiamo la seguente probabilità di fallimento, che è la probabilità di avere due o più bit invertiti:

$$p_{\text{err}}^{(3)} \equiv p_{\geq 2} = p^3 + 3p^2(1-p) = 3p^2 - 2p^3. \tag{8.5}$$

Come si può vedere dalla figura 8.1, abbiamo che $p_{\text{err}}^{(3)} < p_{\text{err}}^{(1)}$ se $p < 1/2$.

8.3 Correzione degli errori quantistici: il codice a tre qubit

Uno stato quantistico in generale non può essere clonato e, poiché non possiamo avere tre copie identiche di uno stato quantistico sconosciuto $|\psi\rangle$ (si veda la sezione 3.3.1), non possiamo applicare direttamente il codice classico a tre bit ai qubit. Inoltre, a differenza del caso classico, non possiamo nemmeno misurare lo stato per ottenere informazioni sull'errore, poiché la misurazione distrugge lo stato quantistico ... Dobbiamo, quindi, trovare un circuito quantistico in grado di "rilevare" l'eventuale errore (il bit flip) e di correggerlo *senza distruggere lo stato quantistico*. La soluzione a questo problema è data dal codice a tre qubit, che è l'analogo del codice classico.

8.3.1 Correzione dell'errore di bit flip

Come abbiamo visto nella sezione 7.4.1, l'evoluzione di uno stato quantistico $\hat{\varrho} \in \mathcal{L}(\mathcal{H})$ attraverso un canale di bit flip può essere descritta da la mappa:

$$\mathcal{E}(\hat{\varrho}) = (1-p)\,\hat{\varrho} + p\,\hat{\sigma}_x\,\hat{\varrho}\,\hat{\sigma}_x, \tag{8.6}$$

dove p è la probabilità di bit flip. Nel seguito assumiamo che l'informazione sia codificata nello stato del qubit $|\psi\rangle = \alpha|0\rangle + \beta|1\rangle$ e ricordiamo anche che $\hat{\sigma}_x|\psi\rangle = \alpha|1\rangle + \beta|0\rangle$.

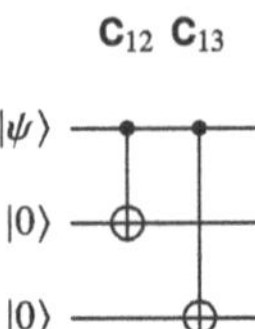

Figura 8.2 Questo circuito quantistico implementa la trasformazione $|\psi\rangle|0\rangle|0\rangle \to \alpha|000\rangle + \beta|111\rangle$, dove, in generale, $|\psi\rangle = \alpha|0\rangle + \beta|1\rangle$

L'idea di base del codice a tre qubit è di codificare l'informazione su tre qubit come segue:

$$|\psi\rangle \to |\Psi\rangle = \mathsf{C}_{13}\mathsf{C}_{12}|\psi\rangle|0\rangle|0\rangle \tag{8.7}$$
$$= \alpha|000\rangle + \beta|111\rangle, \tag{8.8}$$

dove, come al solito $|xyz\rangle = |x_1\rangle|y_2\rangle|z_3\rangle$, e C_{hk} è un'operazione CNOT con il qubit h come controllo e il qubit $k \neq h$ come target, $h, k = 1, 2, 3$. È facile verificare che questo risultato è ottenuto tramite il circuito quantistico di figura 8.2. Notate che $|\Psi\rangle$ è uno stato entangled. Seguendo la sezione 8.1, il codice di correzione degli errori $C \subset \mathcal{H}^{\otimes 3}$ è il sottospazio dello spazio di Hilbert a tre qubit generato dai vettori di base $\{|000\rangle, |111\rangle\}$ e il corrispondente proiettore su di esso è:

$$\hat{P}_C = |000\rangle\langle 000| + |111\rangle\langle 111|\,. \tag{8.9}$$

Come nel caso classico, lasciamo che il canale di bit flip influenzi *indipendentemente* ogni qubit (canali non correlati). Dopo l'evoluzione rumorosa dobbiamo implementare il rilevamento dell'errore, la diagnosi della sindrome dell'errore e, poi, la correzione. Qui consideriamo lo scenario in cui non eseguiamo la misura, ma troviamo un modo per procedere unitariamente. Tuttavia, è possibile rilevare l'errore attraverso un controllo comparativo della parità aggiungendo dei qubit ausiliari.

La mappa rumorosa complessiva $\mathcal{E}^{(3)}$ che agisce sul codice può essere scritta come:

$$\mathcal{E}^{(3)}(\hat{\varrho}) = \Big(\mathcal{E} \otimes \mathcal{E} \otimes \mathcal{E}\Big)(\hat{\varrho})\,, \tag{8.10}$$
$$\begin{aligned} &= (1-p)^3\,\hat{\varrho} \\ &\quad + (1-p)^2 p\left(\hat{\chi}_1\hat{\varrho}\hat{\chi}_1^\dagger + \hat{\chi}_2\,\hat{\varrho}\,\hat{\chi}_2^\dagger + \hat{\chi}_3\,\hat{\varrho}\,\hat{\chi}_3^\dagger\right) \\ &\quad + (1-p)p^2\left(\hat{\chi}_1\hat{\chi}_2\,\hat{\varrho}\,\hat{\chi}_2^\dagger\hat{\chi}_1^\dagger + \hat{\chi}_1\hat{\chi}_3\,\hat{\varrho}\,\hat{\chi}_3^\dagger\hat{\chi}_1^\dagger + \hat{\chi}_2\hat{\chi}_3\,\hat{\varrho}\,\hat{\chi}_3^\dagger\hat{\chi}_2^\dagger\right) \\ &\quad + p^3\,\hat{\chi}_1\hat{\chi}_2\hat{\chi}_3\,\hat{\varrho}\,\hat{\chi}_3^\dagger\hat{\chi}_2^\dagger\hat{\chi}_1^\dagger\,, \end{aligned} \tag{8.11}$$

dove, ora, $\hat{\varrho} \in \mathcal{L}(C)$, e abbiamo definito:

$$\hat{\chi}_1 = \hat{\sigma}_x \otimes \hat{\mathbb{I}} \otimes \hat{\mathbb{I}}, \quad \hat{\chi}_2 = \hat{\mathbb{I}} \otimes \hat{\sigma}_x \otimes \hat{\mathbb{I}}, \quad \hat{\chi}_3 = \hat{\mathbb{I}} \otimes \hat{\mathbb{I}} \otimes \hat{\sigma}_x. \tag{8.12a}$$

Nella nostra analisi assumiamo ancora che al massimo un qubit sia invertito poiché, in generale, $p \ll 1$, quindi otteniamo la stessa probabilità di fallimento data

Tabella 8.1 Correzione dell'errore con misura di controllo comparativa della parità

qubit invertito	$\hat{M}_{12}^{(\mathrm{pc})}$	$\hat{M}_{23}^{(\mathrm{pc})}$	operazione di recupero
nessun errore	$+1$	$+1$	$\hat{\mathbb{I}} \otimes \hat{\mathbb{I}} \otimes \hat{\mathbb{I}}$
qubit 1	-1	$+1$	$\hat{\sigma}_x \otimes \hat{\mathbb{I}} \otimes \hat{\mathbb{I}}$
qubit 2	-1	-1	$\hat{\mathbb{I}} \otimes \hat{\sigma}_x \otimes \hat{\mathbb{I}}$
qubit 3	$+1$	-1	$\hat{\mathbb{I}} \otimes \hat{\mathbb{I}} \otimes \hat{\sigma}_x$

dall'Eq. (8.5). In questo caso, possiamo considerare solo i termini proporzionali a p, e l'Eq. (8.11) si riduce a:

$$\mathcal{E}^{(3)}(\hat{\varrho}) \approx (1-3p)\,\hat{\varrho} + p\left(\hat{\chi}_1\hat{\varrho}\hat{\chi}_1^\dagger + \hat{\chi}_2\,\hat{\varrho}\,\hat{\chi}_2^\dagger + \hat{\chi}_3\,\hat{\varrho}\,\hat{\chi}_3^\dagger\right). \qquad (p \ll 1) \quad (8.13)$$

La mappa è chiaramente CPT con elementi di operazione:

$$\hat{E}_0 = \sqrt{1-3p}\,\hat{\mathbb{I}}\,, \quad \text{e} \quad \hat{E}_k = \sqrt{p}\,\hat{\chi}_k\,, \qquad (8.14)$$

con $k = 1, 2, 3$. Il lettore può facilmente verificare che le condizioni del teorema 8.1 sono soddisfatte e gli operatori di misura della sindrome di errore si scrivono:

$$\hat{M}_0 = \hat{P}_C\,, \quad \text{e} \quad \hat{M}_k = \hat{\chi}_k\,\hat{P}_C\,\hat{\chi}_k^\dagger\,, \quad (k = 1, 2, 3) \qquad (8.15)$$

portando a quattro possibili risultati (le sindromi dell'errore).

Analogamente, le sindromi dell'errore possono essere recuperate considerando una misurazione di controllo comparativa della parità tra i qubit 1–2 e 2–3, descritta dagli operatori:

$$\hat{M}_{12}^{(\mathrm{pc})} = \hat{\sigma}_z \otimes \hat{\sigma}_z \otimes \hat{\mathbb{I}}\,, \quad \text{e} \quad \hat{M}_{23}^{(\mathrm{pc})} = \hat{\mathbb{I}} \otimes \hat{\sigma}_z \otimes \hat{\sigma}_z\,. \qquad (8.16)$$

Questa misura lascia lo stato invariato ma permette di rilevare la sindrome dell'errore. Infatti, abbiamo risultati differenti a seconda del qubit $k = 1, 2, 3$ interessato dall'errore, come riassunto nella tabella 8.1. Questo tipo di schema richiede l'aggiunta di alcune porte CNOT che agiscono su due qubit ausiliari e utilizzano i qubit del codice come controllo: in questo modo la misura di controllo della parità lascia il codice imperturbato.

Fino ad ora abbiamo considerato la misura della sindrome e il recupero come due passaggi distinti della correzione dell'errore. Tuttavia, è possibile unirli insieme. Quando l'errore si verifica sul qubit $k = 1, 2, 3$, lo stato $|\Psi\rangle$ dato nell'Eq. (8.8) evolve con probabilità p come:

$$|\Psi\rangle \to |\tilde{\Psi}\rangle = \hat{\chi}_k|\Psi\rangle, \qquad (8.17)$$

ed è facile verificare che se $k \neq 1$:

$$(\mathbf{C}_{13}\mathbf{C}_{12})^\dagger\,\hat{\chi}_k\,\mathbf{C}_{13}\mathbf{C}_{12} = \hat{\chi}_k, \quad (k \neq 1) \qquad (8.18)$$

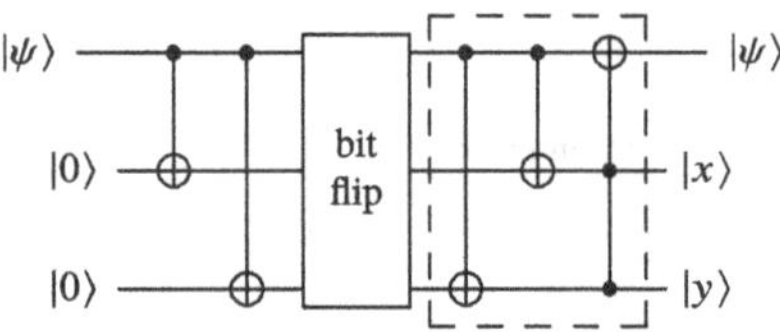

Figura 8.3 Il rettangolo tratteggiato racchiude il circuito quantistico che implementa il codice a tre qubit per la correzione quantistica dell'errore di bit flip

mentre per $k = 1$:

$$(\mathbf{C}_{13}\mathbf{C}_{12})^{\dagger}\, \hat{\chi}_1\, \mathbf{C}_{13}\mathbf{C}_{12} = \hat{\sigma}_x \otimes \hat{\sigma}_x \otimes \hat{\sigma}_x, \tag{8.19}$$

In sintesi, se il bit flip colpisce il primo qubit ($k = 1$), abbiamo:

$$|\psi\rangle|0\rangle|0\rangle \rightarrow (\hat{\sigma}_x|\psi\rangle)|1\rangle|1\rangle, \tag{8.20}$$

e possiamo correggere l'errore attraverso una porta di Toffoli prendendo il secondo e il terzo qubit come controlli e il primo come target; negli altri casi ($k \neq 1$) troviamo:

$$|\psi\rangle|0\rangle|0\rangle \rightarrow |\psi\rangle|x\rangle|y\rangle, \tag{8.21}$$

cioè il primo qubit è lasciato nel suo stato iniziale $|\psi\rangle$ ma lo stato finale degli altri qubit è invertito se l'errore ha cambiato il loro stato. Tuttavia, in quest'ultimo scenario notiamo che $x \neq y$ o $x = y = 0$ (se non si è verificato alcun errore), quindi la presenza di una porta di Toffoli finale non cambierà lo stato del qubit 1. Nella figura 8.3 possiamo vedere il circuito quantistico che raggiunge questo obiettivo.

Per capire meglio come funziona il codice a tre qubit in pratica, supponiamo che dopo il canale di bit flip lo stato sia:

$$|\Psi'\rangle = \hat{\chi}_1|\Psi\rangle, \tag{8.22}$$

cioè, proprio il primo qubit è stato invertito. La prima porta CNOT, $\mathbf{C}_{13}$, esegue la seguente trasformazione:

$$|\Psi'\rangle = \alpha|100\rangle + \beta|011\rangle \rightarrow \alpha|101\rangle + \beta|011\rangle, \tag{8.23}$$

successivamente, abbiamo la seconda ports CNOT, $\mathbf{C}_{12}$, che porta a:

$$\alpha|101\rangle + \beta|011\rangle \rightarrow \alpha|111\rangle + \beta|011\rangle. \tag{8.24}$$

L'ultimo porta è quella di Toffoli, che prende il secondo e il terzo qubit come controllo e il primo qubit come target, e otteniamo:

$$\alpha|111\rangle + \beta|011\rangle \rightarrow \alpha|011\rangle + \beta|111\rangle \equiv \underbrace{(\alpha|0\rangle + \beta|1\rangle)}_{|\psi\rangle}|11\rangle. \tag{8.25}$$

Concludiamo che l'errore è stato corretto, essendo lo stato finale del primo qubit $|\psi\rangle$.

Come notato sopra, il codice può fallire se due o tre qubit vengono invertiti. Poiché la probabilità che al massimo un qubit venga invertito è:

$$p_{\leq 1} = (1-p)^3 + 3p\,(1-p)^2 = (1-p)^2(1+2p), \tag{8.26}$$

abbiamo la seguente probabilità di errore del protocollo:

$$p^{(3)}_{\mathrm{err,Q}} = 1 - p_{\leq 1} = 3p^2 - 2p^3, \tag{8.27}$$

la stessa ottenuta nel codice classico a tre bit, si veda l'Eq. (8.5).

8.3.2 *Correzione dell'errore di phase flip*

L'errore di phase flip non ha un analogo classico, poiché la trasformazione:

$$|1\rangle \to e^{i\pi}|1\rangle = -|1\rangle, \tag{8.28}$$

non esiste nella logica classica. La mappa quantistica che descrive un canale in cui si verifica un phase flip con probabilità p è (si veda anche la sezione 7.4.2):

$$\mathcal{E}(\hat{\varrho}) = (1-p)\,\hat{\varrho} + p\,\hat{\sigma}_z\,\hat{\varrho}\,\hat{\sigma}_z. \tag{8.29}$$

Vale la pena notare che poiché $\hat{\sigma}_z|x\rangle = (-1)^x|x\rangle$, abbiamo:

$$\hat{\sigma}_z|\pm\rangle = |\mp\rangle, \tag{8.30}$$

dove:

$$|\pm\rangle = \frac{|0\rangle \pm |1\rangle}{\sqrt{2}}, \tag{8.31}$$

e concludiamo che il canale di phase flip agisce come un canale di bit flip sulla base $|\pm\rangle$. Pertanto, ricordando l'azione della trasformazione di Hadamard sulla base computazionale $|0\rangle$ e $|1\rangle$, è facile dimostrare che il circuito quantistico rappresentato in figura 8.4 corregge un singolo errore di phase flip. In realtà, le prime trasformazioni di Hadamard cambiano fisicamente la base computazionale in modo che il canale di phase flip si comporti come un canale di bit flip; le seconde trasformazioni di Hadamard riportano di nuovo il sistema nella base originale per applicare lo stesso codice di correzione descritto nella sezione precedente.

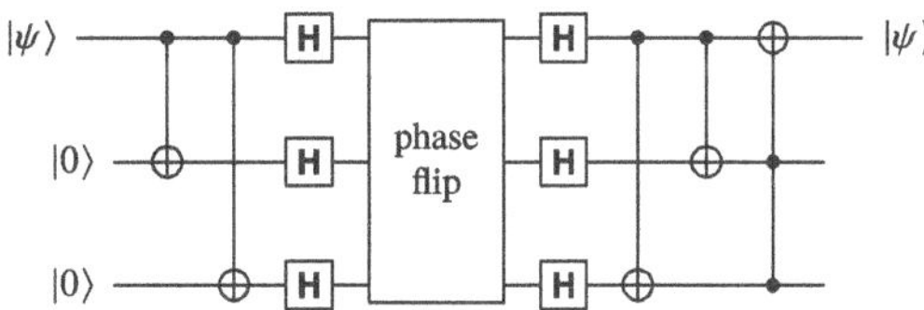

Figura 8.4 Circuito quantistico che descrive la strategia per implementare il codice a tre qubit per la correzione dell'errore di phase flip

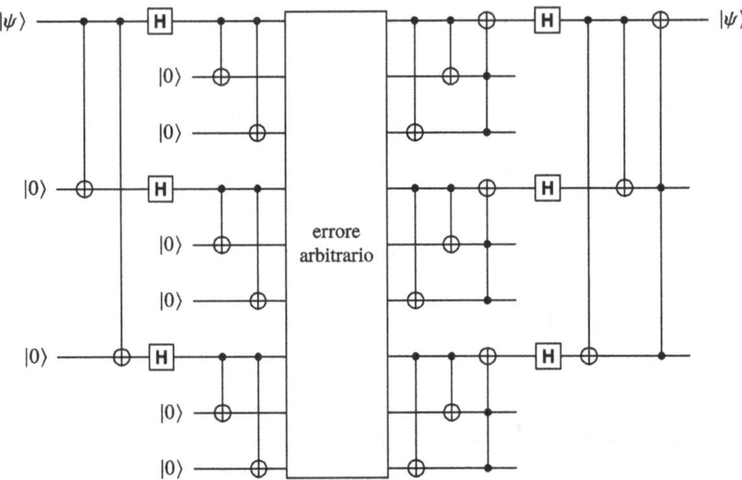

Figura 8.5 Circuito quantistico che implementa il codice di Shor per proteggere un qubit $|\psi\rangle$ contro un errore arbitrario

8.3.3 Correzione di qualsiasi errore: il codice di Shor

In un canale realistico possono verificarsi sia errori di bit flit che di phase flip. È possibile proteggere il qubit dagli effetti di un errore *arbitrario* mediante il codice di Shor, che è una combinazione dei codici di correzione dell'errore di bit flit e di phase flip a tre qubit. Nella figura 8.5 abbiamo riportato il circuito quantistico che implementa il codice di Shor. Potete studiare la sua azione applicando i risultati ottenuti nelle sezioni precedenti.

8.4 Computazione quantistica tollerante agli errori

Nelle sezioni precedenti abbiamo descritto un metodo per proteggere l'informazione quantistica memorizzata o trasmessa. Tuttavia, la correzione quantistica degli errori è uno strumento potente per preservare l'elaborazione dell'informazione anche durante la computazione stessa. In quest'ultimo caso, un risultato notevole, noto come "teorema della tolleranza agli errori quantistici" o, semplicemente, "teorema della soglia", afferma che anche in presenza di porte quantistiche rumorose è possibile ottenere una buona computazione quantistica se la probabilità di errore per porta è al di sotto di una certa soglia. Qui, l'idea principale è prevenire la propagazione e l'accumulo di errori dovuti alle porte difettose.

In generale, il rumore può influenzare la preparazione e la trasmissione dei qubit, ma anche l'azione delle porte quantistiche e il processo di misura. Una possibile soluzione è sostituire i *singoli qubit* con *blocchi codificati di qubit* sfruttando un *codice di correzione degli errori* adatto, come il codice Stean a sette qubit (rimandiamo, a tal riguardo, alle letture suggerite alla fine di questo capitolo), appartenente alla classe dei codici stabilizzatori. In breve, un codice stabilizzatore si basa sul sottogruppo stabilizzatore del gruppo di Pauli. Tale codice sfrutta la misura effettuata su qubit ausiliari (i qubit stabilizzatori) per rilevare gli errori e, quindi, agire di conseguenza sui qubit dati. In questo scenario, le porte originali vengono sostituite con una procedura adatta, la *procedura tollerante agli errori*, che utilizza *porte codificate* che agiscono sullo stato codificato. La correzione degli errori viene quindi eseguita periodicamente sullo stato codificato per prevenire l'accumulo e la propagazione degli errori. Notate bene, le procedure tolleranti agli errori possono essere utilizzate per implementare un insieme universale di porte, come $\{\mathbf{H}, \text{CNOT}, \hat{S}, \hat{T}\}$.

È importante progettare bene le porte codificate: i possibili errori devono influenzare solo un numero limitato di qubit per rendere la correzione degli errori più efficace. Inoltre, anche la correzione degli errori deve essere progettata in modo da evitare di introdurre troppi errori.

Si può dimostrare che se p è la probabilità di fallimento di un componente individuale in un circuito quantistico che implementa una computazione quantistica, eseguire qualsiasi operazione in modo tollerante agli errori permette di ridurre la probabilità di errore da p a cp^2, dove c è una costante (di solito, $c \approx 10^4$).

Il tasso di errore della computazione può essere ulteriormente ridotto utilizzando codici concatenati, cioè applicando ricorsivamente circuiti codificati. Ad esempio, supponiamo di utilizzare un codice a tre qubit per codificare un singolo qubit. In presenza di un codice concatenato a due livelli, abbiamo nove qubit (il qubit originale viene mappato in tre qubit e ognuno di questi viene mappato in altri tre qubit). In questo modo la probabilità di fallimento viene ridotta da p a cp^2 e, quindi, a $c(cp^2)^2$, e così via. Se concateniamo k volte, la probabilità di fallimento diventa $(cp)^{2^k}/c$.

8.4.1 Il teorema della soglia

Assumiamo di avere un problema di dimensione n e il corrispondente circuito quantistico con un numero di porte dato dal polinomio $\mathsf{p}(n)$ (si pensa all'algoritmo per la fattorizzazione). Se vogliamo simulare il circuito in modo tollerante agli errori con un'accuratezza ε, ogni porta deve essere simulata con un'accuratezza $\varepsilon/\mathsf{p}(n)$. Pertanto, il numero di concatenazioni k deve soddisfare:

$$\frac{(cp)^{2^k}}{c} \leq \frac{\varepsilon}{\mathsf{p}(n)}, \tag{8.32}$$

dove p è la probabilità di fallimento, come introdotto sopra. Se:

$$p < \frac{1}{c} \equiv p_{\text{th}}, \tag{8.33}$$

possiamo trovare k. La condizione di soglia $p < p_{\text{th}}$, quando soddisfatta, garantisce che la computazione quantistica può essere ottenuta con un'accuratezza arbitraria.

Il teorema seguente ci dice il numero di porte necessarie per simulare un circuito quantistico con il livello di accuratezza desiderato.

Teorema 8.2 (Teorema della soglia per la computazione quantistica) *Un circuito quantistico contenente* $\mathsf{p}(n)$ *porte può essere simulato con una probabilità di errore al massimo* ε *utilizzando:*

$$O\Big(\text{poly}\big(\log \mathsf{p}(n)/\varepsilon\big)\mathsf{p}(n)\Big) \tag{8.34}$$

porte su un hardware i cui componenti falliscono con probabilità al massimo p*, a condizione che* p *sia al di sotto di una certa soglia costante,* $p < p_{\text{th}}$*, e data un'ipotesi ragionevole sul rumore nell'hardware sottostante.*

Qui, poly(x) è un polinomio di grado fisso. Una stima approssimativa della probabilità di soglia nel caso del codice Stean, dove $c \approx 10^4$, porta a $p_{\text{th}} \approx 10^{-4}$, ma calcoli più accurati e sofisticati danno valori tra 10^{-5} e 10^{-6}.

Problemi

8.1 Dimostrare che:

$$(\mathbf{C}_{13}\mathbf{C}_{12})^\dagger \left(\hat{\mathbb{I}} \otimes \hat{\sigma}_x \otimes \hat{\mathbb{I}}\right) \mathbf{C}_{13}\mathbf{C}_{12} = \hat{\mathbb{I}} \otimes \hat{\sigma}_x \otimes \hat{\mathbb{I}},$$

e che:

$$(\mathbf{C}_{13}\mathbf{C}_{12})^\dagger \left(\hat{\sigma}_x \otimes \hat{\mathbb{I}} \otimes \hat{\mathbb{I}}\right) \mathbf{C}_{13}\mathbf{C}_{12} = \hat{\sigma}_x \otimes \hat{\sigma}_x \otimes \hat{\sigma}_x.$$

8.2 Seguendo, passo dopo passo, l'azione di ogni porta, verificare che il circuito a tre qubit raffigurato in figura 8.3 funziona come segue:

$$\begin{aligned}
\hat{\mathbb{I}} \otimes \hat{\mathbb{I}} \otimes \hat{\mathbb{I}}\, |\Psi\rangle &\to |\psi\rangle|00\rangle, \\
\hat{\sigma}_x \otimes \hat{\mathbb{I}} \otimes \hat{\mathbb{I}}\, |\Psi\rangle &\to |\psi\rangle|11\rangle, \\
\hat{\mathbb{I}} \otimes \hat{\sigma}_x \otimes \hat{\mathbb{I}}\, |\Psi\rangle &\to |\psi\rangle|10\rangle, \\
\hat{\mathbb{I}} \otimes \hat{\mathbb{I}} \otimes \hat{\sigma}_x\, |\Psi\rangle &\to |\psi\rangle|01\rangle.
\end{aligned}$$

Ulteriori letture

M. A. Nielsen and I. L. Chuang, *Quantum Computation and Quantum Information* (Cambridge University Press, 2010) – Capitolo 10

Capitolo 9
Sistemi a due livelli e qubit fotonici

Sommario A qualsiasi sistema quantistico a due livelli è associato uno spazio di Hilbert generato da due stati ortogonali e, quindi, può essere visto come un qubit. In questo capitolo ci concentriamo su particelle con spin–1/2 e su atomi a due livelli, che sono l'esempio più semplice di qubit, e sui gradi di libertà degli stati a singolo fotone. Spieghiamo anche come è possibile manipolare gli spin e gli atomi per implementare le porte logiche quantistiche.

9.1 Computazione universale con sistemi di spin

Un tipico sistema a due livelli è una particella con spin–1/2, solitamente un nucleo, che può essere utilizzata come un qubit e manipolata tramite campi elettromagnetici.

9.1.1 Interazione tra una particella con spin–1/2 e un campo magnetico

L'operatore associato al momento magnetico di spin di una particella con spin–1/2 è dato da:

$$\hat{\mu} = -\frac{gq}{2m}\,\hat{\boldsymbol{S}}, \tag{9.1}$$

dove g è il fattore giromagnetico (per un elettrone $g \approx 2.002$), q e m sono, rispettivamente, la carica e la massa della particella e

$$\hat{\boldsymbol{S}} = \frac{\hbar}{2}\,\hat{\boldsymbol{\sigma}}, \tag{9.2}$$

dove $\hat{\boldsymbol{\sigma}} = (\hat{\sigma}_x, \hat{\sigma}_y, \hat{\sigma}_z)$ è, come al solito, il vettore degli operatori di Pauli.

S. Olivares, *Guida allo studio della computazione quantistica*,
https://doi.org/10.1007/978-3-032-23971-6_9

L'Hamiltoniana che descrive l'interazione tra la particella con spin–1/2 e un campo magnetico statico (classico) $\boldsymbol{B} = (B_x, B_y, B_z)$ è:

$$\hat{H}_{\text{int}} = -\hat{\boldsymbol{\mu}} \cdot \boldsymbol{B} = \frac{gq}{2m} \frac{\hbar}{2} \hat{\boldsymbol{\sigma}} \cdot \boldsymbol{B}. \tag{9.3}$$

che può essere scritta come:

$$\hat{H}_{\text{int}} = \frac{\hbar\omega_{\text{L}}}{2} \boldsymbol{n} \cdot \hat{\boldsymbol{\sigma}}, \tag{9.4}$$

dove abbiamo introdotto la frequenza di Larmor:

$$\omega_{\text{L}} = \frac{gq}{2m} |\boldsymbol{B}|, \tag{9.5}$$

e $\boldsymbol{n} = \boldsymbol{B}/|\boldsymbol{B}|$.

Senza perdita di generalità, assumiamo $\boldsymbol{B} = (0, 0, B)$, cioè prendiamo il campo magnetico lungo la direzione z e, di conseguenza, $\boldsymbol{n} \cdot \hat{\boldsymbol{\sigma}} = \hat{\sigma}_z$. Dato lo stato iniziale (come abbiamo menzionato, qualsiasi sistema a due livelli può essere considerato come un qubit, si veda la sezione 2.2):

$$|\psi_0\rangle = \cos\frac{\theta}{2}|0\rangle + \sin\frac{\theta}{2}|1\rangle, \tag{9.6}$$

con $\hat{\sigma}_z|x\rangle = (-1)^x|x\rangle$, $x = 0, 1$, abbiamo la seguente evoluzione temporale sotto l'effetto di $\hat{H}_{\text{int}}$:

$$\begin{aligned} |\psi_t\rangle &= \exp\left(-i\,\frac{\hat{H}_{\text{int}}}{\hbar}\,t\right)|\psi_0\rangle, \\ &= \cos\frac{\theta}{2}\,\mathrm{e}^{-i\omega_{\text{L}}t/2}|0\rangle + \sin\frac{\theta}{2}\,\mathrm{e}^{i\omega_{\text{L}}t/2}|1\rangle, \\ &= \mathrm{e}^{-i\omega_{\text{L}}t/2}\left(\cos\frac{\theta}{2}|0\rangle + \sin\frac{\theta}{2}\,\mathrm{e}^{i\omega_{\text{L}}t}|1\rangle\right), \end{aligned} \tag{9.7}$$

dove, nell'ultima equazione, la fase globale $\mathrm{e}^{-i\omega_{\text{L}}t/2}$ può essere trascurata. Seguendo la sezione 2.2.1, il vettore di Bloch $\boldsymbol{r}_t$ associato a $|\psi_t\rangle$ è:

$$\boldsymbol{r}_t = \begin{pmatrix} \sin\theta\,\cos(\omega_{\text{L}}t) \\ \sin\theta\,\sin(\omega_{\text{L}}t) \\ \cos\theta \end{pmatrix}, \tag{9.8}$$

e otteniamo la precessione cosiddetta di Larmor dello spin attorno alla direzione del campo magnetico (qui la direzione z), come illustrato in figura 9.1.

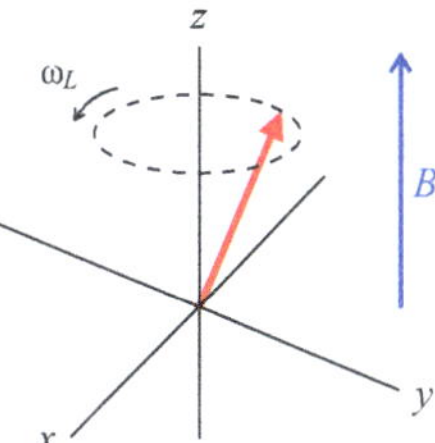

Figura 9.1 Precessione di uno spin (freccia rossa) sotto l'effetto di un campo magnetico B diretto lungo la direzione z. La punta della freccia che rappresenta lo spin ruota in senso antiorario attorno alla direzione z

Più in generale, l'operatore di evoluzione unitaria associato all'Hamiltoniana (9.4) si scrive:

$$\exp\left(-i\,\frac{\hat{H}_{\text{int}}}{\hbar}\,t\right) = \cos\left(\frac{\omega_{\text{L}}t}{2}\right)\hat{\mathbb{I}} - i\,\sin\left(\frac{\omega_{\text{L}}t}{2}\right)\boldsymbol{n}\cdot\hat{\boldsymbol{\sigma}}\,, \tag{9.9}$$

e diventa possibile implementare le porte a singolo qubit scegliendo opportunamente il tempo t e l'ampiezza e l'orientamento del campo magnetico $\boldsymbol{B}$.

9.1.2 *Qubit di spin e trasformazione di Hadamard*

Se orientiamo il campo magnetico lungo la direzione x-z, cioè, $\boldsymbol{B} = B\,\boldsymbol{n}$ con

$$\boldsymbol{n} = \frac{1}{\sqrt{2}}(1, 0, 1)\,, \tag{9.10}$$

e impostiamo il tempo di evoluzione in modo che $\omega t = \pi$, dall'Eq. (9.9) otteniamo:

$$\exp\left(-i\,\frac{\hat{H}_{\text{int}}}{\hbar}\,t\right) \to -\frac{i}{\sqrt{2}}(\hat{\sigma}_x + \hat{\sigma}_z) \equiv -i\,\mathsf{H}, \tag{9.11}$$

cioè, a meno di una fase globale $\mathrm{e}^{-i\pi/2} = -i$, troviamo l'operatore quantistico che descrive l'azione della trasformazione di Hadamard introdotta nella sezione 1.4.4 [si veda l'Eq. (1.31)].

9.1.3 *Manipolazione di un singolo qubit: risonanza magnetica nucleare*

Dal punto di vista pratico, cambiare la direzione del campo magnetico potrebbe non essere fisicamente possibile, poiché potrebbe richiedere di spostare meccanicamente le sue sorgenti. Fortunatamente, possiamo ricorrere alla risonanza magnetica nucleare (NMR).

In un tipico esperimento di NMR, che coinvolge specie atomiche con spin nucleare 1/2, lo spin interagisce con due campi magnetici: uno, $\boldsymbol{B}_0$, è stazionario lungo la direzione z, l'altro, $\boldsymbol{B}_1(\omega_{\mathrm{RF}})$, è un campo a radiofrequenza che giace in un piano ortogonale a $\boldsymbol{B}_0$. Senza perdita di generalità possiamo assumere $\boldsymbol{B}_1(\omega_{\mathrm{RF}})$ lungo la direzione x con ampiezza oscillante $2B_1 \cos(\omega_{\mathrm{RF}} t)$ e l'Hamiltoniana del sistema si scrive:

$$\hat{H}_{\mathrm{NMR}} = \frac{\hbar\omega_0}{2}\,\hat{\sigma}_z + \hbar\omega_1\,\cos(\omega_{\mathrm{RF}} t)\,\hat{\sigma}_x, \tag{9.12}$$

$$= \frac{\hbar\Delta\omega}{2}\,\hat{\sigma}_z + \frac{\hbar\omega_{\mathrm{RF}}}{2}\,\hat{\sigma}_z + \hbar\omega_1\,\cos(\omega_{\mathrm{RF}} t)\,\hat{\sigma}_x, \tag{9.13}$$

dove ω_0 e ω_1 sono le frequenze di Larmor associate ai campi $\boldsymbol{B}_0$ e $\boldsymbol{B}_1(\omega_{\mathrm{RF}})$, rispettivamente, come definito nell'Eq. (9.5), e $\Delta\omega = \omega_0 - \omega_{\mathrm{RF}}$. I valori tipici dei campi coinvolti sono $B_0 \sim 0.1 \div 10$ T e $B_1 \sim 10\ \mu$T $\div$ 100 mT, quindi, $B_0 \gg B_1$.

Ora, consideriamo la rappresentazione di interazione rispetto a $\hat{H} = (\hbar\omega_{\mathrm{RF}}/2)\,\hat{\sigma}_z$ e l'Hamiltoniana $\hat{H}_{\mathrm{NMR}}$ si trasforma in (si veda l'appendice A per i dettagli):

$$\hat{H}'_{\mathrm{NMR}} = \frac{\hbar\Delta\omega}{2}\,\hat{\sigma}_z + \frac{\hbar\omega_1}{2}\big\{[1 + \cos(2\omega_{\mathrm{RF}} t)]\,\hat{\sigma}_x - \sin(2\omega_{\mathrm{RF}} t)\,\hat{\sigma}_y\big\}, \tag{9.14}$$

che, eseguendo l'*approssimazione di onda rotante* (*rotating wave approximation* RWA) o *approssimazione secolare*, cioè, trascurando i termini oscillanti veloci che coinvolgono $\pm 2\omega_{\mathrm{RF}} t$, si riduce a:

$$\hat{H}'_{\mathrm{NMR}} = \frac{\hbar\Delta\omega}{2}\,\hat{\sigma}_z + \frac{\hbar\omega_1}{2}\,\hat{\sigma}_x\,, \tag{9.15}$$

o, semplicemente:

$$\hat{H}'_{\mathrm{NMR}} = \frac{\hbar\omega_{\mathrm{eff}}}{2}\,\boldsymbol{n}\cdot\hat{\boldsymbol{\sigma}}\,, \tag{9.16}$$

dove abbiamo introdotto la frequenza effettiva:

$$\omega_{\mathrm{eff}} = \sqrt{\omega_1^2 + (\Delta\omega)^2}\,, \tag{9.17}$$

e:

$$\boldsymbol{n} = \frac{1}{\omega_{\mathrm{eff}}}\,(\omega_1, 0, \Delta\omega). \tag{9.18}$$

Possiamo concludere che si ha una precessione dello spin attorno alla direzione data da $\boldsymbol{n}$. Cambiando opportunamente $\Delta\omega$ è possibile variare $\boldsymbol{n}$ e, quindi, implementare diverse operazioni su un singolo qubit.

9.1.4 Come realizzare una porta CNOT con sistemi di spin

La porta CNOT coinvolge due qubit e l'operatore corrispondente, prendendo i qubit 1 e 2 come controllo e target, rispettivamente, può essere scritto come il seguente operatore:

$$\mathbf{C}_{12} = \frac{1}{2}\Big(\hat{\mathbb{I}} + \hat{\sigma}_z^{(1)} + \hat{\sigma}_x^{(2)} - \hat{\sigma}_z^{(1)}\hat{\sigma}_x^{(2)}\Big), \tag{9.19}$$

dove $\hat{\sigma}_k^{(h)}$, $k = x, y, z$ e $h = 1, 2$, rappresentano gli operatori di Pauli che agiscono sul qubit h-esimo (si veda la sezione 1.4.2). Tuttavia, come menzionato nella sezione 3.5, $\hat{\sigma}_z = \mathbf{H}\,\hat{\sigma}_x\,\mathbf{H}$, quindi possiamo concentrarci sull'operatore:

$$\mathbf{Z}_{12} = \Big(\hat{\mathbb{I}} \otimes \mathbf{H}\Big)\mathbf{C}_{12}\Big(\hat{\mathbb{I}} \otimes \mathbf{H}\Big), \tag{9.20a}$$

$$= \frac{1}{2}\Big(\hat{\mathbb{I}} + \hat{\sigma}_z^{(1)} + \hat{\sigma}_z^{(2)} - \hat{\sigma}_z^{(1)}\hat{\sigma}_z^{(2)}\Big), \tag{9.20b}$$

che è simmetrico rispetto allo scambio dei due qubit. Poiché $(\mathbf{Z}_{12})^2 = \hat{\mathbb{I}}$ abbiamo:

$$\exp(i\,\mathbf{Z}_{12}\,\theta) = \sum_{k=0}^{\infty} \frac{(i\theta)^k}{k!}(\mathbf{Z}_{12})^k \tag{9.21a}$$

$$= \cos\theta\,\hat{\mathbb{I}} + i\,\mathbf{Z}_{12}\,\sin\theta, \tag{9.21b}$$

e, ponendo $\theta = \pi/2$, troviamo:

$$\mathbf{Z}_{12} = -i\,\exp\Big(i\,\mathbf{Z}_{12}\,\frac{\pi}{2}\Big) \tag{9.22a}$$

$$= -i\,\exp\Big[i\frac{\pi}{4}\Big(\hat{\mathbb{I}} + \hat{\sigma}_z^{(1)} + \hat{\sigma}_z^{(2)} - \hat{\sigma}_z^{(1)}\hat{\sigma}_z^{(2)}\Big)\Big] \tag{9.22b}$$

$$= \exp\Big(-i\frac{\pi}{4}\Big)\,\exp\Big[i\frac{\pi}{4}\big(\hat{\sigma}_z^{(1)} + \hat{\sigma}_z^{(2)} - \hat{\sigma}_z^{(1)}\hat{\sigma}_z^{(2)}\big)\Big]. \tag{9.22c}$$

Quindi, possiamo implementare la porta $\mathbf{Z}_{12}$ lasciando che i due qubit interagiscano attraverso l'Hamiltoniana:

$$\hat{H} \propto \hat{\sigma}_z^{(1)} + \hat{\sigma}_z^{(2)} - \hat{\sigma}_z^{(1)}\hat{\sigma}_z^{(2)}, \tag{9.23}$$

e scegliendo un tempo t adeguato per l'evoluzione unitaria corrispondente. Come vedremo, il termine $\hat{H}_0 \propto \hat{\sigma}_z^{(1)} + \hat{\sigma}_z^{(2)}$ è l'Hamiltoniana libera del sistema dei due qubit, mentre $\hat{\sigma}_z^{(1)}\hat{\sigma}_z^{(2)}$ rappresenta un'interazione altamente anisotropa che accoppia le componenti z dei qubit, nota come *interazione di Ising*.

Fisicamente, l'Hamiltoniana $\hat{H}$ può essere realizzata con particelle con spin–1/2. In questo caso l'Hamiltoniana libera è

$$\hat{H}_0 \propto \hat{\sigma}_z^{(1)} + \hat{\sigma}_z^{(2)}, \tag{9.24}$$

e l'Hamiltoniana di interazione $\hat{\sigma}_z^{(1)}\hat{\sigma}_z^{(2)}$ accoppia gli spin lungo la direzione z soggetti a un campo magnetico uniforme, la cui ampiezza è proporzionale alla forza del loro accoppiamento. Tuttavia, le interazioni di Ising sono difficili da realizzare ed è meglio considerare le *interazioni di scambio* tra gli spin. Come vedremo nella sezione 9.1.5), applicando campi magnetici adeguati agli spin, con la stessa direzione ma ampiezze e segni diversi, possiamo costruire una porta $\mathbf{Z}_{12}$.

9.1.5 Interazioni di scambio e porta CNOT

Nella sezione 9.1.4 abbiamo visto che la porta CNOT può essere implementata con due sistemi con spin–1/2 utilizzando l'interazione di Ising, che è un tipo di interazione che accoppia gli spin lungo la direzione z. Tuttavia, abbiamo sottolineato che le interazioni di Ising sono difficili da organizzare ed è meglio utilizzare *interazioni di scambio* tra due spin, la cui Hamiltoniana di interazione è:

$$\hat{H}_{\text{ex}} \propto \hat{\boldsymbol{\sigma}}^{(1)} \cdot \hat{\boldsymbol{\sigma}}^{(2)} = \hat{\sigma}_x^{(1)}\hat{\sigma}_x^{(2)} + \hat{\sigma}_y^{(1)}\hat{\sigma}_y^{(2)} + \hat{\sigma}_z^{(1)}\hat{\sigma}_z^{(2)}, \tag{9.25}$$

dove

$$\hat{\boldsymbol{\sigma}}^{(k)} = \left(\hat{\sigma}_x^{(k)}, \hat{\sigma}_y^{(k)}, \hat{\sigma}_z^{(k)}\right), \tag{9.26}$$

con $k = 1, 2$, è il vettore degli operatori di Pauli che agiscono sullo spazio di Hilbert $\mathcal{H}_k$ del k-esimo spin.

Il sistema che stiamo considerando qui consiste in due particelle di spin–1/2 di massa m_k e carica q_k, $k = 1, 2$. Supponiamo che ogni spin interagisca (in risonanza) con un campo magnetico $\boldsymbol{B}_k$ mentre essi sono accoppiati attraverso l'interazione di scambio. L'Hamiltoniana corrispondente si legge (utilizziamo lo stesso formalismo introdotto nelle sezioni precedenti):

$$\hat{H} = \frac{\hbar\omega_1}{2}\,\boldsymbol{n}_1 \cdot \hat{\boldsymbol{\sigma}}^{(1)} + \frac{\hbar\omega_2}{2}\,\boldsymbol{n}_2 \cdot \hat{\boldsymbol{\sigma}}^{(2)} + \hbar J\,\hat{\boldsymbol{\sigma}}^{(1)} \cdot \hat{\boldsymbol{\sigma}}^{(2)}, \tag{9.27}$$

dove ω_k sono le corrispondenti frequenze di Larmor e J è la forza dell'interazione di scambio. Notate che se $J = 0$, allora l'Eq. (9.27) si riduce all'Hamiltoniana di due spin non accoppiati ciascuno interagente con il corrispondente campo magnetico e otteniamo solo due porte indipendenti a singolo qubit.

Senza perdita di generalità possiamo impostare $\boldsymbol{B}_k = (0, 0, B_k)$ e l'Eq. (9.27) diventa:

$$\hat{H} = \underbrace{\frac{\hbar\omega_1}{2}\,\hat{\sigma}_z^{(1)} + \frac{\hbar\omega_2}{2}\,\hat{\sigma}_z^{(2)}}_{\hat{H}_0} + \underbrace{\hbar J\,\hat{\boldsymbol{\sigma}}^{(1)} \cdot \hat{\boldsymbol{\sigma}}^{(2)}}_{\hat{H}_{\text{ex}}}, \tag{9.28}$$

dove $\hat{H}_0$ è l'Hamiltoniana libera del sistema a due spin, mentre $\hat{H}_{ex}$ è l'Hamiltoniana di interazione. Nel seguito mostriamo che, partendo dall'Hamiltoniana nell'Eq. (9.28), possiamo costruire la porta quantistica a due qubit $\mathbf{Z}_{12}$, che può essere convertita in una porta CNOT mediante trasformazioni di Hadamard realizzate impiegando l'Eq. (9.11) (si veda la sezione 9.1.4). In particolare, vediamo che per una scelta adeguata di ω_k e t, dato J, possiamo avere $\mathbf{Z}_{12} = \exp(-i\,\hat{H}t/\hbar)$.

Prima di tutto, ricordiamo che:

$$\mathbf{Z}_{12} = \frac{1}{2}\Big(\hat{\mathbb{I}} + \hat{\sigma}_z^{(1)} + \hat{\sigma}_z^{(2)} - \hat{\sigma}_z^{(1)}\hat{\sigma}_z^{(2)}\Big), \tag{9.29}$$

e abbiamo:

$$\mathbf{Z}_{12}|00\rangle = |00\rangle, \qquad \mathbf{Z}_{12}|11\rangle = -|11\rangle, \tag{9.30a}$$

$$\mathbf{Z}_{12}|\psi_+\rangle = |\psi_+\rangle, \qquad \mathbf{Z}_{12}|\psi_-\rangle = |\psi_-\rangle, \tag{9.30b}$$

dove:

$$|00\rangle, \quad |11\rangle \quad \text{e} \quad |\psi_+\rangle = \frac{|01\rangle + |10\rangle}{\sqrt{2}} \tag{9.31}$$

sono gli *stati di tripletto* e:

$$|\psi_-\rangle = \frac{|01\rangle - |10\rangle}{\sqrt{2}} \tag{9.32}$$

è lo *stato di singoletto*. È importante notare che i quattro stati $\{|00\rangle, |11\rangle, |\psi_\pm\rangle\}$ formano una base dello spazio di Hilbert $\mathcal{H}_1 \otimes \mathcal{H}_2$, $\mathcal{H}_k$ essendo lo spazio di Hilbert del k-esimo spin. Pertanto, è sufficiente trovare le condizioni sui parametri coinvolti per avere l'operatore di evoluzione

$$U_{ex}(t) = \exp\bigg(-\frac{i}{\hbar}\,\hat{H}t\bigg) \tag{9.33}$$

che agisce come $\mathbf{Z}_{12}$ su tale base.

Il primo passo è trovare gli autovettori e gli autovalori dell'Eq. (9.28) e procediamo come segue. Poiché l'operatore SWAP può essere scritto come:

$$\mathbf{S} = \frac{1}{2}\Big(\hat{\mathbb{I}} + \hat{\boldsymbol{\sigma}}^{(1)} \cdot \hat{\boldsymbol{\sigma}}^{(2)}\Big), \tag{9.34}$$

gli stati seguenti sono autostati dell'operatore $\hat{\boldsymbol{\sigma}}^{(1)} \cdot \hat{\boldsymbol{\sigma}}^{(2)}$, ovvero:

$$\hat{\boldsymbol{\sigma}}^{(1)} \cdot \hat{\boldsymbol{\sigma}}^{(2)}|00\rangle = |00\rangle, \qquad \hat{\boldsymbol{\sigma}}^{(1)} \cdot \hat{\boldsymbol{\sigma}}^{(2)}|11\rangle = |11\rangle, \tag{9.35a}$$

$$\hat{\boldsymbol{\sigma}}^{(1)} \cdot \hat{\boldsymbol{\sigma}}^{(2)}|\psi_+\rangle = |\psi_+\rangle, \qquad \hat{\boldsymbol{\sigma}}^{(1)} \cdot \hat{\boldsymbol{\sigma}}^{(2)}|\psi_-\rangle = -3\,|\psi_-\rangle. \tag{9.35b}$$

Inoltre, possiamo scrivere:

$$\hat{H}_0 = \frac{\hbar\omega_+}{2}\left(\frac{\hat{\sigma}_z^{(1)} + \hat{\sigma}_z^{(2)}}{2}\right) + \frac{\hbar\omega_-}{2}\left(\frac{\hat{\sigma}_z^{(1)} - \hat{\sigma}_z^{(2)}}{2}\right), \tag{9.36}$$

con $\omega_\pm = \omega_1 \pm \omega_2$ e troviamo:

$$\frac{1}{2}\big(\hat{\sigma}_z^{(1)} + \hat{\sigma}_z^{(2)}\big)|00\rangle = |00\rangle, \qquad \frac{1}{2}\big(\hat{\sigma}_z^{(1)} - \hat{\sigma}_z^{(2)}\big)|00\rangle = 0, \tag{9.37a}$$

$$\frac{1}{2}\big(\hat{\sigma}_z^{(1)} + \hat{\sigma}_z^{(2)}\big)|11\rangle = -|11\rangle, \qquad \frac{1}{2}\big(\hat{\sigma}_z^{(1)} - \hat{\sigma}_z^{(2)}\big)|11\rangle = 0, \tag{9.37b}$$

$$\frac{1}{2}\big(\hat{\sigma}_z^{(1)} + \hat{\sigma}_z^{(2)}\big)|\psi_\pm\rangle = 0, \qquad \frac{1}{2}\big(\hat{\sigma}_z^{(1)} - \hat{\sigma}_z^{(2)}\big)|\psi_\pm\rangle = |\psi_\mp\rangle. \tag{9.37c}$$

Quindi abbiamo:

$$\hat{H}|00\rangle = \hbar\Big(J + \frac{\omega_+}{2}\Big)|00\rangle, \qquad \hat{H}|11\rangle = \hbar\Big(J - \frac{\omega_+}{2}\Big)|11\rangle, \tag{9.38a}$$

$$\hat{H}|\psi_+\rangle = \hbar J|\psi_+\rangle + \frac{\hbar\omega_-}{2}|\psi_-\rangle, \quad \hat{H}|\psi_-\rangle = -3\hbar J|\psi_-\rangle + \frac{\hbar\omega_-}{2}|\psi_+\rangle, \tag{9.38b}$$

cioè $|00\rangle$ e $|11\rangle$ sono autostati di $\hat{H}$, mentre $\hat{H}$ trasforma $|\psi_\pm\rangle$ in una combinazione lineare di $|\psi_+\rangle$ e $|\psi_-\rangle$.

Successivamente, abbiamo la seguente rappresentazione matriciale di $\hat{H}$ nella base scelta:

$$\hat{H} \to \hbar\begin{pmatrix} J + \frac{1}{2}\omega_+ & 0 & 0 & 0 \\ 0 & J - \frac{1}{2}\omega_+ & 0 & 0 \\ 0 & 0 & J & \frac{1}{2}\omega_- \\ 0 & 0 & \frac{1}{2}\omega_- & -3J \end{pmatrix}. \tag{9.39}$$

La matrice ha una forma diagonale ablocchi e, per trovare i suoi autovettori e autovalori, possiamo considerare solo il blocco 2×2 [l'altro blocco è con autovettori e autovalori dati nell'Eq. (9.38a)]:

$$\begin{pmatrix} J & \frac{1}{2}\omega_- \\ \frac{1}{2}\omega_- & -3J \end{pmatrix} \tag{9.40}$$

che ha autovalori:

$$-J \pm \sqrt{4J^2 + \frac{1}{4}\omega_-^2}, \tag{9.41}$$

corrispondenti agli autostati:

$$|\Psi_\pm\rangle = \alpha_\pm|\psi_+\rangle + \beta_\pm|\psi_-\rangle, \tag{9.42}$$

dove non riportiamo esplicitamente l'espressione dei coefficienti $\alpha_\pm$ e $\beta_\pm$. Ora, poiché $|\psi_\pm\rangle$ sono autostati di $\mathbf{Z}_{12}$ con autovalore 1 [si veda l'Eq. (9.30b)], gli stati $|\Psi_\pm\rangle$ sono ancora suoi autostati con lo stesso autovalore. Pertanto, abbiamo trovato che i quattro stati:

$$|00\rangle, \quad |11\rangle, \quad \text{e} \quad |\Psi_\pm\rangle, \tag{9.43}$$

sono autostati sia di $\mathbf{Z}_{12}$ che di $\hat{H}$ e, quindi, dell'operatore di evoluzione $U_{\text{ex}}(t)$.

Per avere $\mathbf{Z}_{12} \equiv U_{\text{ex}}(t)$, gli autostati dei due operatori devono avere gli stessi autovalori, a meno di una fase costante che deve essere la stesso per tutti, ovvero:

$$U_{\text{ex}}(t)|00\rangle = \exp\left[-it\left(J + \frac{1}{2}\omega_+\right)\right]|00\rangle \leftrightarrow \mathbf{Z}_{12}|00\rangle = |00\rangle, \tag{9.44a}$$

$$U_{\text{ex}}(t)|11\rangle = \exp\left[-it\left(J - \frac{1}{2}\omega_+\right)\right]|11\rangle \leftrightarrow \mathbf{Z}_{12}|11\rangle = -|11\rangle, \tag{9.44b}$$

$$U_{\text{ex}}(t)|\Psi_+\rangle = \exp\left[-it\left(-J + \sqrt{4J^2 + \frac{1}{4}\omega_-^2}\right)\right]|\Psi_+\rangle \leftrightarrow \mathbf{Z}_{12}|\Psi_+\rangle = |\Psi_+\rangle, \tag{9.44c}$$

$$U_{\text{ex}}(t)|\Psi_-\rangle = \exp\left[-it\left(-J - \sqrt{4J^2 + \frac{1}{4}\omega_-^2}\right)\right]|\Psi_-\rangle \leftrightarrow \mathbf{Z}_{12}|\Psi_-\rangle = |\Psi_-\rangle. \tag{9.44d}$$

Questo avviene richiedendo che

$$\omega_+ = 4J, \quad \omega_- = 4\sqrt{3}J, \quad \text{e} \quad t = \frac{\pi}{4J}, \tag{9.45}$$

che porta anche al fattore di fase globale costante $\exp(-i\,3\pi/4)$, uguale per tutti gli stati. Si può cambiare il valore di $\omega_\pm$ variando le ampiezze dei due campi magnetici e, in effetti, le condizioni precedenti sono equivalenti a richiedere:

$$\omega_1 = 2\left(1 + \sqrt{3}\right)J \quad \text{e} \quad \omega_2 = 2\left(1 - \sqrt{3}\right)J\,, \tag{9.46}$$

e, quindi, troviamo:

$$B_1 = 4\left(\sqrt{3} + 1\right)\frac{mJ}{gq}, \quad \text{e} \quad B_2 = -4\left(\sqrt{3} - 1\right)\frac{mJ}{gq}, \tag{9.47}$$

dove, per semplicità, abbiamo supposto che le due particelle con spin–1/2 siano della stessa specie, cioè, $m_k = m$, $g_k = g$ e $q_k = q$, $k = 1, 2$. Notate che i due campi magnetici sono diretti lungo la direzione z ma hanno segno opposto; sebbene $\mathbf{Z}_{12}$ sia simmetrico, la sua implementazione fisica mediante interazione di scambio richiede campi magnetici diversi che agiscono sui due spin. Tuttavia, se impostiamo:

$$\omega_1 = 2\left(1 - \sqrt{3}\right)J \quad \text{e} \quad \omega_2 = 2\left(1 + \sqrt{3}\right)J, \tag{9.48}$$

otteniamo lo stesso risultato, cioè, la simmetria è ancora presente!

Concentriamoci ora sull'ordine di grandezza delle quantità coinvolte. Il magnetone di Bohr e il magnetone nucleare sono:

$$\mu_{\mathrm{B}} = \frac{e\hbar}{2m_{\mathrm{e}}} = 9.27 \times 10^{-24}\ \frac{\mathrm{J}}{\mathrm{T}} \quad \mathrm{e} \quad \mu_{\mathrm{N}} = \frac{e\hbar}{2m_{\mathrm{p}}} = 5.05 \times 10^{-27}\ \frac{\mathrm{J}}{\mathrm{T}} \tag{9.49}$$

rispettivamente, dove e è la carica dell'elettrone mentre m_{e} e m_{p} sono le masse dell'elettrone e del protone, rispettivamente. Tipici nuclei con spin–1/2 sono ^{1}H, ^{13}C e ^{19}F e la grandezza dell'accoppiamento è $J \sim 100$ MHz). Poiché $\omega \sim 10^{8}$ Hz, ricaviamo che le ampiezze del campo magnetico coinvolte sono $\sim 10^{-2}$ T per lo spin elettronico e ~ 10 T per lo spin nucleare, portando a una scala temporale $t \sim 10^{-8}$ sec.

9.1.6 Ulteriori considerazioni

Le Hamiltoniane di interazione di scambio sono tipiche dei sistemi NMR e delle molecole. L'interazione tra gli spin è un'interazione indiretta mediata dagli elettroni condivisi attraverso un legame chimico. Il campo magnetico visto dal nucleo è perturbato dallo stato della nuvola elettronica, che interagisce con un altro nucleo attraverso la sovrapposizione della funzione d'onda con il nucleo stesso (interazione di contatto di Fermi), che è un'interazione mediante il legame.

La stessa Hamiltoniana dell'Eq. (9.27) descrive l'eccesso di spin elettronici in coppie di quantum dot, che sono collegate attraverso una giunzione di tunnel (Hamiltoniana di Heisenberg). Questa Hamiltoniana effettiva può essere derivata da un modello microscopico per descrivere gli elettroni in quantum dot accoppiati.

9.2 Interazione tra atomi e luce: QED in cavità

Affrontiamo qui il problema di un atomo a due livelli visto come un qubit. In tutta questa sezione $|g\rangle$ e $|e\rangle$ rappresentano gli stati associati allo stato fondamentale e allo stato eccitato dell'atomo, rispettivamente. L'Hamiltoniana libera dell'atomo a due livelli può essere scritta mediante gli operatori di Pauli come segue:

$$\hat{H}_{\mathrm{a}} = \frac{\hbar\omega_{eg}}{2}\,\hat{\sigma}_z, \tag{9.50}$$

dove $\hbar\omega_{eg} = \hbar\omega_e - \hbar\omega_g$ è la differenza di energia tra i due livelli e abbiamo la seguente associazione con la solita base computazionale:

$$|e\rangle \rightarrow |0\rangle \quad \mathrm{e} \quad |g\rangle \rightarrow |1\rangle. \tag{9.51}$$

Nell'approssimazione a due livelli, l'operatore del momento di dipolo elettrico dell'atomo può essere scritto come:

$$\hat{\boldsymbol{D}} = d\,(\boldsymbol{\varepsilon}_\mathrm{a}\hat{\sigma}_- + \boldsymbol{\varepsilon}_\mathrm{a}^*\hat{\sigma}_+), \tag{9.52}$$

dove abbiamo introdotto:

$$\hat{\sigma}_- = |g\rangle\langle e| \quad \text{e} \quad \hat{\sigma}_+ = |e\rangle\langle g|, \tag{9.53}$$

gli operatori di abbassamento e di innalzamento, d è l'elemento di matrice della transizione atomica e $\boldsymbol{\varepsilon}_\mathrm{a}$ è un vettore complesso che rappresenta la polarizzazione della transizione atomica. Notate che:

$$\hat{\sigma}_\pm = \frac{\hat{\sigma}_x \pm i\,\hat{\sigma}_y}{2}. \tag{9.54}$$

9.2.1 *Interazione tra un atomo a due livelli e un campo elettrico classico*

L'interazione tra un atomo a due livelli e un campo elettrico classico è formalmente equivalente all'interazione tra una particella con spin–1/2 e un campo magnetico discussa nelle sezioni precedenti. L'Hamiltoniana quantistica che descrive l'interazione tra il momento di dipolo elettrico atomico e il campo classico $\boldsymbol{E}(t)$ all'interno di una cavità (si veda l'appendice B) è:

$$\hat{H}_\mathrm{int} = -\hat{\boldsymbol{D}} \cdot \boldsymbol{E}(t), \tag{9.55}$$

con:

$$\boldsymbol{E}(t) = i\,E_0\left(\boldsymbol{\varepsilon}_\mathrm{f}\,\mathrm{e}^{-i\omega t - i\varphi} - \boldsymbol{\varepsilon}_\mathrm{f}^*\,\mathrm{e}^{i\omega t + i\varphi}\right), \tag{9.56}$$

dove ω e $\boldsymbol{\varepsilon}_\mathrm{f}$ sono rispettivamente la frequenza e la polarizzazione del campo, e abbiamo assunto un'ampiezza reale E_0. L'Hamiltoniana complessiva del sistema è quindi data da:

$$\hat{H}_\mathrm{tot} = \frac{\hbar\omega_{eg}}{2}\,\hat{\sigma}_z - \hat{\boldsymbol{D}} \cdot \boldsymbol{E}(t)\,, \tag{9.57a}$$

$$= \frac{\hbar\Delta\omega}{2}\,\hat{\sigma}_z + \frac{\hbar\omega}{2}\,\hat{\sigma}_z - \hat{\boldsymbol{D}} \cdot \boldsymbol{E}(t)\,, \tag{9.57b}$$

dove $\Delta\omega = \omega_{eg} - \omega$ è il cosiddetto detuning tra l'atomo a due livelli e il campo. Per concentrarci sull'interazione, consideriamo la rappresentazione di interazione rispetto all'Hamiltoniana $\hat{H}_0 = \hbar\omega\hat{\sigma}_z/2$: qui è importante notare che stiamo considerando la frequenza ω del campo. Seguendo l'appendice A e passando alla rppresentazione di interazione, otteniamo:

$$\hat{H}_{\rm tot} \to \hat{H} = \hat{U}_0^\dagger(t)\,\hat{H}_{\rm tot}\,\hat{U}_0(t) = \frac{\hbar\Delta\omega}{2}\hat{\sigma}_z - \hat{U}_0^\dagger(t)\,\hat{\boldsymbol{D}}\cdot\boldsymbol{E}(t)\,\hat{U}_0(t)\,. \tag{9.58}$$

Poiché

$$\hat{U}_0^\dagger(t)\,\hat{\sigma}_\pm\,\hat{U}_0(t) = \hat{\sigma}_\pm\,\mathrm{e}^{\pm i\omega t}\,, \tag{9.59}$$

l'ultimo termine dell'Eq. (9.58) contiene termini proporzionali a $\mathrm{e}^{\pm i\varphi}$ e a $\mathrm{e}^{\pm i2\omega t\pm i\varphi}$: questi ultimi termini *oscillano rapidamente* e se assumiamo che la scala temporale del sistema sia $1/\omega$, allora il loro effetto sull'evoluzione temporale è trascurabile. Questo, come abbiamo già visto, ci porta ad applicare la RWA e l'Eq. (9.57) si riduce a (per semplicità assumiamo $\boldsymbol{\varepsilon}_{\rm a}, \boldsymbol{\varepsilon}_{\rm f} \in \mathbb{R}^3$):

$$\hat{H} = \frac{\hbar\Omega'}{2}\,\boldsymbol{n}\cdot\hat{\boldsymbol{\sigma}}, \tag{9.60}$$

dove:

$$\boldsymbol{n} = \frac{1}{\Omega'}\,(-\Omega_0\sin\varphi, \Omega_0\cos\varphi, \Delta\omega). \tag{9.61}$$

con

$$\Omega' = \sqrt{(\Delta\omega)^2 + \Omega_0^2} \tag{9.62}$$

e abbiamo introdotto la *frequenza di Rabi*:

$$\Omega_0 = \frac{2d}{\hbar}\,E_0\,\boldsymbol{\varepsilon}_{\rm a}\cdot\boldsymbol{\varepsilon}_{\rm f}. \tag{9.63}$$

In caso di risonanza ($\Delta\omega = 0$) abbiamo (possiamo impostare $\varphi = 0$):

$$\hat{H} = \frac{\hbar\Omega_0}{2}\,\hat{\sigma}_y, \tag{9.64}$$

che chiaramente ha i seguenti autostati:

$$|\gamma_\pm\rangle = \frac{1}{\sqrt{2}}\big(|0\rangle \pm i\,|1\rangle\big)\,. \tag{9.65}$$

Più in generale, se $\varphi \neq 0$, otteniamo la seguente evoluzione temporale (sempre nel caso risonante):

$$\begin{aligned}\hat{U}_\varphi(t) &= \exp\!\left(-i\,\frac{\Omega_0 t}{2}\,\boldsymbol{n}\cdot\hat{\boldsymbol{\sigma}}\right),\\ &= \cos\!\left(\frac{\Omega_0 t}{2}\right)\hat{\mathbb{I}} - i\,\sin\!\left(\frac{\Omega_0 t}{2}\right)\big(-\sin\varphi\,\hat{\sigma}_x + \cos\varphi\,\hat{\sigma}_y\big),\end{aligned} \tag{9.66}$$

e, utilizzando il formalismo della matrici 2×2 (nella base computazionale):

$$\hat{U}_{\varphi}(t) \to \begin{pmatrix} \cos\left(\frac{\Omega_0 t}{2}\right) & -\mathrm{e}^{-i\varphi}\sin\left(\frac{\Omega_0 t}{2}\right) \\ \mathrm{e}^{i\varphi}\sin\left(\frac{\Omega_0 t}{2}\right) & \cos\left(\frac{\Omega_0 t}{2}\right) \end{pmatrix}. \tag{9.67}$$

È ora immediato vedere che, nella rappresentazione di interazione:

$$\hat{U}_{\varphi}(t)|e\rangle = \cos\left(\frac{\Omega_0 t}{2}\right)|e\rangle + \mathrm{e}^{i\varphi}\sin\left(\frac{\Omega_0 t}{2}\right)|g\rangle, \tag{9.68a}$$

$$\hat{U}_{\varphi}(t)|g\rangle = \cos\left(\frac{\Omega_0 t}{2}\right)|g\rangle - \mathrm{e}^{-i\varphi}\sin\left(\frac{\Omega_0 t}{2}\right)|e\rangle. \tag{9.68b}$$

Mettiamo in evidenza i seguenti tre casi rilevanti.

- Impulso a $\frac{\pi}{2}$: in questo caso si pone $\Omega_0 t = \pi/2$ e abbiamo la seguente evoluzione partendo da $|g\rangle$ o $|e\rangle$:

$$|e\rangle \to \frac{1}{\sqrt{2}}\big(|e\rangle + \mathrm{e}^{i\varphi}|g\rangle\big), \quad \mathrm{e} \quad |g\rangle \to \frac{1}{\sqrt{2}}\big(|g\rangle - \mathrm{e}^{-i\varphi}|e\rangle\big), \tag{9.69}$$

  e, per $\varphi = 0$, otteniamo la trasformazione di Hadamard.
- Impulso a π: ora $\Omega_0 t = \pi$ e otteniamo:

$$|e\rangle \to \mathrm{e}^{i\varphi}|g\rangle, \quad \mathrm{e} \quad |g\rangle \to -\mathrm{e}^{-i\varphi}|e\rangle, \tag{9.70}$$

  cioè, a meno di una fase globale, la porta NOT.
- Impulso di 2π: per $\Omega_0 t = 2\pi$ rivaciamo:

$$|e\rangle \to -|e\rangle, \quad \mathrm{e} \quad |g\rangle \to -|g\rangle, \tag{9.71}$$

  cioè, aggiungiamo un phase flip allo stato di input. Questo phase flip è una proprietà ben nota delle rotazioni in presenza di particelle con spin–2π.

9.3 La descrizione quantistica della luce

L'Hamiltoniana quantistica del campo elettromagnetico a singolo modo corrisponde a quella di un oscillatore armonico con la stessa frequenza ω, ovvero:

$$\hat{H} = \frac{\hat{P}^2}{2} + \frac{1}{2}\omega^2\hat{Q}^2 = \hbar\omega\left(\hat{a}^{\dagger}\hat{a} + \frac{1}{2}\right) \tag{9.72}$$

dove abbiamo introdotto gli operatori analoghi alla posizione e al momento:

$$\hat{Q} = \sqrt{\frac{\hbar}{2\omega}}(\hat{a}^\dagger + \hat{a}) \quad \text{e} \quad \hat{P} = i\sqrt{\frac{\hbar\omega}{2}}(\hat{a}^\dagger - \hat{a}), \tag{9.73}$$

rispettivamente, $\left[\hat{Q}, \hat{P}\right] = i\hbar\,\hat{\mathbb{I}}$, mentre:

$$\hat{a} = \sqrt{\frac{\omega}{2\hbar}}\left(\hat{Q} + i\frac{\hat{P}}{\omega}\right) \quad \text{e} \quad \hat{a}^\dagger = \sqrt{\frac{\omega}{2\hbar}}\left(\hat{Q} - i\frac{\hat{P}}{\omega}\right), \tag{9.74}$$

sono, rispettivamente, gli operatori di campo bosonici di annichilazione e di creazione, $[\hat{a}, \hat{a}^\dagger] = \hat{\mathbb{I}}$. Più in generale, a ogni modo del campo di radiazione corrisponde un operatore di campo bosonico.

9.4 Qubit fotonici

Se denotiamo con $\{|n\rangle\}_{n\in\mathbb{N}}$ l'insieme degli autovettori dell'operatore autoaggiunto $\hat{N} = \hat{a}^\dagger\hat{a}$, ovvero, $\hat{N}|n\rangle = n|n\rangle$, abbiamo:

$$\hat{a}|n\rangle = \sqrt{n}|n-1\rangle \quad \text{e} \quad \hat{a}^\dagger|n\rangle = \sqrt{n+1}|n+1\rangle, \tag{9.75}$$

e, quindi:

$$|n\rangle = \frac{(\hat{a}^\dagger)^n}{\sqrt{n!}}|0\rangle, \tag{9.76}$$

dove lo stato $|0\rangle$ rappresenta lo stato di vuoto. L'insieme $\{|n\rangle\}_{n\in\mathbb{N}}$ è talvolta chiamato base degli stati di Fock o base del numero di fotoni.

Oltre alla frequenza, in genere si può sfruttare anche la polarizzazione dei fotoni per codificare i qubit. Dato un singolo fotone, associamo la sua polarizzazione a uno spazio di Hilbert bidimensionale generato dai vettori di base $\{|H\rangle, |V\rangle\}$, ottenendo, così, una corrispondenza diretta con gli stati di qubit $\{|0\rangle, |1\rangle\}$: questo è un qubit di polarizzazione.

Di solito, quando è chiaro che siamo in presenza di un solo fotone, si può rappresentare il suo stato come un vettore nello stato di Hilbert di polarizzazione, senza specificare il numero effettivo di fotoni. Pertanto, lo stato di sovrapposizione di singolo fotone:

$$|\psi\rangle = \cos\theta\,|H\rangle + \sin\theta\,|V\rangle\,, \tag{9.77}$$

rappresenta fisicamente un fotone con polarizzazione lineare a un angolo θ rispetto a quello orizzontale. Una sovrapposizione quantistica con coefficienti complessi, come:

$$|\psi\rangle = \cos\theta\,|H\rangle + i\,\sin\theta\,|V\rangle\,, \tag{9.78}$$

corrisponde a una polarizzazione ellittica, che si riduce a quella circolare se $\theta = \pi/4$. Oltre alla polarizzazione, i qubit ottici a singolo fotone possono sfruttare il grado di libertà del momento angolare orbitale (della luce) e la loro direzione di propagazione per codificare le informazioni (qubit di percorso).

Emanuel Knill, Raymond Laflamme e Gerard J. Milburn hanno dimostrato che la computazione quantistica universale può essere implementata sfruttando elementi ottici lineari, come divisori di fascio (beam splitter) e sfasatori (phase shifter), rilevatori di fotoni e, ovviamente, sorgenti di singoli fotoni. Questo protocollo è conosciuto come protocolo di KLM ed è un caso particolare di computazione quantistica realizzata con l'ottica lineare.

Ancora nel campo dell'ottica lineare, un modello limitato di computazione quantistica non universale è stato proposto da Scott Aaronson e Alex Arkhipov: il campionamento di bosoni (*boson sampling*). Il cosiddetto problema del campionamento di bosoni è un problema ritenuto al di là delle capacità dei computer classici. Le sue implementazioni non sono limitate solo ai singoli fotoni ma possono sfruttare la classe degli stati Gaussiani (e la rilevazione di fotoni), ovvero, stati che mostrano funzioni di Wigner Gaussiane, come gli stati squeezed. Ricordiamo che gli stati coerenti della luce, una buona approssimazione degli stati generati da un laser, sono stati Gaussiani.

Prima di concludere questa sezione, menzioniamo il codice di Gottesman–Kitaev–Preskill (GKP), proposto da Daniel Gottesman, Alexei Kitaev e John Preskill che è un modo interessante per implementare una computazione quantistica pratica e tollerante agli errori (si veda la sezione 8.4). Il codice sfrutta lo stato di un oscillatore e le codeword GKP sono sovrapposizioni coerenti di stati di vuoto squeezed spostati in maniera periodica opportuna.

9.5 Il modello di Jaynes–Cummings

Il modello quantistico completo per descrivere l'interazione tra radiazione e materia coinvolge la descrizione quantistica della luce. Ora, il campo elettrico classico che compare nell'Hamiltoniana di interazione dell'Eq. (9.55) è sostituito dall'operatore quantistico corrispondente:[1]

$$\hat{\boldsymbol{E}} = iE_0\left(\boldsymbol{\varepsilon}_{\mathrm{f}}\hat{a} - \boldsymbol{\varepsilon}_{\mathrm{f}}^{*}\hat{a}^{\dagger}\right), \tag{9.79}$$

dove $\hat{a}$ e $\hat{a}^{\dagger}$ sono gli operatori di campo di annichilazione e creazione introdotti nella sezione 9.3, che descrivono il campo stazionario all'interno della cavità (assumiamo l'atomo al centro della cavità), e:

$$E_0 = \sqrt{\frac{\hbar\omega}{2\varepsilon_0 V}} \tag{9.80}$$

[1] Consideriamo un campo in cavità stazionario, indipendente dal tempo e, per semplicità, assumiamo anche che l'atomo sia posizionato al centro della cavità.

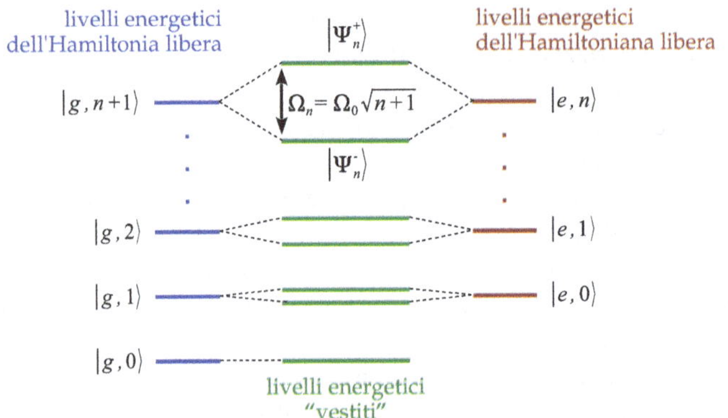

Figura 9.2 Le linee blu e rosse si riferiscono ai livelli energetici corrispondenti agli autostati dell'Hamiltoniana libera dell'Eq. (9.81) con $\omega = \omega_{eg}$: è chiaro che gli stati $|g, n+1\rangle$ e $|e, n\rangle$, con $n \geq 0$, sono degeneri. L'unico livello non degenere è lo stato fondamentale $|g, 0\rangle$. L'interazione di Jaynes–Cummings rimuove la degenerazione e accoppia gli stati vestiti $|\Psi_n^{\pm}\rangle$, i cui corrispondenti livelli energetici (linee verdi) hanno una differenza di energia pari a $\hbar\Omega_n = \hbar\Omega_0\sqrt{n+1}$

è il *campo elettrico del singolo fotone*, essendo V il volume in cui si è fatta la quantizzazione mentre ε_0 è la permittività dielettrica del vuoto. L'Hamiltoniana libera del sistema è:

$$\hat{H}_0 = \underbrace{\frac{\hbar\omega_{eg}}{2}\hat{\sigma}_z}_{\text{atomo}} + \underbrace{\hbar\omega\left(\hat{a}^\dagger\hat{a} + \frac{1}{2}\right)}_{\text{campo}}, \tag{9.81}$$

e abbiamo le due famiglie di autostati di $\hat{H}_0$, cioè:

$$\hat{H}_0|g,n\rangle = \hbar\left[-\frac{\omega_{eg}}{2} + \omega\left(n + \frac{1}{2}\right)\right]|g,n\rangle, \tag{9.82a}$$

$$\hat{H}_0|e,n\rangle = \hbar\left[+\frac{\omega_{eg}}{2} + \omega\left(n + \frac{1}{2}\right)\right]|e,n\rangle, \tag{9.82b}$$

dove $\{|e\rangle, |g\rangle\}$ sono gli autostati di $\hat{\sigma}_z$, $\{|n\rangle\}$ è la base del numero di fotoni e $|x, y\rangle = |x\rangle|y\rangle$. Come possiamo vedere anche nella figura 9.2, se $\omega = \omega_{eg}$ gli stati $|g, n+1\rangle$ e $|e, n\rangle$, con $n \geq 0$, sono degeneri.

L'Hamiltoniana di interazione si scrive:

$$H_{\text{int}} = -\hat{\boldsymbol{D}} \cdot \hat{\boldsymbol{E}}, \tag{9.83}$$

dove $\hat{\boldsymbol{D}}$ è ancora dato dall'Eq. (9.52). Passando nella rappresentazione d'interazione rispetto all'Hamiltoniana (si veda l'appendice A e la sezione 9.2.1):

$$\hat{H}' = \hbar\omega\left(\hat{a}^\dagger\hat{a} + \frac{1}{2}\hat{\mathbb{I}} + \frac{1}{2}\hat{\sigma}_z\right), \tag{9.84}$$

e considerando la RWA, arriviamo all'Hamiltoniana di interazione seguente:

$$\hat{H}_{\text{int}} = \frac{\hbar\delta}{2}\,\hat{\sigma}_z - i\,\frac{\hbar\Omega_0}{2}\left(\hat{\sigma}_+\,\hat{a} - \hat{\sigma}_-\,\hat{a}^\dagger\right), \tag{9.85}$$

(Hamiltoniana di Jaynes–Cummings)

dove Ω_0 è la frequenza di Rabi definita nell'Eq. (9.63) con E_0 dato dalla (9.80) e $\delta = \omega_{eg} - \omega$ è il *detuning*.

È interessante osservare che $\hat{H}_{\text{int}}$ accoppia la varietà bidimensionale generato da $\{|g, n+1\rangle, |e, n\rangle\}$, con $n > 0$. Infatti, abbiamo:

$$\left(\hat{\sigma}_+\,\hat{a} - \hat{\sigma}_-\,\hat{a}^\dagger\right)|g, n+1\rangle = \sqrt{n+1}\,|e, n\rangle, \tag{9.86}$$

(assorbimento di un fotone)

e

$$\left(\hat{\sigma}_+\,\hat{a} - \hat{\sigma}_-\,\hat{a}^\dagger\right)|e, n\rangle = -\sqrt{n+1}\,|g, n+1\rangle. \tag{9.87}$$

(emissione di un fotone)

Notate che lo stato fondamentale dell'Hamiltoniana libera, cioè, $|g, 0\rangle$, è anche un autostato di $\hat{H}_{\text{int}}$.

Introducendo l'operatore:

$$\hat{\mathcal{N}} = \hat{a}^\dagger\hat{a} + \frac{1}{2}\hat{\mathbb{I}} + \frac{1}{2}\hat{\sigma}_z, \tag{9.88}$$

l'Hamiltoniana totale può essere scritta come segue (dopo la RWA ma *non* nella rappresentazione di interazione):

$$\hat{H} = \hbar\omega\,\hat{\mathcal{N}} + \frac{\hbar\delta}{2}\,\hat{\sigma}_z - i\,\frac{\hbar\Omega_0}{2}\left(\hat{\sigma}_+\,\hat{a} - \hat{\sigma}_-\,\hat{a}^\dagger\right). \tag{9.89}$$

Se ci concentriamo sul caso risonante $\delta = 0$, oltre allo stato fondamentale, troviamo i seguenti autostati dell'Hamiltoniana totale per $n \geq 0$:

$$\hat{H}\,|\Psi_n^\pm\rangle = \underbrace{\hbar\left[(n+1)\omega \pm \frac{1}{2}\Omega_n\right]}_{E_n^\pm}\,|\Psi_n^\pm\rangle, \tag{9.90}$$

dove:

$$|\Psi_n^\pm\rangle = \frac{1}{\sqrt{2}}(|e, n\rangle \pm i\,|g, n+1\rangle), \tag{9.91}$$

e $\Omega_n = \Omega_0\sqrt{n+1}$ è la frequenza di Rabi per n fotoni. Gli stati $|\Psi_n^{\pm}\rangle$ sono chiamati *stati vestiti* e $\Delta E_n = E_n^+ - E_n^- = \hbar\Omega_0\sqrt{n+1}$. Naturalmente possiamo anche scrivere:

$$|e,n\rangle = \frac{1}{\sqrt{2}}\Big(|\Psi_n^+\rangle + |\Psi_n^-\rangle\Big) \quad \text{e} \quad |g,n+1\rangle = \frac{1}{i\sqrt{2}}\Big(|\Psi_n^+\rangle - |\Psi_n^-\rangle\Big). \tag{9.92}$$

Vale la pena notare che l'Hamiltoniana di Jaynes–Cummings dell'Eq. (9.85) può essere anche scritta come:

$$\hat{H}_{\text{int}} = \frac{\hbar\Omega_0}{2}\left(\hat{\sigma}_+\,\hat{a} + \hat{\sigma}_-\,\hat{a}^\dagger\right), \tag{9.93}$$

dove abbiamo eseguito la seguente trasformazione unitaria sull'operatore di campo $\hat{a} \to i\hat{a}$, che, ovviamente, preserva le relazioni di commutazione, poiché $\left[(i\hat{a}),(i\hat{a})^\dagger\right] = \left[\hat{a},\hat{a}^\dagger\right] = \hat{\mathbb{I}}$. Questa trasformazione corrisponde all'applicazione di uno shift di fase $\hat{U}_{\pi/2} = \exp(i\frac{\pi}{2}\,\hat{a}^\dagger\hat{a})$ e abbiamo $\hat{U}_{\pi/2}^\dagger\,\hat{a}\,\hat{U}_{\pi/2} = i\,\hat{a}$.

9.5.1 *Oscillazioni di Rabi nel vuoto: circuito quantistico*

Se l'atomo è inizialmente nello stato eccitato $|e\rangle$ e il campo è nello stato di vuoto $|0\rangle$,[2] abbiamo le *oscillazioni di Rabi nel vuoto*. In particolare troviamo:

- impulso a π ($\Omega_0 t = \pi$):

$$|e,0\rangle \to |g,1\rangle, \quad \text{e} \quad |g,1\rangle \to -|e,0\rangle; \tag{9.94}$$

- impulso a $\pi/2$ ($\Omega_0 t = \pi/2$):

$$|e,0\rangle \to \frac{1}{\sqrt{2}}(|e,0\rangle + |g,1\rangle), \quad \text{e} \quad |g,1\rangle \to \frac{1}{\sqrt{2}}(|g,1\rangle - |e,0\rangle), \tag{9.95}$$

  che sono stati massimamente entangled dell'atomo e del campo in cavità.

La figura 9.3 mostra come possiamo descrivere le oscillazioni di Rabi nel vuoto mediante porte CNOT e operazioni unitarie controllate:

$$\hat{R}(t) = \exp\!\left(-i\,\frac{\Omega_0 t}{2}\,\hat{\sigma}_y\right) = \cos\!\left(\frac{\Omega_0 t}{2}\right)\hat{\mathbb{I}} - i\,\sin\!\left(\frac{\Omega_0 t}{2}\right)\hat{\sigma}_y, \tag{9.96}$$

[2] Si noti che, nel caso classico, l'assenza del campo corrisponderebbe a porre $E_0 = 0$ nella frequenza di Rabi (9.63) ottenendo anche $\Omega_0 = 0$; nel caso quantistico, invece, E_0 è sempre non nullo e dato dall'Eq. (9.80), dando luogo ad effetti non classici come, appunto, le oscillazioni di Rabi nel vuoto.

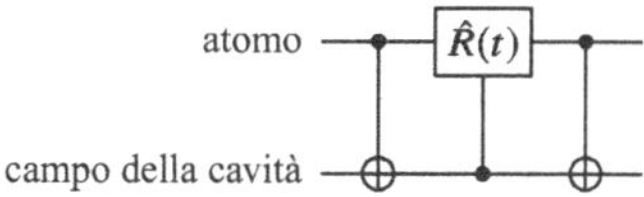

Figura 9.3 Circuito quantistico che implementa le oscillazioni di Rabi nel vuoto

dove dobbiamo usare la seguente associazione tra gli stati fisici e la base computazionale:

$$|g,0\rangle \leftrightarrow |00\rangle, \quad |g,1\rangle \leftrightarrow |01\rangle, \quad |e,0\rangle \leftrightarrow |10\rangle, \quad \text{e} \quad |e,1\rangle \leftrightarrow |11\rangle. \tag{9.97}$$

Potete verificare che il circuito quantistico della figura 9.3 agisce sulla base computazionale come segue:

$$|00\rangle \to |00\rangle, \quad |11\rangle \to |11\rangle, \tag{9.98a}$$

$$|01\rangle \to \cos\left(\frac{\Omega_0 t}{2}\right)|01\rangle - \sin\left(\frac{\Omega_0 t}{2}\right)|10\rangle, \tag{9.98b}$$

$$|10\rangle \to \cos\left(\frac{\Omega_0 t}{2}\right)|10\rangle + \sin\left(\frac{\Omega_0 t}{2}\right)|01\rangle, \tag{9.98c}$$

che è la stessa evoluzione ottenuta con l'Hamiltoniana di Jaynes–Cummings (9.85), eccetto per quel che riguarda lo stato $|11\rangle = |e,1\rangle$, poiché, in questo caso, abbiamo:

$$\exp\left(-i\frac{\hat{H}_{\text{int}}}{\hbar}t\right)|e,1\rangle = \cos\left(\frac{\Omega_1 t}{2}\right)|e,1\rangle + \sin\left(\frac{\Omega_1 t}{2}\right)|g,2\rangle. \tag{9.99}$$

Come visto nella sezione precedente, $\hat{H}_{\text{int}}$ accoppia gli stati $|e,1\rangle$ e $|g,2\rangle$, ma $|g,2\rangle$ non appartiene allo spazio computazionale generato dai due qubit ...

Per risolvere questo problema, è necessario modificare l'evoluzione come segue:

$$\exp\left(-i\frac{\hat{H}_{\text{int}}}{\hbar}t\right) \to \exp\left(-i\frac{\hat{H}_{\text{int}}}{\hbar}t\right)\left(\hat{P}_q - |e,1\rangle\langle e,1|\right) + |e,1\rangle\langle e,1|, \tag{9.100}$$

dove abbiamo introdotto il proiettore

$$\hat{P}_q = \sum_{A=g,e}\sum_{F=0,1}|A,F\rangle\langle A,F|, \tag{9.101}$$

che proietta lo stato sullo spazio 4-dimensionale generato dalla base computazionale dei 2-qubit.

Concludiamo questa sezione mostrando come sia possibile mappare uno stato di sovrapposizione atomica $|\psi_A\rangle = c_e|e\rangle + c_g|g\rangle$ sullo stato del campo in cavità. A questo scopo è sufficiente preparare il campo nello stato di vuoto e poi applicare un impulso a π, cioè (notate che, qui, 0 e 1 rappresentano il numero di fotoni):

$$(c_e|e\rangle + c_g|g\rangle)|0\rangle \xrightarrow{\text{impulso a }\pi} |g\rangle(c_e|1\rangle + c_g|0\rangle), \tag{9.102}$$

cioè, l'atomo è lasciato nello stato fondamentale mentre la cavità è in uno stato di sovrapposizione con le stesse ampiezze complesse dello stato atomico di ingresso. D'altra parte, quando proviamo a mappare lo stato $|\psi_A\rangle = c_1|1\rangle + c_0|0\rangle$ del campo su uno stato atomico, otteniamo:

$$|g\rangle(c_1|1\rangle + c_0|0\rangle) \xrightarrow{\text{impulso a } \pi} (-c_1|e\rangle + c_0|g\rangle)|0\rangle, \tag{9.103}$$

ovvero, abbiamo una fase che appare davanti a $|e\rangle$. È importante notare che il campo considerato in tutto questo capitolo è *all'interno* di una cavità e, quindi, non è direttamente accessibile: si dovrebbe misurare l'atomo dopo l'interazione per avere alcune informazioni sullo stato del campo in cavità!

Problemi

9.1 Partendo dall'Eq. (9.9), spiegare perché è possibile riprodurre l'azione di qualsiasi porta a singolo qubit utilizzando uno spin e un campo magnetico classico adeguatamente scelto.

9.2 Dimostrare che gli operatori $\mathbf{C}_{12}$ e $\mathbf{Z}_{12}$ come definiti nelle Eq. (9.19) e (9.20b), rispettivamente, agiscono su $|x\rangle|y\rangle$ come una porta CNOT e una porta $\mathbf{Z}$ controllata, dove $\hat{\sigma}_z|x\rangle = (-1)^x|x\rangle$ e $\hat{\sigma}_x|x\rangle = |\overline{x}\rangle$.

9.3 Disegnare il circuito quantistico per implementare la porta CNOT nel caso di particelle con spin $\frac{1}{2}$ utilizzando porte a singolo qubit e la porta a due qubit basata sull'interazione di scambio. Spiegare come dovrebbero essere diretti i campi magnetici coinvolti, scrivere la loro grandezza e il tempo di interazione per ogni porta. È importante controllare le fasi globali che appaiono sui qubit dopo le porte? Perché?

9.4 Rappresentare l'evoluzione dell'atomo a due livelli che interagisce con un campo elettrico oscillante classico utilizzando il formalismo della sfera di Bloch, nel caso di impulso a $\frac{\pi}{2}$, a π e a 2π. Si assuma che lo stato iniziale sia $|e\rangle$, cioè il polo nord della sfera unitaria.

9.5 Si assuma che un atomo a due livelli che interagisce con un sistema con un campo quantizzato sia inizialmente preparato nello stato $|e,n\rangle$, con $n \geq 0$. Trovare la probabilità che l'atomo sia nello stato eccitato dopo un tempo di interazione t in risonanza ($\delta = 0$).

9.6 Trovare l'effetto di un impulso a 2π ($\Omega_0 t = 2\pi$) su $|e,0\rangle$ e $|g,1\rangle$.

Ulteriori letture

J. Stolze and D. Suter, *Quantum Computing: A Short Course from Theory to Experiment* (Wiley-VCH, 2004) – Capitolo 10

S. Haroche and J.-M. Raimond, *Exploring the Quantum: Atoms, Cavities, and Photons* (Oxford Graduate Texts, 2006) – Capitolo 3, Capitolo 5

M. A. Nielsen and I. L. Chuang, *Quantum Computation and Quantum Information* (Cambridge University Press, 2010) – Capitolo 7.5, Capitolo 7.7

G. Burkard, D. Loss, D. P. DiVincenzo and J. A. Smolin, *Physical optimization of quantum error correction circuits*, Phys. Rev. B **60** 11404–11416 (1999)

S. Olivares, *Introduction to generation, manipulation and characterization of optical quantum states*, Phys. Lett. A **418**, 127720 (2021)

E. Knill, R. Laflamme and G. J. Milburn, *A scheme for efficient quantum computation with linear optics*, Nature **409** 46–52 (2001)

S. Aaronson and A. Arkhipov, *The computational complexity of linear optics*, Theory of Computing **9** 143–252 (2013)

D. Gottesman, A. Kitaev and J. Preskill, *Encoding a qubit in an oscillator*, Phys. Rev. A **64**, 012310 (2001)

Capitolo 10
Computazione quantistica con ioni intrappolati

Sommario Nel capitolo 9 abbiamo visto come manipolare un atomo a due livelli utilizzando un campo elettrico oscillante trattato come entità classica o quantizzata. In quel caso gli atomi solitamente si muovono attraverso una cavità che contiene il campo. Un approccio complementare consiste nel fissare la posizione degli atomi nello spazio e indirizzare fasci laser con frequenza opportuna per controllare i loro livelli elettronici ed eseguire operazioni quantistiche. In quest'ultimo caso, gli atomi vengono ionizzati e *intrappolati* utilizzando sia campi elettrici statici che variabili nel tempo: in questo modo si possono sfruttare i livelli elettronici degli ioni per codificare lo stato dei qubit, ma anche il loro moto quantizzato collettivo, che permette di implementare porte a due qubit. In questo capitolo esaminiamo il principio di funzionamento di base di una trappola lineare di Paul, che viene utilizzata per confinare una catena di ioni, deriviamo l'Hamiltoniana quantistica che descrive il loro moto quantizzato e indaghiamo la loro manipolazione attraverso impulsi laser classici adeguati. Mostriamo, infine, come eseguire la computazione quantistica universale con ioni intrappolati.

10.1 La trappola lineare di Paul (in breve)

La tipica trappola lineare di Paul utilizzata per implementare la computazione quantistica consiste in quattro elettrodi a barra che confinano gli ioni nel piano (verticale) x-y, e due elettrodi terminali per il confinamento lungo l'asse (orizzontale) z come mostrato in figura 10.1. Se applichiamo a una coppia di elettrodi diagonalmente opposti una tensione radiofrequenza (RF) $V_1(t) = V\cos(\omega_{\mathrm{RF}}t)$ e all'altra coppia di elettrodi a barra la tensione $V_2(t) = -V\cos(\omega_{\mathrm{RF}}t)$, il potenziale variabile nel tempo lungo l'asse z (e vicino al centro della trappola) può essere scritto come:

$$\Phi(x, y; t) = \phi_{\mathrm{s}}(x, y)\cos(\omega_{\mathrm{RF}}t)\,. \tag{10.1}$$

S. Olivares, *Guida allo studio della computazione quantistica*,
https://doi.org/10.1007/978-3-032-23971-6_10

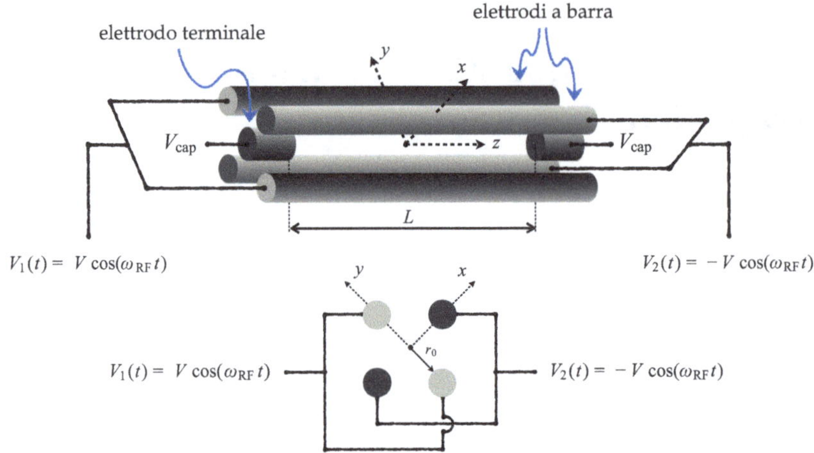

Figura 10.1 Schema di una trappola lineare di Paul con i suoi principali elementi. In basso mostriamo una vista laterale della trappola (gli elettrodi terminali non sono rappresentati). Si veda il testo per i dettagli

con

$$\phi_s(x, y) = V\,\frac{x^2 - y^2}{2r_0^2}\,, \tag{10.2}$$

dove r_0 è la distanza radiale tra l'asse della trappola e la superficie di uno degli elettrodi (si veda la figura 10.1). Questo potenziale può essere utilizzato per ottenere un confinamento radiale delle particelle cariche.

Se consideriamo una particella con massa m e carica Q, le equazioni classiche del moto date dal potenziale $\Phi(x, y; t)$ sono:

$$\frac{d^2x}{d\zeta^2} = 2q\cos(2\zeta)\,x\,, \tag{10.3a}$$

$$\frac{d^2y}{d\zeta^2} = -2q\cos(2\zeta)\,y\,, \tag{10.3b}$$

$$\frac{d^2z}{d\zeta^2} = 0\,, \tag{10.3c}$$

dove abbiamo introdotto le seguenti quantità adimensionali:

$$q = \frac{2QV}{m r_0^2 \omega_{RF}^2} \qquad \text{e} \qquad \zeta = \frac{\omega_{RF} t}{2}\,. \tag{10.4}$$

È possibile dimostrare che il precedente insieme di equazioni ha soluzioni *stabili* solo se $0 < q < 0.908$: in questo caso uno ione risulta confinato radialmente nel piano x-y, mentre può muoversi liberamente lungo la direzione z.

Concentriamo la nostra attenzione sulla direzione x (un risultato analogo può essere ottenuto per la direzione y): la soluzione approssimata può essere scritta come:

$$x(t) \approx \underbrace{\mathcal{A}_x \cos(\omega_{r_0} t)}_{\text{moto secolare}} \underbrace{\left[1 + \frac{q}{2} \cos(\omega_{\mathrm{RF}} t)\right]}_{\text{micro-movimento}}, \tag{10.5}$$

dove il parametro $\mathcal{A}_x$ dipende dalle condizioni al contorno, mentre:

$$\omega_{r_0} \equiv \frac{q\,\omega_{\mathrm{RF}}}{2\sqrt{2}}. \tag{10.6}$$

Il micro-movimento (*micromotion*) può essere eliminato aggiungendo ulteriori elettrodi che operano con tensioni di compensazione e possiamo, quindi, considerare solo il moto secolare.

Per confinare le particelle cariche anche nella direzione z è necessario aggiungere i cosiddetti elettrodi terminali (*end-cap electrodes*), ai quali viene applicata la stessa tensione V_{cap}. Nella figura 10.1 abbiamo rappresentato questi elettrodi come due piccole barre poste sull'asse della trappola. Tuttavia, ci sono altre possibili geometrie come, ad esempio, elettrodi a forma di anello attorno alle barre a RF.

In presenza della tensione (DC) V_{cap}, le Eq. (10.3) diventano:

$$\frac{d^2 x}{d\zeta^2} = 2q\cos(2\zeta)\,x - b\,, \tag{10.7a}$$

$$\frac{d^2 y}{d\zeta^2} = -2q\cos(2\zeta)\,y - b\,, \tag{10.7b}$$

$$\frac{d^2 z}{d\zeta^2} = -2bz\,, \tag{10.7c}$$

dove abbiamo introdotto il nuovo parametro adimensionale:

$$b = \alpha\,\frac{Q\,V_{\mathrm{cap}}}{mL^2\omega_{\mathrm{RF}}^2}\,, \tag{10.8}$$

essendo α un parametro che dipende dalla geometria della trappola e L è la distanza tra gli elettrodi terminali (si veda la figura 10.1). Dall'Eq. (10.7c) è chiaro che in questo scenario la particella esibisce un moto armonico lungo l'asse z con frequenza:

$$\omega_z = \sqrt{\frac{b}{2}}\,\omega_{\mathrm{RF}}\,, \tag{10.9}$$

mentre nel regime $b, q \ll 1$ il moto lungo la direzione x (e, analogamente, lungo y) è ancora dato dall'Eq. (10.5), qui la *pura* frequenza radiale ω_{r_0} deve essere sostituita da:

$$\omega_r \approx \frac{\omega_{\mathrm{RF}}}{2}\sqrt{\frac{q^2}{2} - b} \approx \sqrt{\omega_{r_0}^2 - \frac{\omega_z^2}{2}} \,. \tag{10.10}$$

Pertanto, troviamo un effetto di defocalizzazione del moto radiale dovuto al confinamento lungo l'asse della trappola. Tuttavia, nei casi di interesse si sceglie il regime $\omega_z \ll \omega_{r_0}$, quindi la defocalizzazione può essere tranquillamente trascurata.

Riassumendo, tutte le considerazioni precedenti ci permettono di descrivere uno ione intrappolato come una particella carica confinata in un potenziale armonico tridimensionale, ovvero:

$$\Xi_1(x, y, z) = \frac{m}{2}\left[\omega_r^2(x^2 + y^2) + \omega_z^2 z^2\right], \tag{10.11}$$

dove abbiamo assunto degeneri le due frequenze radiali, cioè $\omega_x = \omega_y = \omega_r$.

10.2 La catena di ioni

Per eseguire compiti legati all'informazione quantistica, è necessario manipolare più di uno ione alla volta. Pertanto, dobbiamo estendere la nostra analisi a N particelle cariche. Di seguito assumiamo che tutti gli ioni abbiano la stessa massa m e carica Q e, tenendo conto delle interazioni di Coulomb reciproche, ricaviamo il seguente potenziale:

$$\Xi_N(x, y, z) = \frac{m}{2}\sum_{n=1}^{N}\left[\omega_r^2(x_n^2 + y_n^2) + \omega_z^2 z_n^2\right] + \frac{Q^2}{8\pi\varepsilon_0}\sum_{\substack{n,m=1 \\ n\neq m}}^{N} \frac{1}{|\boldsymbol{r}_n - \boldsymbol{r}_m|}, \tag{10.12}$$

essendo $\boldsymbol{r}_n = (x_n, y_n, z_n)$ il vettore posizione dell'n-esimo ione.

Se il confinamento radiale è più forte di quello assiale e il numero N non è troppo grande, otteniamo una configurazione a catena lineare di ioni, in cui le posizioni di equilibrio degli ioni sono lungo l'asse della trappola. Questa configurazione è chiamata cristallo di ioni.

In generale, la distanza tra gli ioni adiacenti aumenta dal centro verso le estremità della catena, e può essere valutata con calcoli numerici. Tuttavia, aumentando il numero di ioni troviamo una transizione dalla catena lineare alla cosiddetta configurazione a zig-zag (o ad altre più complicate). Il valore di N, sopra il quale si verifica la transizione, è stato studiato sia numericamente che sperimentalmente, giungendo alla seguente condizione sul rapporto delle frequenze coinvolte:

$$\mathcal{R} \equiv \left(\frac{\omega_z}{\omega_r}\right)^2 \lesssim 2.53\, N^{-1.73} \equiv \mathcal{R}_{\mathrm{crit}} \,. \tag{10.13}$$

Se $\mathcal{R} < \mathcal{R}_{\text{crit}}$ il moto a zig-zag è soppresso e possiamo concentrarci sul moto assiale delle particelle. In queste condizioni, studiamo la dinamica del nostro sistema dato il potenziale:

$$\xi_N(z) = \frac{m}{2}\sum_{n=1}^{N}\omega_z^2 z_n^2 + \frac{Q^2}{8\pi\varepsilon_0}\sum_{\substack{n,m=1\\ n\neq m}}^{N}\frac{1}{|z_n - z_m|}\,. \tag{10.14}$$

L'analisi approfondita della dinamica della catena di N ioni è al di fuori dello scopo di questo capitolo. Qui ricordiamo che possiamo identificare due principali modi assiali. Il primo modo corrisponde al modo assiale del centro di massa (*center of mass*, COM), dove tutti gli ioni si muovono lungo la direzione z con la stessa ampiezza e frequenza ω_z. Il secondo modo è il modo di respirazione: in questo caso l'ampiezza di oscillazione di ogni ione aumenta man mano che la distanza dal centro della catena diventa più grande.

In seguito, assumeremo che il nostro sistema sia eccitato nel modo assiale COM e rappresenteremo la posizione dell'n-esimo ione come segue:

$$z_n(t) = \bar{z}_n + \Delta_n(t)\,, \tag{10.15}$$

dove $\bar{z}_n$ è la sua posizione media di equilibrio e $\Delta_n(t)$ è il suo spostamento dipendente dal tempo. Notiamo che è possibile imporre i modi di oscillazione normali agendo con una tensione AC sugli elettrodi terminali. Nella prossima sezione descriveremo il moto collettivo degli ioni come un oscillatore armonico *quantistico*.

10.3 Moto quantistico della catena di ioni

Se consideriamo solo due livelli elettronici di ciascun ione con frequenza di transizione ω_A e assumiamo il modo assiale COM alla frequenza ω_z, l'Hamiltoniana quantistica libera del sistema può essere scritta come:

$$\hat{H}_0 = \sum_{n=1}^{N}\frac{\hbar\omega_\text{A}}{2}\hat{\sigma}_z^{(n)} + \hbar\omega_z\left(\hat{a}^\dagger\hat{a} + \frac{1}{2}\right), \tag{10.16}$$

dove abbiamo introdotto gli operatori di annichilazione, $\hat{a}$, e di creazione, $\hat{a}^\dagger$, dell'oscillatore armonico quantistico, $[\hat{a},\hat{a}^\dagger] = \hat{\mathbb{I}}$. La posizione z_n nell'Eq. (10.15) viene quindi sostituita dall'operatore:

$$\hat{z}_n = \bar{z}_n + \frac{z_0}{\sqrt{N}}\left(\hat{a} + \hat{a}^\dagger\right), \tag{10.17}$$

con

$$z_0 = \sqrt{\frac{\hbar}{2m\omega_z}}\,. \tag{10.18}$$

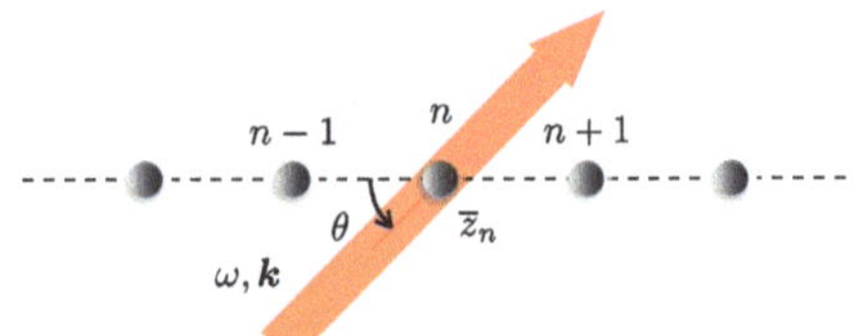

Figura 10.2 Schema dell'interazione di un fascio laser con frequenza ω e vettore d'onda $\boldsymbol{k}$ con lo ione n-esimo

Per manipolare i livelli interni dell'n-esimo ione in posizione $\hat{\boldsymbol{r}}_n = (0, 0, \hat{z}_n)$, si indirizza su di esso un fascio laser focalizzato, il cui campo elettrico è (senza perdita di generalità assumiamo un vettore di polarizzazione reale $\boldsymbol{\varepsilon}_\mathrm{f}$)

$$\boldsymbol{E}_n(t) = E_0\, \boldsymbol{\varepsilon}_\mathrm{f}\big[\mathrm{e}^{-i(\omega t - \boldsymbol{k}\cdot\boldsymbol{r}_n - \varphi)} + \mathrm{e}^{i(\omega t - \boldsymbol{k}\cdot\boldsymbol{r}_n - \varphi)}\big], \tag{10.19}$$

essendo ω, $\boldsymbol{k}$ e φ rispettivamente la frequenza del laser, il vettore d'onda e la fase del campo elettrico. L'Hamiltoniana di interazione può essere scritta in termini sia del dipolo che degli operatori di quadrupolo:

$$\hat{H}_\mathrm{int} = -\hat{\boldsymbol{D}}_n \cdot E_0\, \boldsymbol{\varepsilon}_\mathrm{f}\Big\{\mathrm{e}^{-i[\omega t - \eta(\hat{a}+\hat{a}^\dagger) - \varphi_n]} + \mathrm{e}^{i[\omega t - \eta(\hat{a}+\hat{a}^\dagger) - \varphi_n]}\Big\} \tag{10.20}$$

dove

$$\hat{\boldsymbol{D}}_n = d_n \boldsymbol{\varepsilon}_\mathrm{a}\Big(\hat{\sigma}_+^{(n)} + \hat{\sigma}_-^{(n)}\Big) \tag{10.21}$$

è l'operatore di momento di dipolo dello ione n-esimo (assumiamo $\boldsymbol{\varepsilon}_\mathrm{a} \in \mathbb{R}^3$), $\hat{\sigma}_+^{(n)}$ e $\hat{\sigma}_-^{(n)}$ sono i suoi operatori di innalzamento e abbassamento, rispettivamente (si veda la sezione 9.2), e:

$$\varphi_n = \varphi - |\boldsymbol{k}|\,\bar{z}_n \cos\theta\,, \tag{10.22}$$

θ è l'angolo tra il vettore d'onda $\boldsymbol{k}$ e l'asse z (come mostrato in figura 10.2). Nell'Eq. (10.20) abbiamo introdotto il parametro di Lamb–Dicke:

$$\eta = \frac{1}{\sqrt{N}}\,|\boldsymbol{k}|\,z_0 \cos\theta\,. \tag{10.23}$$

Ora passiamo alla rappresentazione di interazione rispetto all'Hamiltoniana libera (10.16) e eseguiamo la RWA, ottenendo la seguente Hamiltoniana (si veda l'appendice A):

$$\hat{H}'_\mathrm{int} = -\frac{\hbar\Omega_0}{2}\Big\{\hat{\sigma}_+^{(n)}\mathrm{e}^{-i\delta t}\exp\big[i\eta\big(\hat{a}\,\mathrm{e}^{-i\omega_z t} + \hat{a}^\dagger\mathrm{e}^{i\omega_z t}\big) + i\varphi_n\big] + \hat{\sigma}_-^{(n)}\mathrm{e}^{i\delta t}\exp\big[-i\eta\big(\hat{a}\,\mathrm{e}^{-i\omega_z t} + \hat{a}^\dagger\mathrm{e}^{i\omega_z t}\big) - i\varphi_n\big]\Big\}, \tag{10.24}$$

dove $\delta = \omega - \omega_A$ è il detuning tra la frequenza del laser e quella della transizione elettronica dello ione e:

$$\Omega_0 = \frac{2d_n E_0}{\hbar} \boldsymbol{\varepsilon}_a \cdot \boldsymbol{\varepsilon}_f \tag{10.25}$$

è la frequenza di Rabi. Se consideriamo il cosiddetto regime di Lamb–Dicke, cioè:

$$\eta^2 \langle (\hat{a} + \hat{a}^\dagger)^2 \rangle = \eta^2 (2\overline{n} + 1) \ll 1 \,, \tag{10.26}$$

dove $\overline{n}$ è il numero medio di *fononi* e il valore di aspettazione è calcolato considerando lo stato del modo COM, possiamo espandere $\hat{H}'_{\text{int}}$ fino al primo ordine in η, ottenendo:

$$\begin{aligned} \hat{H}'_{\text{int}} \approx -\frac{\hbar\Omega_0}{2} \Big\{ & \hat{\sigma}_+^{(n)} e^{-i\delta t + i\varphi_n} \big[1 + i\eta \big(\hat{a}\, e^{-i\omega_z t} + \hat{a}^\dagger e^{i\omega_z t} \big) \big] \\ & + \hat{\sigma}_-^{(n)} e^{i\delta t - i\varphi_n} \big[1 - i\eta \big(\hat{a}\, e^{-i\omega_z t} + \hat{a}^\dagger e^{i\omega_z t} \big) \big] \Big\} \,. \end{aligned} \tag{10.27}$$

Per eseguire la computazione quantistica universale con gli ioni intrappolati scegliamo tre valori particolari del detuning δ. Se impostiamo $\delta = 0, \pm\omega_z$ e trascuriamo i termini oscillanti $e^{\pm i\omega_z t}$ e $e^{\pm 2i\omega_z t}$, otteniamo le seguenti tre Hamiltoniane:

$$\hat{H}_C = -\frac{\hbar\Omega_0}{2} \Big(\hat{\sigma}_+^{(n)} e^{i\varphi_n} + \hat{\sigma}_-^{(n)} e^{-i\varphi_n} \Big) \,, \qquad (\delta = 0, \text{ portante}) \tag{10.28a}$$

$$\hat{H}_B = -i\eta \frac{\hbar\Omega_0}{2} \Big(\hat{\sigma}_+^{(n)} \hat{a}^\dagger e^{i\varphi_n} - \hat{\sigma}_-^{(n)} \hat{a}\, e^{-i\varphi_n} \Big) \,, \qquad (\delta = +\omega_z, \text{ prima banda laterale blu}) \tag{10.28b}$$

$$\hat{H}_R = -i\eta \frac{\hbar\Omega_0}{2} \Big(\hat{\sigma}_+^{(n)} \hat{a}\, e^{i\varphi_n} - \hat{\sigma}_-^{(n)} \hat{a}^\dagger e^{-i\varphi_n} \Big) \,. \qquad (\delta = -\omega_z, \text{ prima banda laterale rossa}) \tag{10.28c}$$

Nella figura 10.3 abbiamo mostrato schematicamente le transizioni consentite in presenza delle tre hamiltoniane (10.28). Vediamo che, sintonizzando adeguatamente la frequenza laser ω, si può ottenere una transizione tra i livelli elettronici dello ione n-esimo preservando lo stato del numero di fononi $|m\rangle$, cioè:

$$|g_n\rangle |m\rangle \leftrightarrow |e_n\rangle |m\rangle \,, \qquad (\text{transizione della portante}) \tag{10.29}$$

o cambiare il livello elettronico interno aggiungendo anche un quanto vibrazionale:

$$|g_n\rangle |m\rangle \leftrightarrow |e_n\rangle |m+1\rangle \,, \qquad (\text{transizione della prima banda laterale blu}) \tag{10.30}$$

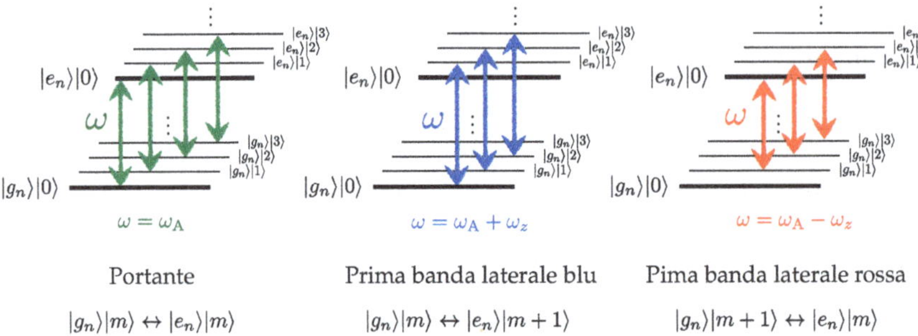

Figura 10.3 Schema delle transizioni consentite tra i livelli elettronici ($|g_n\rangle$ e $|e_n\rangle$) e vibrazionali ($|m\rangle$) dello ione n-esimo in presenza delle transizioni di portante, della prima banda laterale blu e della prima banda laterale rossa, rispettivamente

o rimuovendone uno:

$$|g_n\rangle|m+1\rangle \leftrightarrow |e_n\rangle|m\rangle\,. \qquad \text{(transizione della prima banda laterale rossa)} \tag{10.31}$$

Nelle prossime sezioni vedremo che sfruttando le tre Hamiltoniane considerate è possibile implementare la computazione quantistica universale con gli ioni intrappolati. A questo scopo, i qubit logici sono codificati nei livelli elettronici degli ioni stessi e il modo di oscillazione COM viene utilizzato come bus per eseguire operazioni condizionali a multi-qubit.

10.4 Porte a singolo qubit con ioni intrappolati

Se identifichiamo la base computazionale $|0_n\rangle$ e $|1_n\rangle$ con il livello $|g_n\rangle$ e $|e_n\rangle$, dell'n-esimo ione, rispettivamente, possiamo implementare porte a singolo qubit sfruttando la transizione della portante e seguendo l'analisi data nella sezione 9.2.1. L'Hamiltoniana (10.28a) è associata all'operatore di evoluzione (agente sullo ione n-esimo):

$$\hat{C}_n(\theta,\varphi) = \exp\left[-i\frac{\theta}{2}\left(\hat{\sigma}_+^{(n)}\mathrm{e}^{i\varphi} + \hat{\sigma}_-^{(n)}\mathrm{e}^{-i\varphi}\right)\right], \tag{10.32}$$

$$= \cos\left(\frac{\theta}{2}\right)\mathbb{I} - i\sin\left(\frac{\theta}{2}\right)\left(\cos\varphi\,\hat{\sigma}_x^{(n)} - \sin\varphi\,\hat{\sigma}_y^{(n)}\right) \tag{10.33}$$

dove $\theta = \Omega_0 t$ e abbiamo usato $\hat{\sigma}_n^{(\pm)} = \frac{1}{2}\left(\hat{\sigma}_x^{(n)} \pm i\hat{\sigma}_y^{(n)}\right)$. In particolare, otteniamo i seguenti casi rilevanti che verranno utilizzati nella prossima sezione per implementare la porta CNOT:

$$\hat{C}_n\left(\frac{\pi}{2},0\right)|g_n\rangle = \frac{|g_n\rangle - i\,|e_n\rangle}{\sqrt{2}}, \quad \hat{C}_n\left(\frac{\pi}{2},0\right)|e_n\rangle = \frac{|e_n\rangle - i\,|g_n\rangle}{\sqrt{2}}, \tag{10.34a}$$

$$\hat{C}_n\left(\frac{\pi}{2},\pi\right)|g_n\rangle = \frac{|g_n\rangle + i\,|e_n\rangle}{\sqrt{2}}, \quad \hat{C}_n\left(\frac{\pi}{2},\pi\right)|e_n\rangle = \frac{|e_n\rangle + i\,|g_n\rangle}{\sqrt{2}}. \tag{10.34b}$$

Per ottenere la computazione quantistica universale con ioni intrappolati, dobbiamo ora costruire l'operazione CNOT, che sarà l'argomento della prossima sezione.

10.5 Porta CNOT con ioni intrappolati

In questa sezione, ispirati dalla porta CNOT di Cirac–Zoller, considereremo due ioni particolari della catena, diciamo lo ione 1 e lo ione 2, e sfrutteremo il modo assiale collettivo COM per cambiare lo stato elettronico dello ione 2 solo se lo ione 1 è nello stato eccitato $|e_1\rangle$. Pertanto, se usiamo come base computazionale:

$$|g_n\rangle \to |0_n\rangle, \quad \text{e} \quad |e_n\rangle \to |1_n\rangle, \tag{10.35}$$

il risultato finale è l'azione di una porta CNOT (a meno di fasi globali), cioè:

$$|g_1\rangle|g_2\rangle = |0_1\rangle|0_2\rangle \to |g_1\rangle|g_2\rangle = |0_1\rangle|0_2\rangle, \tag{10.36a}$$

$$|g_1\rangle|e_2\rangle = |0_1\rangle|1_2\rangle \to |g_1\rangle|e_2\rangle = |0_1\rangle|1_2\rangle, \tag{10.36b}$$

$$|e_1\rangle|g_2\rangle = |1_1\rangle|0_2\rangle \to |e_1\rangle|e_2\rangle = |1_1\rangle|1_2\rangle, \tag{10.36c}$$

$$|e_1\rangle|e_2\rangle = |1_1\rangle|1_2\rangle \to |e_1\rangle|g_2\rangle = |1_1\rangle|0_2\rangle. \tag{10.36d}$$

Per implementare le operazioni condizionali necessarie per ottenere l'azione della porta CNOT, utilizzeremo il moto collettivo imposto dal modo COM applicando agli ioni opportuni impulsi della portante e della prima banda laterale blu. Per semplicità, introduciamo il seguente operatore di evoluzione associato all'Hamiltoniana (10.28b):

$$\hat{B}_n(\theta,\varphi) = \exp\left[-i\,\frac{\theta}{2}\left(\hat{\sigma}_+^{(n)}\hat{a}^\dagger e^{i\varphi} + \hat{\sigma}_-^{(n)}\hat{a}\, e^{-i\varphi}\right)\right], \tag{10.37}$$

dove $\theta = \eta\Omega_0 t$ e abbiamo applicato la trasformazione $\hat{a} \to i\,\hat{a}$. Come nel caso del modello di Jaynes–Cummings descritto nella sezione 9.5, abbiamo:

$$\left(\hat{\sigma}_+^{(n)}\hat{a}^\dagger e^{i\varphi} + \hat{\sigma}_-^{(n)}\hat{a}\, e^{-i\varphi}\right)|\Psi_{n,m}^{(\pm)}\rangle = \pm\sqrt{m+1}\,|\Psi_{n,m}^{(\pm)}\rangle, \tag{10.38}$$

dove:

$$|\Psi_{n,m}^{(\pm)}\rangle = \frac{|g_n\rangle|m\rangle \pm e^{i\varphi}|e_n\rangle|m+1\rangle}{\sqrt{2}}, \tag{10.39}$$

essendo $|m\rangle$ lo stato di Fock del fonone, $\hat{a}^\dagger\hat{a}|m\rangle = m|m\rangle$.

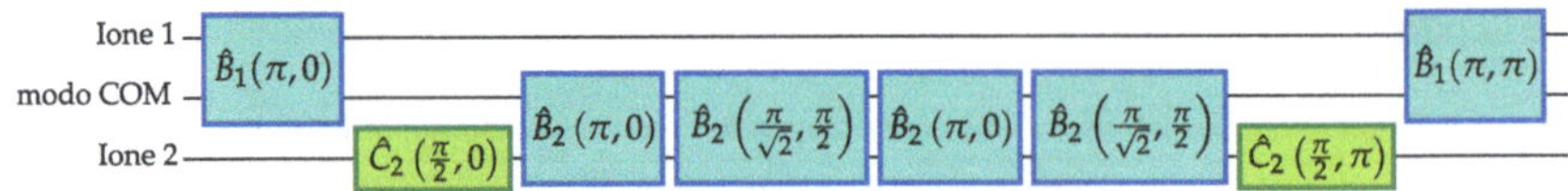

Figura 10.4 Circuito quantistico utilizzato per implementare una porta CNOT che modifica lo stato elettronico dello ione 2 solo se lo ione 1 è nello stato eccitato. Le porte $\hat{C}_n(\theta,\varphi)$ e $\hat{B}_n(\theta,\varphi)$ si riferiscono rispettivamente agli impulsi della portante e agli impulsi della prima banda laterale blu, come menzionato nel testo. Il modo COM viene utilizzato come bus.

È facile dimostrare che (si consideri il problema 10.1):

$$\hat{B}_n(\theta,\varphi)|g_n\rangle|m\rangle = \cos\left(\frac{\theta}{2}\sqrt{m+1}\right)|g_n\rangle|m\rangle - i\mathrm{e}^{i\varphi}\sin\left(\frac{\theta}{2}\sqrt{m+1}\right)|e_n\rangle|m+1\rangle\,, \tag{10.40a}$$

$$\hat{B}_n(\theta,\varphi)|e_n\rangle|m+1\rangle = \cos\left(\frac{\theta}{2}\sqrt{m+1}\right)|e_n\rangle|m+1\rangle - i\mathrm{e}^{-i\varphi}\sin\left(\frac{\theta}{2}\sqrt{m+1}\right)|g_n\rangle|m\rangle\,. \tag{10.40b}$$

Nella figura 10.4 mostriamo il circuito quantistico per implementare una porta CNOT con ioni intrappolati: si tratta di un'opportuna combinazione di impulsi della portante e della prima banda laterale blu applicati ai due ioni coinvolti. Come si può vedere, ci sono diversi impulsi che sono necessari per controllare le fasi che hanno origine dalle porte associate alle transizioni della prima banda laterale blu. Nel caso considerato, la porta CNOT utilizza lo ione 1 come qubit di controllo e modifica lo stato elettronico dello ione 2, il qubit bersaglio, solo in presenza dello stato $|e_1\rangle$.

Per comprendere l'idea di base che sottintende il circuito della figura 10.4, notiamo che la prima porta, $\hat{B}_1(\pi,0)$, mappa lo stato interno dello ione 1 nello stato del modo assiale COM. Infatti, se lo stato iniziale del modo COM è $|0\rangle$ (stato di vuoto), abbiamo:

$$\hat{B}_1(\pi,0)|g_1\rangle|0\rangle = -i|e_1\rangle|1\rangle \quad \text{e} \quad \hat{B}_1(\pi,0)|e_1\rangle|0\rangle = |e_1\rangle|0\rangle\,, \tag{10.41}$$

e possiamo vedere come lo stato del modo COM viene cambiato in $|1\rangle$ solo se lo ione 1 è nel suo stato fondamentale $|g_1\rangle$. Tutte le altre porte $\hat{C}_2(\theta,\phi)$ e $\hat{B}_2(\theta,\phi)$ vengono utilizzate per manipolare lo stato dello ione 2.

Come esempio, consideriamo l'evoluzione completa dello stato iniziale

$$|e_1\rangle|e_2\rangle|0\rangle \equiv |1_1\rangle|1_2\rangle|0\rangle\,, \tag{10.42}$$

dove abbiamo utilizzato sia la base fisica (membro a sinistra) che la base computazionale (membro da destra) per gli stati degli ioni. Poiché $\hat{B}_1(\pi,0)|e_1\rangle|0\rangle =$

$|e_1\rangle|0\rangle$, possiamo concentrarci sull'evoluzione di $|e_2\rangle|0\rangle$. Seguendo il circuito della figura 10.4, abbiamo:

$$|e_2\rangle|0\rangle \xrightarrow{\hat{C}_2\left(\frac{\pi}{2},0\right)} \frac{|e_2\rangle - i|g_2\rangle}{\sqrt{2}}|0\rangle \tag{10.43a}$$

$$\xrightarrow{\hat{B}_2(\pi,0)} |e_2\rangle\frac{|0\rangle - |1\rangle}{\sqrt{2}} \tag{10.43b}$$

$$\xrightarrow{\hat{B}_2\left(\frac{\pi}{\sqrt{2}},\frac{\pi}{2}\right)} \frac{1}{\sqrt{2}}\left[|e_2\rangle|0\rangle - \cos\left(\frac{\pi}{2\sqrt{2}}\right)|e_2\rangle|1\rangle + \sin\left(\frac{\pi}{2\sqrt{2}}\right)|g_2\rangle|0\rangle\right] \tag{10.43c}$$

$$\xrightarrow{\hat{B}_2(\pi,0)} \frac{1}{\sqrt{2}}\left[|e_2\rangle|0\rangle + i\cos\left(\frac{\pi}{2\sqrt{2}}\right)|g_2\rangle|0\rangle - i\sin\left(\frac{\pi}{2\sqrt{2}}\right)|e_2\rangle|1\rangle\right] \tag{10.43d}$$

$$\xrightarrow{\hat{B}_2\left(\frac{\pi}{\sqrt{2}},\frac{\pi}{2}\right)} \frac{|e_2\rangle + i|b_2\rangle}{\sqrt{2}}|0\rangle \tag{10.43e}$$

$$\xrightarrow{\hat{C}_2\left(\frac{\pi}{2},\pi\right)} i|g_2\rangle|0\rangle\,, \tag{10.43f}$$

e, quindi, lo stato di output dopo l'intero circuito è (a meno di una fase globale):

$$|e_1\rangle|g_2\rangle|0\rangle \equiv |1_1\rangle|0_2\rangle|0\rangle\,, \tag{10.44}$$

dove abbiamo usato $\hat{B}_1(\pi,\pi)|e_1\rangle|0\rangle = |e_1\rangle|0\rangle$. Quindi, otteniamo:

$$|1_1\rangle|1_2\rangle \rightarrow |1_1\rangle|0_2\rangle\,, \tag{10.45}$$

come previsto. Risultati analoghi possono essere ottenuti per gli altri stati a due ioni (si veda il problema 10.2).

In conclusione, siamo stati in grado di implementare una porta CNOT. Questo risultato, insieme alle operazioni su singolo ione descritte nella sezione 10.4, dimostra che è possibile eseguire una computazione quantistica universale con ioni intrappolati.

10.6 Qubit ionici iperfini e ottici

Ci sono due possibili scelte per realizzare spermentalmente un qubit con ioni intrappolati, che richiedono diverse specie di ioni a seconda della presenza o meno del momento angolare nucleare.

Ioni come $^{9}Be^{+}$, $^{43}Ca^{+}$ e $^{171}Yb^{+}$ presentano un momento angolare nucleare non nullo. Qui i livelli logici sono determinati dalla struttura iperfine dello stato fondamentale e le frequenze coinvolte sono dell'ordine del GHz (microonde) e si parla di qubit ionici iperfini.

Nel caso di ioni con momento angolare nucleare nullo, come $^{40}\mathrm{Ca}^+$, $^{88}\mathrm{Sr}^+$ e $^{174}\mathrm{Yb}^+$, i livelli logici sono ottenuti all'interno della struttura fine e uno stato eccitato metastabile. In questo caso si hanno frequenze ottiche con transizione quadrupolare, che porta ad una vita dello stato più lunga. Ci si riferisce a questi qubit come a qubit ionici ottici.

Problemi

10.1 Dimostrare le Eq. (10.40) eseguendo i calcoli espliciti tramite le Eq. (10.38) e (10.39).

10.2 Dimostrare che il circuito quantistico rappresentato nella figura 10.4 agisce come una porta CNOT per gli stati degli ioni (a meno di una fase globale) e, in particolare, che si ha:

$$\begin{aligned}
|g_1\rangle|g_2\rangle|0\rangle &\to -|g_1\rangle|g_2\rangle|0\rangle\,, \\
|g_1\rangle|e_2\rangle|0\rangle &\to -|g_1\rangle|e_2\rangle|0\rangle\,, \\
|e_1\rangle|g_2\rangle|0\rangle &\to -i\,|e_1\rangle|e_2\rangle|0\rangle\,, \\
|e_1\rangle|e_2\rangle|0\rangle &\to i\,|e_1\rangle|g_2\rangle|0\rangle\,.
\end{aligned}$$

Ulteriori letture

D. Leibfried, R. Blatt, C. Monroe and D. Wineland, *Quantum dynamics of single trapped ions*, Rev. Mod. Phys. **75**, 281–324 (2003)

S. Gulde, *Experimental realization of quantum gates and the Deutsch–Jozsa algorithm with trapped $^{40}Ca^+$ ions*, Tesi di dottorato, Leopold-Franzens-Universität, Innsbruck (2003)

F. Schmidt-Kaler, H. Häffner, M. Riebe, S. Gulde, G. Lancaster, T. Deuschle, C. Becher, C. Roos, J. Eschner and R. Blatt, *Realization of the Cirac–Zoller controlled-NOT quantum gate*, Nature **422**, 408–411 (2003)

Capitolo 11
Qubit superconduttivi: qubit di carica e transmon qubit

Sommario In questo capitolo spieghiamo come ottenere un sistema a due livelli partendo da circuiti superconduttivi. In particolare consideriamo la giunzione Josephson e lo SQUID (Superconducting QUantum Interference Device) e ci concentriamo sul qubit di carica e sul transmon qubit. Descriviamo anche l'accoppiamento tra un qubit di carica e risonatore di linea di trasmissione che porta a un'Hamiltoniana di accoppiamento simile a quella ottenuta negli esperimenti di QED in cavità.

11.1 Il circuito LC come oscillatore armonico quantistico

Consideriamo un circuito che coinvolge un induttore, con induttanza L, e un condensatore, con capacità C. Se indichiamo con V la tensione ai capi del condensatore e con I la corrente che scorre nel circuito, le energie immagazzinate nel condensatore e nell'induttore sono rispettivamente:

$$E_C = \frac{1}{2}CV^2 = \frac{Q^2}{2C}, \quad \text{e} \quad E_L = \frac{1}{2}LI^2 = \frac{\Phi^2}{2L}, \tag{11.1}$$

dove $Q = CV$ è la carica del condensatore e $\Phi = LI$ è il flusso magnetico nell'induttore. L'Hamiltoniana classica di questo sistema, $H_{\text{cl}} = E_C + E_L$, è data da:

$$H_{\text{cl}} = \frac{Q^2}{2C} + \frac{\Phi^2}{2L}, \tag{11.2a}$$

$$= \frac{Q^2}{2C} + \frac{1}{2}C\omega_0^2\Phi^2, \tag{11.2b}$$

che corrisponde l'Hamiltoniana classica di un oscillatore armonico con "massa" C, "quantità di moto" Q, "posizione" Φ e frequenza $\omega_0 = 1/\sqrt{LC}$.

S. Olivares, *Guida allo studio della computazione quantistica*,
https://doi.org/10.1007/978-3-032-23971-6_11

11.1.1 Quantizzazione del circuito LC

La quantizzazione di H_{cl} si ottiene con la sostituzione (si veda anche la sezione 9.3):

$$Q \to \hat{Q} = i\sqrt{\frac{\hbar}{2Z_0}}(\hat{a}^\dagger - \hat{a}), \quad \text{e} \quad \Phi \to \hat{\Phi} = \sqrt{\frac{\hbar Z_0}{2}}(\hat{a}^\dagger + \hat{a}), \tag{11.3}$$

dove abbiamo introdotto l'impedenza $Z_0 = \sqrt{L/C}$ e gli operatori di annichilazione e creazione $\hat{a}$ e $\hat{a}^\dagger$, con $[\hat{a}, \hat{a}^\dagger] = \hat{\mathbb{I}}$. Notate che $\hat{\Phi}$ e $\hat{Q}$ sono variabili quantistiche coniugate, cioè:

$$\left[\hat{\Phi}, \hat{Q}\right] = i\hbar\hat{\mathbb{I}}. \tag{11.4}$$

Di conseguenza, l'Hamiltoniana quantistica associata al circuito LC diventa:

$$\hat{H}_{LC} = \hbar\omega_0\left(\hat{a}^\dagger\hat{a} + \frac{1}{2}\right) \tag{11.5}$$

e:

$$\hat{H}_{LC}|n\rangle = E_n|n\rangle, \tag{11.6}$$

dove $|n\rangle$, $n \in \mathbb{N}$, sono gli autostati corrispondenti con autovalori:

$$E_n = \hbar\omega_0\left(n + \frac{1}{2}\right). \tag{11.7}$$

Poiché la differenza tra due livelli adiacenti $\Delta E = E_{n+1} - E_n = \hbar\omega_0$ è indipendente da n, non possiamo selezionare *solo* due particolari livelli per realizzare un qubit. Per rendere le energie dei livelli quantizzati abbastanza diverse da ottenere un sistema a due livelli ben definito, dobbiamo introdurre una certa non linearità, che porta a un oscillatore non lineare.

11.2 La giunzione di Josephson e il SQUID

Una giunzione di Josephson consiste in due superconduttori collegati tramite una barriera di potenziale. Questo sistema può essere descritto dalla sua corrente critica I_c, e la *differenza di fase invariante di gauge* φ attraverso la giunzione. Il valore effettivo della corrente critica dipende dal materiale superconduttore e dalla dimensione della giunzione. Sebbene l'analisi di questo sistema richieda la conoscenza della teoria della superconduttività, di seguito vi forniamo i pochi aspetti teorici utili per comprendere meglio la fisica alla base della giunzione di Josephson.

Associamo a ciascun superconduttore $k = 1, 2$ la funzione d'onda:

$$\Psi_k = \sqrt{\rho_k}\, e^{i\phi_k}, \tag{11.8}$$

dove ρ_k è la densità di coppie di Cooper del k-esimo e ϕ_k la sua fase. La dinamica del sistema è quindi descritta dalle equazioni di Schrödinger accoppiate:

$$i\hbar\frac{\partial \Psi_1}{\partial t} = E_1\Psi_1 + \kappa\Psi_2\,, \tag{11.9a}$$

$$i\hbar\frac{\partial \Psi_2}{\partial t} = E_2\Psi_1 + \kappa\Psi_1\,, \tag{11.9b}$$

dove E_1 e E_2 sono le energie degli stati e κ è la costante di accoppiamento associata all'interazione delle due funzioni d'onda. Sostituendo l'espressione di Ψ_k nelle equazioni di Schrödinger troviamo le seguenti equazioni:

$$\hbar\frac{\partial \rho_1}{\partial t} = 2\kappa\sqrt{\rho_1\rho_2}\sin\varphi\,, \tag{11.10a}$$

$$\hbar\frac{\partial \rho_2}{\partial t} = -2\kappa\sqrt{\rho_1\rho_2}\sin\varphi\,, \tag{11.10b}$$

$$\hbar\frac{\partial \phi}{\partial t} = E_2 - E_1\,. \tag{11.10c}$$

Le derivate $\partial_t\rho_1 = -\partial_t\rho_2$ sono proporzionali alla cosiddetta corrente di Josephson I_J, mentre la quantità $2\kappa\sqrt{\rho_1\rho_2}$ è legata alla corrente critica I_c menzionata sopra. Inoltre, se applichiamo una tensione V alla giunzione, abbiamo $E_2 - E_1 = 2eV$, essendo e la carica dell'elettrone, e le precedenti equazioni possono essere riscritte come le due seguenti *equazioni di Josephson*:

$$I_J(t) = I_c\sin\varphi(t), \qquad \text{(1}^{\text{a}}\text{ equazione di Josephson)} \tag{11.11}$$

$$\frac{\partial\varphi(t)}{\partial t} = \frac{2\pi}{\Phi_0}V, \qquad \text{(2}^{\text{a}}\text{ equazione di Josephson)} \tag{11.12}$$

che permettono di descrivere l'evoluzione temporale della corrente di Josephson I_J e della fase φ in funzione della tensione applicata V. Nell'Eq. (11.12) abbiamo introdotto il *quanto di flusso superconduttivo*:

$$\Phi_0 = \frac{h}{2e} = 2.07\times10^{-15}\ \text{Wb}, \tag{11.13}$$

dove $2e$ è la carica di una *coppia di Cooper*. La derivata temporale di Eq. (11.11) dà:

$$\dot{I}_J = I_c\cos\varphi\,\frac{\partial\varphi}{\partial t}, \tag{11.14}$$

e, utilizzando l'Eq. (11.12) e dato che $\dot{I} = V/L$, possiamo definire la seguente *induttanza non lineare*:

$$L_J = \frac{1}{\cos\varphi}\frac{\Phi_0}{2\pi I_c}. \tag{11.15}$$

L'energia associata a L_J si ottiene come segue:

$$E_J^{(L)} = \int_0^t d\tau\, I_J(\tau)\, V = E_J(1-\cos\varphi), \tag{11.16}$$

dove:

$$E_J = \frac{\Phi_0 I_c}{2\pi} \tag{11.17}$$

è l'energia di Josephson, che è una misura dell'accoppiamento attraverso la giunzione. Poiché una giunzione di Josephson ha anche una capacità C_J, possiamo calcolare l'energia corrispondente:

$$E_J^{(C)} = \frac{Q^2}{2C_J}, \tag{11.18}$$

dove Q è la carica della giunzione (vista come un condensatore).

L'Hamiltoniana classica della giunzione di Josephson può essere scritta come (trascuriamo il termine costante E_J):

$$H_J = \frac{Q^2}{2C_J} - E_J\cos\varphi. \tag{11.19}$$

Poiché $Q = (2e)N$, dove $N \in (-\infty, +\infty)$ è l'*eccesso* di coppie di Cooper nella giunzione, $N = N_1 - N_2$, dove N_1 e N_2 rappresentano il numero di coppie di Cooper presenti su ciascun lato della giunzione, possiamo definire l'energia capacitiva:

$$E_c = \frac{e^2}{2C_J}, \tag{11.20}$$

e l'Eq. (11.19) diventa:

$$H_J = 4E_cN^2 - E_J\cos\varphi. \tag{11.21}$$

Invece di una singola giunzione di Josephson possiamo considerare due giunzioni di Josephson collegate in parallelo su un anello superconduttore: questo sistema si chiama dispositivo di interferenza quantistica superconduttiva (SQUID). Se l'induttanza dell'anello può essere trascurata, allora l'Hmiltoniana corrispondente è la stessa dell'Eq. (11.21), ma ora:

$$C_J \to 2C_J^{(s)}, \tag{11.22}$$

$$E_J \to E_J(\Phi_c) = 2E_J^{(s)}\cos\left(\pi\frac{\Phi_c}{\Phi_0}\right), \tag{11.23}$$

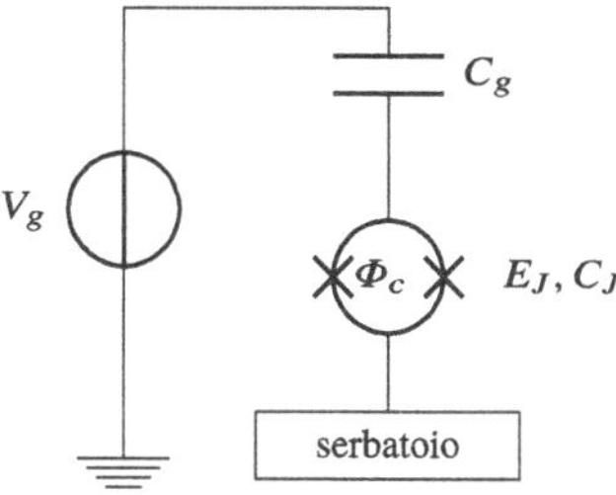

Figura 11.1 Un SQUID incorporato in un circuito con una tensione di gate V_g

dove $C_J^{(s)}$ e $E_J^{(s)}$ sono rispettivamente la capacità e l'energia della singola giunzione di Josephson mentre Φ_c è l'eventuale flusso esterno ad essa concatenato: cambiando Φ_c si può modificare E_J.

D'ora in poi supponiamo che il nostro sistema sia un SQUID incorporato in un circuito e che venga applicata una tensione di gate V_g attraverso una capacità C_g, come mostrato nella figura 11.1. La presenza di V_g fa sì che al valore di N nell'Eq. (11.21) venga sottratta la quantità:

$$N_g = \frac{C_g V_g}{2e}, \tag{11.24}$$

ossia:

$$H = 4E_c(N - N_g)^2 - E_J \cos\varphi, \tag{11.25}$$

dove, ora:

$$E_c = \frac{e^2}{2(C_J + C_g)}. \tag{11.26}$$

Se associamo $4E_c N^2$ all'energia cinetica e $-E_J \cos\varphi$ all'energia potenziale, allora l'Eq. (11.25) rappresenta l'Hamiltoniana di un oscillatore armonico non lineare, dove le variabili coniugate sono N e φ, corrispondenti rispettivamente alla quantità di moto e alla posizione.

11.2.1 Quantizzazione dell'Hamiltoniana di Josephson e dello SQUID

Possiamo ora ottenere l'analogia quantistica dell'Hamiltoniana (11.25) associando a φ e a N gli operatori quantistici corrispondenti:

$$\varphi \to \hat{\varphi}, \quad N \to \hat{N}, \tag{11.27}$$

ricavando:

$$\hat{H} = 4E_c(\hat{N} - N_g)^2 - E_J \cos\hat{\varphi}. \tag{11.28}$$

Vale la pena notare che $\hat{N}$ è l'operatore associato all'eccesso di coppie di Cooper N, dove $N \in (-\infty, +\infty)$, e non corrisponde all'*operatore numero* dell'oscillatore armonico quantistico, come quello considerato per il campo elettromagnetico nella sezione 9.3. Possiamo scrivere la relazione tra $\hat{\varphi}$ e $\hat{N}$ come:

$$e^{i\hat{\varphi}}\hat{N}e^{-i\hat{\varphi}} = \hat{N} - \hat{\mathbb{I}}. \tag{11.29}$$

Tuttavia, poiché $\hat{\varphi}$ e $\hat{N}$ sono variabili coniugate, essendo $[\hat{\varphi}, \hat{N}] = i\hat{\mathbb{I}}$, se scegliamo la base degli autostati di $\hat{\varphi}$ otteniamo la corrispondenza seguente:

$$\hat{\varphi} \to \varphi, \quad \text{e} \quad \hat{N} \to -i\frac{\partial}{\partial\varphi}, \tag{11.30}$$

e l'Hamiltoniana si riscrive:

$$\hat{H} = 4E_c\left(-i\frac{\partial}{\partial\varphi} - N_g\right)^2 - E_J \cos\varphi. \tag{11.31}$$

Le soluzioni dell'equazione differenziale:

$$\hat{H}\psi_m(\varphi) = E_m\psi_m(\varphi) \tag{11.32}$$

sono date in termini delle soluzioni di tipo Floquet $\mathrm{me}_\nu(q, x)$ come segue:

$$\psi_m(\varphi) = \frac{1}{\sqrt{2}}\mathrm{me}_{-2[N_g - f(m,N_g)]}\left(-\frac{E_J}{2E_c}, \frac{\varphi}{2}\right), \tag{11.33}$$

con:

$$\begin{aligned} f(m, N_g) = \sum_{k=\pm1} & [\mathrm{int}(2N_g + k/2) \bmod 2] \\ & \times \Big\{\mathrm{int}(N_g) - k(-1)^m\big[(m+1)\,\mathrm{div}\,2 + m \bmod 2\big]\Big\}, \end{aligned} \tag{11.34}$$

dove $\mathrm{int}(x)$ arrotonda all'intero più vicino a x, $x \bmod y$ denota l'usuale operazione modulo, e $x\,\mathrm{div}\,y$ fornisce il quoziente intero di x e y. I corrispondenti autovalori sono:

$$E_m = E_c\, a_{-2[N_g - f(m,N_g)]}\left(-\frac{E_J}{2E_c}\right), \tag{11.35}$$

dove $a_\nu(q)$ denota il valore caratteristico di Mathieu.

Nella figura 11.2 riportiamo il comportamento di E_m, $m = 0, 1, 2$, e 3, come funzione di N_g e normalizzato rispetto all'energia di transizione $E_{01} = E_1 - E_0$, che è la separazione energetica minima tra i livelli E_1 e E_0, per diversi valori del rapporto E_J/E_c.

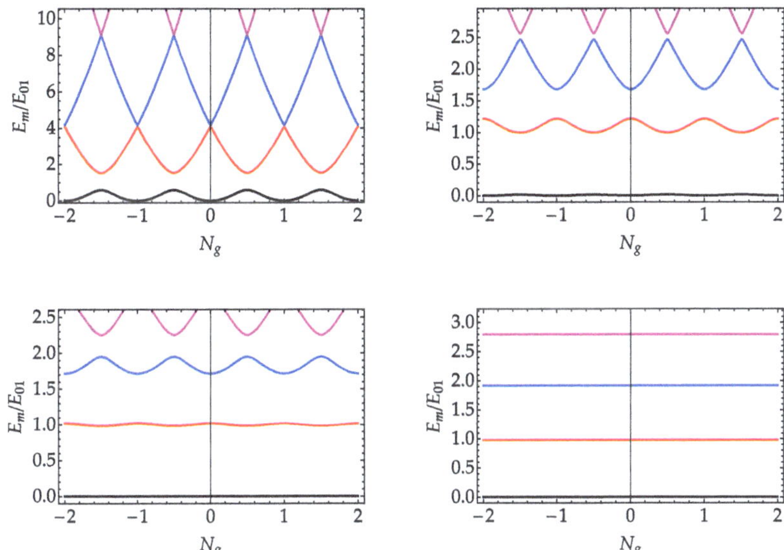

Figura 11.2 E_m in funzione di N_g (in ogni grafico, dal basso verso l'alto $m = 0, 1, 2$ e 3) normalizzato rispetto a $E_{01} \equiv \min_{N_g}(E_1 - E_0)$ per diversi valori del rapporto E_J/E_c. (In alto a sinistra) $E_J/E_c = 1.0$; (in alto a destra) $E_J/E_c = 5.0$; (in basso a sinistra) $E_J/E_c = 10.0$; (in basso a destra) $E_J/E_c = 50.0$. Il punto zero dell'energia è scelto come il fondo del livello $m = 0$

Come mostrato nella figura 11.3 possiamo identificare due regimi:

- il *regime di qubit di carica* per $E_c \gg E_J$;
- e il cosiddetto *regime di transmon qubit* per $E_c \ll E_J$.

Il termine "transmon" è un'abbreviazione di "transmission line shunted plasma oscillation qubit", come vedremo nella sezione 11.5. In ciascuno di questi regimi possiamo definire un sistema a due livelli che può essere utilizzato come un qubit: a seconda del regime sono chiamati rispettivamente "qubit di carica" e "transmon qubit"

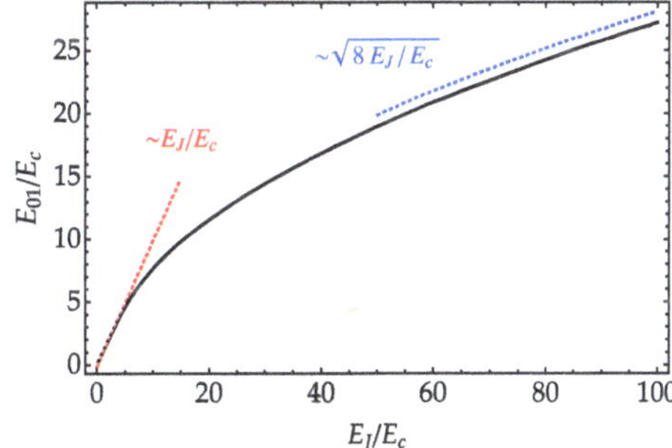

Figura 11.3 Grafico di E_{01}/E_c come funzione del rapporto E_J/E_c: per $E_c \gg E_J$ (regime di carica) abbiamo $E_{01} \sim E_J$; per $E_c \ll E_J$ (regime transmon) abbiamo $E_{01} \sim \sqrt{8E_J E_c}$

11.3 Il qubit di carica

Nel regime di carica, $E_J \ll E_c$, il nostro sistema può essere visto come una scatola di coppie di Cooper (*Cooper pair box*, CPB), che è rappresentata nella figura 11.4. Questa consiste in un elettrodo superconduttivo (l'*isola*) in contatto con un serbatoio superconduttivo attraverso una giunzione ad effetto tunnel (la zona grigia in figura, corrispondente a una giunzione Josephson o alle due giunzioni dello SQUID) con capacità C_J. Le coppie di Cooper possono passere sull'isola per effetto tunnel in risposta a un campo elettrico applicato per mezzo della capacità di gate C_g e della tensione V_g.

In questo caso abbiamo un eccesso N di coppie di Cooper ben definito. Pertanto possiamo esprimere l'Hamiltoniana (11.28) in funzione degli autostati $|N\rangle$ di $\hat{N}$, cioè, $\hat{N}|N\rangle = N|N\rangle$, $N \in \mathbb{Z}$; ricaviamo:

$$\hat{H}_{\mathrm{CPB}} = \sum_{N=-\infty}^{+\infty} \Bigg[4E_c(N - N_g)^2 |N\rangle\langle N| \\ - \frac{1}{2} E_J \big(|N\rangle\langle N+1| + |N+1\rangle\langle N|\big) \Bigg], \tag{11.36}$$

dove il termine $|N\rangle\langle N+1| + |N+1\rangle\langle N|$ descrive il tunneling di una singola coppia di Cooper attraverso la giunzione. Ora è chiaro che E_J rappresenta una misura dell'accoppiamento attraverso la giunzione. Vale la pena notare che gli stati:

$$|\varphi\rangle = \frac{1}{\sqrt{2\pi}} \sum_{N=-\infty}^{+\infty} \exp(iN\varphi)|N\rangle \tag{11.37}$$

sono autostati dell'operatore:

$$\hat{H}_{\mathrm{tun}} = -\frac{1}{2} E_J \sum_{N=-\infty}^{+\infty} \big(|N\rangle\langle N+1| + |N+1\rangle\langle N|\big), \tag{11.38}$$

e $\hat{H}_{\mathrm{tun}}|\varphi\rangle = -E_J \cos\varphi |\varphi\rangle$, cioè abbiamo la seguente espansione:

$$\cos\hat{\varphi} = \frac{1}{2} \sum_{N=-\infty}^{+\infty} \big(|N\rangle\langle N+1| + |N+1\rangle\langle N|\big). \tag{11.39}$$

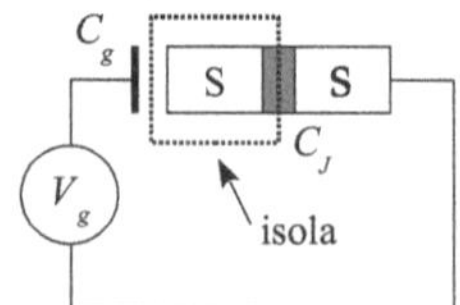

Figura 11.4 Schema del CPB. Il riquadro tratteggiato racchiude l'isola superconduttiva

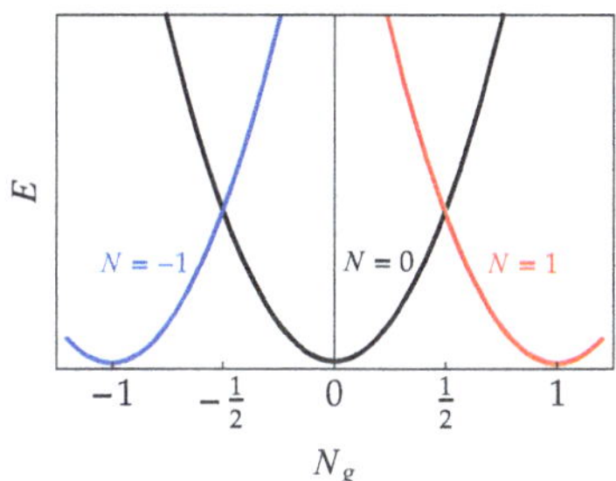

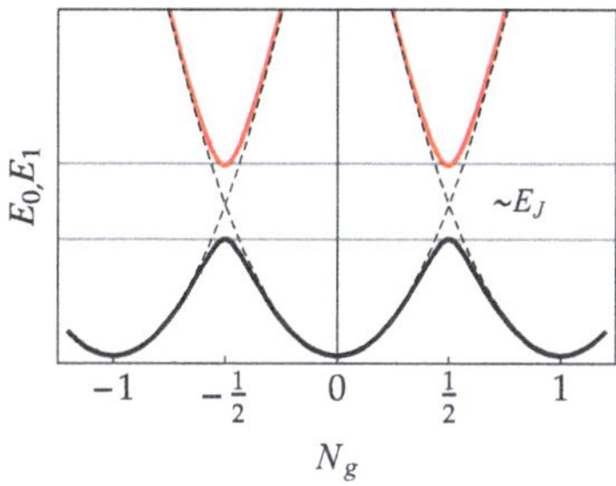

Figura 11.5 Grafico a sinistra: livelli energetici degli stati $|N\rangle$ senza interazione ($E_J = 0$): si noti la degenerazione a $N_g = (1 + 2N)/2$. Grafico a destra: se $E_J \neq 0$ la degenerazione viene rotta, e, se $E_J \ll E_c$, possiamo identificare due livelli, E_0 (nero) e E_1 (rosso), la cui differenza di energia a $N_g = (1 + 2N)/2$ è $\sim E_J$

Se E_J è trascurabile, allora $\hat{H}_{\text{CPB}}$ è semplicemente la somma di energie $4E_c(N - N_g)^2$ degli stati $|N\rangle$ (si osservi il grafico a sinistra nella figura 11.5): è interessante notare che, per una particolare scelta di N_g, stati con diverso numero N possono avere la stessa energia (sono degeneri). In particolare possiamo vedere che i due stati $|N\rangle$ e $|N + 1\rangle$ sono degeneri se $N_g = (1 + 2N)/2$. Come ci si potrebbe aspettare, la presenza dell'interazione, sebbene debole ma non trascurabile, rompe la degenerazione (grafico a destra nella figura 11.5). In questo caso appare un gap energetico dove prima c'era la degenerazione, che, per N_g fisso, ci permette di identificare due livelli energetici ben definiti la cui differenza di energia è E_J (si veda il grafico in alto a sinistra nella figura 11.2).

Infatti, per un N fissato e considerando $N_g \approx (1 + 2N)/2$, possiamo assumere che solo i due stati $|N\rangle$ e $|N + 1\rangle$ siano accoppiati dall'interazione (questo può essere mostrato più rigorosamente passando alla rappresentazione d'interazione e facendo la RWA). L'Hamiltoniana a due livelli corrispondente può essere scritta come:

$$\begin{aligned}\hat{H}_{\text{CPB}}(N_g, N) &= 4E_c\big[(N - N_g)^2|N\rangle\langle N| + (N + 1 - N_g)^2|N + 1\rangle\langle N + 1|\big] \\ &\quad - \frac{1}{2}E_J\big(|N\rangle\langle N + 1| + |N + 1\rangle\langle N|\big), \qquad (11.40) \\ &= 4E_c\left[(N_g - N) - \frac{1}{2}\right]\overline{\sigma}_z^{(N)} - \frac{1}{2}E_J\,\overline{\sigma}_x^{(N)} \\ &\quad + 2E_c\big[(N - N_g)^2 + (N - N_g + 1)^2\big]|N + 1\rangle\langle N + 1|, \qquad (11.41)\end{aligned}$$

dove abbiamo introdotto:

$$\overline{\sigma}_z^{(N)} = |N\rangle\langle N| - |N + 1\rangle\langle N + 1|, \qquad (11.42)$$

e:

$$\overline{\sigma}_x^{(N)} = |N\rangle\langle N + 1| + |N + 1\rangle\langle N|. \qquad (11.43)$$

Gli autovalori di $\hat{H}_{\text{CPB}}(N_g, N)$ sono:

$$E^{\pm}_{\text{CPB}}(N_g, N) = 2E_c\big[(N - N_g)^2 + (N - N_g + 1)^2\big] \\ \pm \frac{1}{2}\sqrt{E_J^2 + 16E_c^2[1 + 2(N - N_g)]^2}. \quad (11.44)$$

Alla degenerazione $N - N_g = -1/2$ e l'Eq. (11.40) si riscrive (trascuriamo il termine costante E_c):

$$\hat{H}_{\text{CPB}} \equiv \hat{H}_{\text{CPB}}(1/2, 0) = -\frac{1}{2}E_J\overline{\sigma}_x, \quad (11.45)$$

dove $\overline{\sigma}_z = |0\rangle\langle 0| - |1\rangle\langle 1|$ e $\overline{\sigma}_x = |0\rangle\langle 1| + |1\rangle\langle 0|$. Poiché:

$$\hat{H}_{\text{CPB}} \to \begin{pmatrix} 0 & -\frac{1}{2}E_J \\ -\frac{1}{2}E_J & 0 \end{pmatrix}, \quad (11.46)$$

è semplice trovare i due autovalori:

$$E_{\pm} = \pm\frac{1}{2}E_J, \quad \text{con} \quad E_+ - E_- = E_J, \quad (11.47)$$

e gli autostati corrispondenti:

$$|e\rangle = \frac{|1\rangle - |0\rangle}{\sqrt{2}}, \quad |g\rangle = \frac{|1\rangle + |0\rangle}{\sqrt{2}}, \quad (11.48)$$

con $\hat{H}_{\text{CPB}}|e\rangle = E_+|e\rangle$ e $\hat{H}_{\text{CPB}}|g\rangle = E_-|g\rangle$, dove possiamo vedere $|e\rangle$ come lo stato "eccitato" e $|g\rangle$ come lo stato "fondamentale" del sistema. Notate che:

$$\overline{\sigma}_x = \underbrace{|g\rangle\langle g| - |e\rangle\langle e|}_{-\hat{\sigma}_z}, \quad \text{e} \quad \overline{\sigma}_z = \underbrace{|e\rangle\langle g| + |g\rangle\langle e|}_{\hat{\sigma}_x}, \quad (11.49)$$

dove, come al solito, $|e\rangle \to (1, 0)^{\mathsf{T}}$ e $|g\rangle \to (0, 1)^{\mathsf{T}}$. Nella base $\{|g\rangle, |e\rangle\}$, l'Hamiltoniana (11.45) si scrive semplicemente (trascuriamo il termine costante):

$$\hat{H}_{\text{CPB}} = \frac{\hbar\Omega}{2}\hat{\sigma}_z, \quad (11.50)$$

con

$$\Omega = \frac{E_J}{\hbar}, \quad (11.51)$$

che è l'Hamiltoniana di un *atomo artificiale* che può essere utilizzato come un qubit.

Nella pratica, il qubit di carica è molto sensibile alle fluttuazioni di N_g e, quindi, della tensione di gate V_g. Questo problema può essere risolto considerando il cosiddetto regime di transmon qubit (si veda la sezione 11.5).

11.4 Qubit di carica e accoppiamento capacitivo con un risonatore 1-D

Un risonatore di linea di trasmissione 1-D consiste in una sezione di onda completa di un guida d'onda coplanare superconduttiva. Se L_r e C_r sono, rispettivamente, l'induttanza effettiva e la capacità del risonatore, la sua frequenza caratteristica è data da $\omega_r = 1/\sqrt{L_r C_r}$ (i valori tipici sono $\omega_r \sim 10$ GHz). L'Hamiltoniana quantistica del risonatore può essere scritta come:

$$\hat{H}_r = \hbar\omega_r\left(\hat{a}^\dagger\hat{a} + \frac{1}{2}\right), \tag{11.52}$$

dove $\hat{a}$ e $\hat{a}^\dagger$ sono gli operatori di annichilazione e creazione, e $[\hat{a}, \hat{a}^\dagger] = \hat{\mathbb{I}}$. Il risonatore 1-D svolge il ruolo della cavità negli esperimenti di QED in cavità che abbiamo già incontrato nella sezione 9.5.

Come mostrato in figura 11.6, un qubit superconduttivo, nel caso presente un CPB, è posizionato all'interno del risonatore 1-D e interpreta il ruolo dell'atomo del corrispondente setup della QED in cavità. Il sistema CPB+resonatore è costruito in modo tale che ci sia un accoppiamento massimo tra il qubit e il risonatore. Come mostrato schematicamente in figura 11.6, il qubit si accoppia con is secondo modo del risonatore (i massimi solo al centro).

L'Hamiltoniana *libera* del sistema è:

$$\hat{H}_0 = \hbar\omega_r\left(\hat{a}^\dagger\hat{a} + \frac{1}{2}\right) + 4E_c(\hat{N} - N_g)^2 - E_J\cos\hat{\varphi}, \tag{11.53}$$

dove il secondo e il terzo termine sono gli stessi presenti nell'Eq. (11.28).

L'accoppiamento tra il risonatore e il CPB è dovuto alla presenza di un contributo quantistico alla tensione, che porta alla sostituzione seguente nell'Eq. (11.53):

$$N_g \to N_g + \hat{N}_r, \tag{11.54}$$

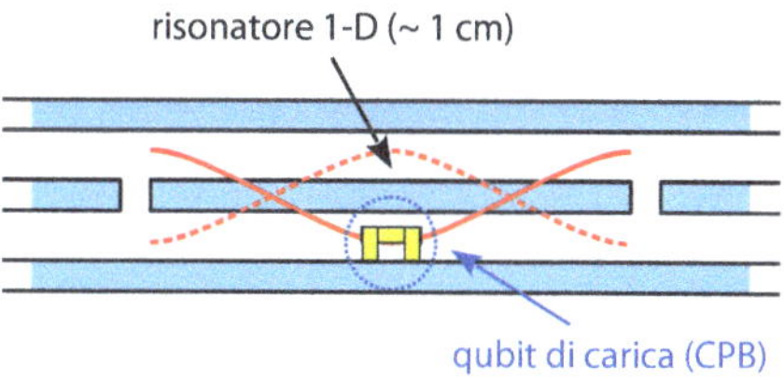

Figura 11.6 Schema di una tipica configurazione per implementare la QED in circuito (*circuit QED*). Un qubit superconduttivo (un CPB, in giallo) è costruito all'interno di un risonatore di linea di trasmissione 1-D. La configurazione finale è tale che ci sia un accoppiamento massimo tra il qubit e il risonatore (le tensioni rms raggiungono i massimi al centro del conduttore, si vedano le linee rosse)

con:

$$\hat{N}_r = N_q\,(\hat{a}^\dagger + \hat{a}), \tag{11.55}$$

e:

$$N_q = \frac{C_g V_{\rm rms}}{2e}, \tag{11.56}$$

dove:

$$V_{\rm rms} = \sqrt{\frac{\hbar\omega_r}{2C_r}} \tag{11.57}$$

è la tensione rms corrispondente al modo 2 del risonatore ($\omega_r \to \omega_r/2$) e C_g è la tensione di gate. Dopo la sostituzione otteniamo la seguente Hamiltoniana che descrive anche l'accoppiamento attraverso la tensione di gate (trascuriamo il termine costante):

$$\hat{H} = \hbar\omega_r\hat{a}^\dagger\hat{a} + 4E_c\Big[(\hat{N} - N_g) - N_q(\hat{a}^\dagger + \hat{a})\Big]^2 - E_J\cos\hat{\varphi}, \tag{11.58}$$

$$= \underbrace{\hbar\omega_r\hat{a}^\dagger\hat{a}}_{\text{risonatore}} + \underbrace{4E_c(\hat{N} - N_g)^2 - E_J\cos\hat{\varphi}}_{\text{CPB}} - \underbrace{8E_cN_q(\hat{N} - N_g)(\hat{a}^\dagger + \hat{a})}_{\text{interazione}}, \tag{11.59}$$

dove abbiamo trascurato anche i termini proporzionali a N_q^2 (notate che $V_{\rm rms} \sim \mu$V).

Nel regime di carica, $E_c \gg E_J$, possiamo espandere l'Hamiltoniana negli autostati $|N\rangle$ di $\hat{N}$, come mostrato nella sezione 11.3. Per semplicità, consideriamo solo i due stati $|0\rangle$ e $|1\rangle$. Introducendo $\overline{\sigma}_z = |0\rangle\langle 0| - |1\rangle\langle 1|$, abbiamo le seguenti identità:

$$(\hat{N} - N_g) = \frac{1}{2}\Big(\hat{\mathbb{I}} - \overline{\sigma}_z\Big) - N_g, \tag{11.60a}$$

$$(\hat{N} - N_g)^2 = \left(N_g^2 - N_g + \frac{1}{2}\right) - (1 - 2N_g)\overline{\sigma}_z, \tag{11.60b}$$

$$(\hat{a}^\dagger + \hat{a})(\hat{N} - N_g) = \frac{1}{2}(\hat{a}^\dagger + \hat{a})\Big[(1 - 2N_g)\hat{\mathbb{I}} - \overline{\sigma}_z\Big]. \tag{11.60c}$$

Se ora usiamo la base $\{|e\rangle, |g\rangle\}$ introdotta nella sezione 11.3, abbiamo:

$$\overline{\sigma}_z = \hat{\sigma}_x = \hat{\sigma}_+ + \hat{\sigma}_-, \tag{11.61}$$

dove $\hat{\sigma}_+ = |e\rangle\langle g|$ e $\hat{\sigma}_- = |g\rangle\langle e|$; infine otteniamo (al punto di degenerazione $N_g = 1/2$):

$$\hat{H} = \hbar\omega_r\hat{a}^\dagger\hat{a} + \frac{\hbar\Omega}{2}\hat{\sigma}_z + 4E_cN_q\big(\hat{a}^\dagger + \hat{a}\big)(\hat{\sigma}_+ + \hat{\sigma}_-), \tag{11.62}$$

dove $\Omega = E_J/\hbar$ e l'ultimo termine corrisponde all'interazione tra l'atomo artificiale e il risonatore, che è la stessa trattata nella sezione 9.5.

È anche possibile accoppiare il trasmon qubit con un risonatore 1-D. Tuttavia, la descrizione teorica dell'interazione richiede metodi avanzati di ottica quantistica che sono al di là dello scopo di questo libro. Potete comunque trovare l'analisi dettagliata nelle letture suggerite alla fine del capitolo.

11.5 Il qubit transmon

Rifocalizziamo l'attenzione sulla figura 11.2: man mano che il rapporto E_J/E_c aumenta, i livelli energetici E_m possono essere approssimati dalle funzioni oscillanti:

$$E_m(N_g) \approx E_m(N_g = 1/4) + \frac{\varepsilon_m}{2}\cos(2\pi N_g), \tag{11.63}$$

dove:

$$\varepsilon_m \approx (-1)^m E_c \frac{2^{4m+5}}{m!}\sqrt{\frac{2}{\pi}}\left(\frac{E_J}{2E_c}\right)^{\frac{m}{2}+\frac{3}{4}} \mathrm{e}^{-\sqrt{8E_J/E_c}}. \tag{11.64}$$

Pertanto, nel limite $E_J \gg E_c$ diventano quasi indipendenti da N_g (si veda il grafico in basso a destra della figura 11.2), e raggiungiamo il regime del *transmon qubit*, dove, come abbiamo menzionato, "transmon" si riferisce a "transmission line shunted plasma oscillation qubit": il termine è legato all'implementazione fisica per ottenere $E_J \gg E_c$. Infatti, questo regime si raggiunge utilizzando la stessa configurazione del qubit di carica (uno SQUID DC accoppiato a una tensione di gate V_g tramite la capacità di gate C_g), ma ora lo SQUID è posto in parallelo con un condensatore con capacità C_B molto grande (detto condensatore shunt), come mostrato nella figura 11.7. Per questo sistema si ha (vi rimandiamo alle letture suggerite alla fine del capitolo per ulteriori dettagli):

$$E_c = \frac{e^2}{2(C_J + C_g + C_\mathrm{B})}, \tag{11.65}$$

quindi, aumentando C_B è possibile diminuire E_c per avere $E_c \ll E_J$. In questo modo vengono anche ridotte le fluttuazioni della tensione di gate.

Poiché $E_J \gg E_c$, per indagare l'effetto dell'anarmonicità possiamo espandere fino al 4° ordine il $\cos\hat{\varphi}$ nell'Eq. (11.28), ottenendo (poiché i livelli energetici sono indipendenti da N_g, questa quantità non appare esplicitamente):

$$\hat{H}_\mathrm{tr} = 4E_c\hat{N}^2 + \frac{1}{2}E_J\hat{\varphi}^2 - \frac{1}{24}E_J\hat{\varphi}^4 \tag{11.66}$$

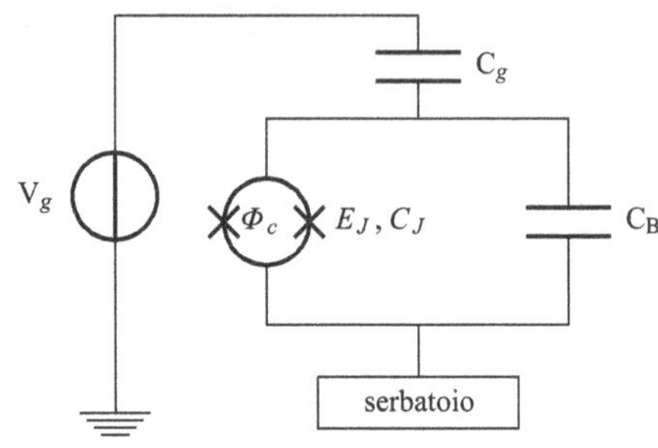

Figura 11.7 Il transmon qubit: uno SQUID posto in parallelo con un condensatore con capacità C_B grande (condensatore shunt), che riduce le fluttuazioni della tensione di gate diminuendo E_c

dove possiamo facilmente identificare l'Hamiltoniana:

$$\hat{H}_0 = 4E_c\hat{N}^2 + \frac{1}{2}E_J\hat{\varphi}^2, \tag{11.67}$$

che rappresenta un oscillatore armonico, e il termine non lineare:

$$\hat{H}_1 = -\frac{1}{24}E_J\hat{\varphi}^4. \tag{11.68}$$

Nel seguito, mostriamo che la presenza di $\hat{H}_1$ è ciò di cui abbiamo bisogno per rendere i livelli energetici abbastanza diversi per selezionare un sistema a due livelli ben definito.

L'Eq. (11.66) rappresenta l'Hamiltoniana di un oscillatore non lineare, quindi è possibile introdurre gli operatori di annichilazione, $\hat{b}$, e di creazione, $\hat{b}^\dagger$, con $[\hat{b}, \hat{b}^\dagger] = \hat{\mathbb{I}}$, e porre:

$$\hat{\varphi} = \left(\frac{2E_c}{E_J}\right)^{\frac{1}{4}}\left(\hat{b}^\dagger + \hat{b}\right) = 2\sqrt{\frac{E_c}{\hbar\omega_p}}\left(\hat{b}^\dagger + \hat{b}\right), \tag{11.69}$$

$$\hat{N} = i\left(\frac{E_J}{32E_c}\right)^{\frac{1}{4}}\left(\hat{b}^\dagger - \hat{b}\right) = \frac{i}{4}\sqrt{\frac{\hbar\omega_p}{E_c}}\left(\hat{b}^\dagger - \hat{b}\right), \tag{11.70}$$

dove abbiamo introdotto la *frequenza di plasma di Josephson*:

$$\omega_p = \frac{\sqrt{8E_JE_c}}{\hbar}. \tag{11.71}$$

È facile mostrare che $[\hat{\varphi}, \hat{N}] = i\hat{\mathbb{I}}$ e che l'Eq. (11.66) diventa:

$$\hat{H}_{\text{tr}} = \underbrace{\hbar\omega_p\left(\hat{b}^\dagger\hat{b} + \frac{1}{2}\right)}_{\hat{H}_0} - \frac{1}{12}E_c\left(\hat{b}^\dagger + \hat{b}\right)^4, \tag{11.72}$$

e $\hbar\omega_p = \sqrt{8E_JE_c}$.

Poiché $E_c \ll E_J$, per calcolare gli autovalori dell'Eq. (11.72) possiamo applicare la teoria delle perturbazioni ali primo ordine. Gli autovalori non perturbati di $\hat{H}_{\mathrm{tr}}$ sono:

$$E_n^{(0)} = \hbar\omega_p\left(n + \frac{1}{2}\right), \tag{11.73}$$

dove $\hat{H}_0|n\rangle = E_n^{(0)}|n\rangle$. La correzione al primo ordine è data da:

$$E_n^{(1)} = -\langle n|\left[\frac{1}{12}E_c\left(\hat{b}^\dagger + \hat{b}\right)^4\right]|n\rangle. \tag{11.74}$$

e si scrive esplicitamente:

$$\begin{aligned} E_n^{(1)} &= -\frac{1}{12}E_c\langle n|\left[12\hat{b}^\dagger\hat{b} + 6(\hat{b}^\dagger)^2\hat{b}^2 + 3 + (\text{termini t.c. } \langle n|\cdots|n\rangle = 0)\right]|n\rangle \\ &= -E_c n - \frac{1}{2}E_c n(n-1) - \frac{1}{4}E_c. \end{aligned} \tag{11.75}$$

Pertanto, trascurando il termine costante, i livelli di energia perturbati sono:

$$E_n = \left(\sqrt{8E_J E_c} - E_c\right)n - \frac{1}{2}E_c n(n-1). \tag{11.76}$$

Vale la pena notare che, a causa della non linearità, la differenza tra livelli adiacenti ora dipende da n, ovvero:

$$\Delta E_{n,n+1} \equiv E_{n+1} - E_n = \left(\sqrt{8E_J E_c} - E_c\right) - E_c n. \tag{11.77}$$

In particolare, abbiamo:

$$\Delta E_{0,1} = \sqrt{8E_J E_c} - E_c, \tag{11.78}$$

$$\Delta E_{1,2} = \Delta E_{0,1} - E_c. \tag{11.79}$$

Poiché i valori tipici delle quantità coinvolte sono $E_J/\hbar \approx 2$ GHz e $E_c/\hbar \approx 400$ MHz (di solito, $C_J \approx 10^{-12}$ F), è possibile selezionare sperimentalmente solo la transizione tra i livelli E_0 e E_1, ottenendo così il cosiddetto transmon qubit.

Vale la pena notare che l'aumento dell'insensibilità al rumore di carica, man mano che E_J/E_c aumenta, comporta anche una perdita di anarmonicità. Per ridurre un sistema a molti livelli a un qubit, cioè a un sistema con due livelli ben definiti, è richiesta un'anarmonicità che sia sufficiente. Dal punto di vista sperimentale, ciò pone un limite inferiore sulla durata degli impulsi di controllo per implementare le porte logiche quantistiche. Tuttavia, è possibile dimostrare che il rapporto energetico deve soddisfare $20 \lesssim E_J/E_c \ll 5 \cdot 10^4$, offrendo un ampio intervallo dove la sensibilità al rumore di carica è diminuita esponenzialmente ma con un'anarmonicità sufficientemente grande per garantire le operazioni sul qubit.

Problemi

11.1 ♣ Dimostrare che se $\cos\hat{\varphi}|\varphi\rangle = \cos\varphi|\varphi\rangle$ con:

$$|\varphi\rangle = \frac{1}{\sqrt{2\pi}} \sum_{N=-\infty}^{+\infty} \exp(iN\varphi)|N\rangle,$$

allora:

$$\frac{1}{2} \sum_{N=-\infty}^{+\infty} \big(|N\rangle\langle N+1| + |N+1\rangle\langle N|\big) = \cos\hat{\varphi}.$$

Ulteriori letture

V. Bouchiat, D. Vion, P. Joyez, D. Esteve and M. H. Devoret, *Quantum coherence with a single Cooper pair*, Phys. Scr. **T76**, 165–170 (1998)

A. Blais, R.-S. Huang, A. Wallraff, S. M. Girvin and R. J. Schoelkopf, *Cavity quantum electrodynamics for superconducting electrical circuits: An architecture for quantum computation*, Phys. Rev. A **69**, 062320 (2004)

J. Koch, T. M. Yu, J. Gambetta, A. A. Houck, D. I. Schuster, J. Majer, A. Blais, M. H. Devoret, S. M. Girvin and R. J. Schoelkopf, *Charge-insensitive qubit design derived from the Cooper pair box* Phys. Rev. A **76**, 042319 (2007)

M. Devoret, S. Girvin and R. Schoelkopf, *Circuit-QED: How strong can the coupling between a Josephson junction atom and a transmission line resonator be?*, Ann. Phys. **16**, 767–779 (2007)

Capitolo 12
Computazione quantistica e evoluzione adiabatica

Sommario Nei capitoli precedenti abbiamo affrontato la computazione quantistica considerando il modello basato sui circuiti quantistici, dove l'informazione, codificata in qubit, viene elaborata tramite porte quantistiche che implementano un algoritmo ben definito. In questo capitolo introduciamo un approccio diverso alla computazione quantistica, basato sull'evoluzione adiabatica. Qui il problema è codificato in una data *Hamiltoniana del problema* e la soluzione è data dal suo *stato fondamentale*. Per trovare la soluzione, si parte dallo stato fondamentale di un'Hamiltoniana iniziale che viene poi trasformata adiabaticamente nell'Hamiltoniana del problema. Se le ipotesi del cosiddetto teorema adiabatico sono soddisfatte, durante l'evoluzione il sistema rimane nello stato fondamentale dell'Hamiltoniana *istantanea* e, quindi, ci si viene infine a trovare nello stato fondamentale dell'Hamiltoniana del problema.

12.1 Clausole e istanze di soddisfacibilità

Nel nostro contesto, una *clausola C* è un'espressione booleana che può essere *vera* o *falsa* a seconda dei valori dei bit coinvolti. Ad esempio, la clausola a due bit:

$$x_1 \wedge x_2 \,, \tag{12.1}$$

dove $x_k \in \{0, 1\}$, è *vera*, cioè $x_1 \wedge x_2 = 1$, solo se $x_1 = x_2 = 1$. Possiamo anche scrivere l'identità formale:

$$x_1 \wedge x_2 = x_1 x_2 \,, \tag{12.2}$$

dove a destra abbiamo il prodotto aritmetico dei valori dei bit.

È possibile associare alla clausola (12.1) un'Hamiltoniana a due qubit il cui stato fondamentale è la soluzione cercata. Infatti, ricordando che $\hat{\sigma}_z|x\rangle = (-1)^x|x\rangle$,

S. Olivares, *Guida allo studio della computazione quantistica*,
https://doi.org/10.1007/978-3-032-23971-6_12

abbiamo:

$$\frac{1}{2}\left(\hat{\mathbb{I}} - \hat{\sigma}_z\right)|x\rangle = x|x\rangle\,, \tag{12.3a}$$

$$\frac{1}{2}\left(\hat{\mathbb{I}} + \hat{\sigma}_z\right)|x\rangle = \overline{x}|x\rangle\,, \tag{12.3b}$$

ed è facile verificare che lo stato fondamentale $|x_1\rangle|x_2\rangle = |1\rangle|1\rangle$ dell'Hamiltoniana (per semplicità in questo capitolo assumiamo che tutte le quantità siano adimensionali, cioè, poniamo $\hbar = 1$):

$$\hat{H}_{x_1 \wedge x_2} = \hat{\mathbb{I}} - \frac{1}{2}\left(\hat{\mathbb{I}} - \hat{\sigma}_z^{(1)}\right) \otimes \frac{1}{2}\left(\hat{\mathbb{I}} - \hat{\sigma}_z^{(2)}\right), \tag{12.4}$$

codifica proprio la soluzione della clausola (12.1). Un risultato simile può essere ottenuto per la clausola:

$$x_1 \wedge \overline{x}_2 = x_1\overline{x}_2\,, \tag{12.5}$$

e l'Hamiltoniana corrispondente:

$$\hat{H}_{x_1 \wedge \overline{x}_2} = \hat{\mathbb{I}} - \frac{1}{2}\left(\hat{\mathbb{I}} - \hat{\sigma}_z^{(1)}\right) \otimes \frac{1}{2}\left(\hat{\mathbb{I}} + \hat{\sigma}_z^{(2)}\right), \tag{12.6}$$

il cui stato fondamentale è $|1\rangle|0\rangle$.

Fino ad ora abbiamo considerato l'operazione AND. Tuttavia, sfruttando l'identità logica $x_1 \vee x_2 = \mathrm{NOT}(\overline{x}_1 \wedge \overline{x}_2)$, possiamo vedere che l'Hamiltoniana che "risolve" la clausola $x_1 \vee x_2$ è:

$$\hat{H}_{x_1 \vee x_2} = \frac{1}{2}\left(\hat{\mathbb{I}} + \hat{\sigma}_z^{(1)}\right) \otimes \frac{1}{2}\left(\hat{\mathbb{I}} + \hat{\sigma}_z^{(2)}\right), \tag{12.7}$$

che ha i tre stati fondamentali degeneri $|1\rangle|0\rangle$, $|0\rangle|1\rangle$ e $|1\rangle|1\rangle$.

Consideriamo, infine, una clausola che coinvolge tre bit, tipica del cosiddetto problema 3-SAT in cui ogni clausola coinvolge solo tre bit, ad esempio:

$$x_1 \vee x_2 \vee \overline{x}_3 \equiv \mathrm{NOT}(\overline{x}_1 \wedge \overline{x}_2 \wedge x_3)\,. \tag{12.8}$$

Potete concludere che l'Hamiltoniana a tre qubit che codifica la soluzione 001 nel suo stato fondamentale è:

$$\hat{H}_{x_1 \vee x_2 \vee \overline{x}_3} = \frac{1}{2}\left(\hat{\mathbb{I}} + \hat{\sigma}_z^{(1)}\right) \otimes \frac{1}{2}\left(\hat{\mathbb{I}} + \hat{\sigma}_z^{(2)}\right) \otimes \frac{1}{2}\left(\hat{\mathbb{I}} - \hat{\sigma}_z^{(3)}\right). \tag{12.9}$$

Esaminando gli esempi precedenti, è facile trovare la regola generale per associare una Hamiltoniana adatta a una specifica clausola logica. D'altra parte, se scrivere quell'Hamiltoniana è piuttosto semplice, trovare lo stato fondamentale effettivo può non essere affatto banale ... Ad esempio, un'istanza di soddisfacibilità a n-bit è un'espressione logica del tipo:

$$C_1 \wedge C_2 \wedge \cdots \wedge C_M \,, \tag{12.10}$$

dove C_k è una particolare istanza che dipende dai valori di un sottoinsieme di n bit. Trovare una soluzione di una singola clausola potrebbe essere semplice ma recuperare la soluzione dell'intera istanza (se esiste!) può essere davvero difficile. Tuttavia, è chiaro che possiamo associare una Hamiltoniana $\hat{H}_k$, il cui stato fondamentale è la sua soluzione specifica, a una qualsiasi clausola C_k . Pertanto, l'Hamiltoniana totale:

$$\hat{H} = \hat{H}_1 + \hat{H}_2 + \cdots + \hat{H}_M \equiv \sum_{k=1}^{M} \hat{H}_k \,, \tag{12.11}$$

per come è costruita codifica nel suo stato fondamentale la soluzione dell'istanza (12.10). Si noti che, per semplicità, abbiamo considerato uno scenario in cui lo stato fondamentale ha energia zero.

Ovviamente, ora il problema è trovare lo stato fondamentale dell'Hamiltoniana (12.11) e, qui, la meccanica quantistica può aiutare.

12.2 Il teorema adiabatico

Nella sezione precedente abbiamo visto che possiamo associare un'Hamiltoniana $\hat{H}_{\mathrm{p}}$ a un problema di soddisfacibilità in modo tale che il suo stato fondamentale $|\Psi_{\mathrm{p}}\rangle$ codifichi la soluzione. In generale, trovare lo stato fondamentale di $\hat{H}_{\mathrm{p}}$ può essere un problema difficile. Tuttavia, possiamo risolverlo applicando il *teorema adiabatico*. Di seguito vedremo i principali ingredienti di questo teorema e la sua applicazione ai nostri scopi.

Prima di tutto consideriamo un'Hamiltoniana $\hat{H}_0$ il cui stato fondamentale $|\Psi_0\rangle$ è facile da preparare e, quindi, assumiamo di avere anche un'Hamiltoniana di *interpolazione* dipendente dal tempo, $\hat{H}(t)$, che varia lentamente in modo tale che $\hat{H}(0) \equiv \hat{H}_0$ e $\hat{H}(T) \equiv \hat{H}_{\mathrm{p}}$.

L'evoluzione temporale dello stato $|\psi(t)\rangle$ del sistema è data come al solito dall'equazione di Schrödinger:

$$i\frac{d}{dt}|\psi(t)\rangle = \hat{H}(t)|\psi(t)\rangle \,. \tag{12.12}$$

Se definiamo il parametro $s = t/T$, possiamo concentrare la nostra analisi sulla famiglia di Hamiltoniane a un parametro $\tilde{H}(s = t/T) \equiv \hat{H}(t)$ con $0 \leq s \leq 1$: il ruolo di T è quello di controllare la velocità con cui $\hat{H}(t)$ cambia, più lungo è T

più lenta è la velocità. Ora introduciamo gli autovalori e gli autostati istantanei di $\tilde{H}(s)$, cioè:

$$\tilde{H}(s)|\phi_n(s)\rangle = E_n(s)|\phi_n(s)\rangle \,, \tag{12.13}$$

dove

$$E_0(s) \le E_1(s) \le \cdots \le E_{N-1}(s) \,, \tag{12.14}$$

essendo N la dimensione effettiva dello spazio di Hilbert del sistema. Secondo il teorema adiabatico, se $E_1(s) - E_0(s) > 0$, $\forall s \in [0, 1]$, abbiamo:

$$\lim_{T\to\infty} |\langle\phi_0(1)|\psi(T)\rangle| = 1 \,, \tag{12.15}$$

cioè, se T è abbastanza grande, durante l'evoluzione lo stato $|\psi(t)\rangle$ del sistema rimane molto vicino allo stato fondamentale istantaneo dell'Hamiltoniana $\hat{H}(t)$, $\forall t$. Più in dettaglio, il teorema adiabatico afferma che se:

$$T \gg \frac{\Gamma_{\text{max}}}{(\Delta E_{\text{min}})^2} \,, \tag{12.16}$$

dove:

$$\Gamma_{\text{max}} = \max_{s\in[0,1]} \left| \left\langle \phi_1(s) \left| \frac{d\tilde{H}(s)}{ds} \right| \phi_0(s) \right\rangle \right| \,, \tag{12.17}$$

e:

$$\Delta E_{\text{min}} = \min_{s\in[0,1]} [E_1(s) - E_0(s)] \,, \tag{12.18}$$

allora $|\langle\phi_0(1)|\psi(T)\rangle| \to 1$.

Siamo pronti per applicare il teorema adiabatico ai problemi di soddisfacibilità.

12.3 Trovare le soluzioni attraverso l'evoluzione adiabatica

La più semplice Hamiltoniana di interpolazione dipendente dal tempo $\hat{H}(t)$ tale che $\hat{H}(0) = \hat{H}_0$ e $\hat{H}(T) = \hat{H}_{\text{p}}$, cioè l'Hamiltoniana del problema, è:

$$\hat{H}(t) = \left(1 - \frac{t}{T}\right) \hat{H}_0 + \frac{t}{T} \hat{H}_{\text{p}} \,, \qquad t \in [0, T] \,, \tag{12.19}$$

o, equivalentemente:

$$\tilde{H}(s) = (1 - s)\, \hat{H}_0 + s\, \hat{H}_{\text{p}} \,, \qquad s \in [0, 1] \,. \tag{12.20}$$

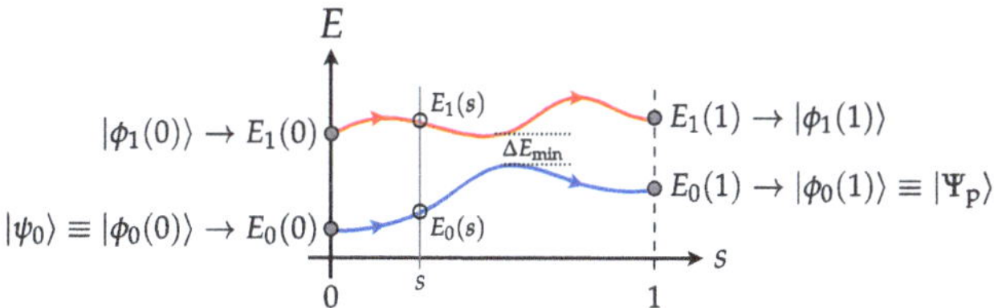

Figura 12.1 In questo grafico riassumiamo il principio di funzionamento della computazione quantistica assistita dall'evoluzione adiabatica. In particolare mostriamo due livelli energtici $E_0(s)$ e $E_1(s)$ come funzioni di $s = t/T$ assumendo che soddisfino il teorema adiabatico: se il tempo T è abbastanza grande, il sistema rimane nel suo stato fondamentale durante tutta l'evoluzione. Si veda il testo per i dettagli

Più in generale, si possono anche utilizzare Hamiltoniane più sofisticate, sostituendo al parametro s alcune altre funzioni del rapporto t/T. È chiaro che se scegliamo adeguatamente T per soddisfare le condizioni del teorema adiabatico, allora possiamo lasciare che il nostro sistema evolva dallo stato fondamentale iniziale $|\psi_0\rangle \equiv |\phi_0(0)\rangle$ dell'Hamiltoniana iniziale $\hat{H}_0$ e raggiunga lo stato fondamentale $|\Psi_{\rm p}\rangle \equiv |\phi_0(1)\rangle$ dell'Hamiltoniana del problema $\hat{H}_{\rm p}$, come illustrato nella figura 12.1. Se, tuttavia, l'evoluzione è "troppo veloce", allora è possibile ottenere uno stato finale al tempo $t = T$, cioè $s = 1$, che sia una combinazione lineare di altri autostati dell'energia, trovando così, con una certa probabilità, una soluzione errata al problema . . .

L'Hamiltoniana iniziale non deve essere diagonale nella stessa base di quello del problema, altrimenti il sistema rimarrà sempre nell'autostato iniziale, che, in generale, non è lo stato fondamentale istantaneo dell'Hamiltoniana di interpolazione, come vedremo nella prossima sezione. Poiché, come abbiamo menzionato nella sezione 12.1, almeno nei nostri casi l'Hamiltoniana del problema in presenza di n qubits può essere scritta come una funzione delle matrici di Pauli $\hat{\sigma}_z^{(k)}$, $k = 1, \ldots, N$, una buona scelta per l'Hamiltoniana iniziale è:

$$\hat{H}_0 = \sum_{k=1}^{N} \hat{H}_0^{(k)}, \tag{12.21}$$

con:

$$\hat{H}_0^{(k)} = \frac{1}{2}\left(\hat{\mathbb{I}} - \hat{\sigma}_x^{(k)}\right). \tag{12.22}$$

Vale la pena notare che lo stato fondamentale corrispondente è (usando la base computazionale, cioè gli autostati di $\hat{\sigma}_z^{(k)}$):

$$|\psi_0\rangle \equiv |\psi_0(s)\rangle = \frac{1}{2^{n/2}} \sum_{z=0}^{2^n-1} |z\rangle_n\,, \tag{12.23}$$

che è la sovrapposizione bilanciata di tutti i possibili input. Nella prossima sezione vedremo un semplice esempio basato su un singolo qubit per osservare la computazione adiabatica all'opera.

12.4 Esempio di computazione quantistica adiabatica a un qubit

Sebbene questo esempio sia quasi inutile, possiamo usarlo per verificare i requisiti del teorema adiabatico e seguire l'intero protocollo analiticamente.

Qui, assumiamo che la nostra clausola coinvolga un solo bit e sia semplicemente:

$$C = z , \tag{12.24}$$

che è soddisfatta quando $z = 1$ (ovviamente!). L'Hamiltoniana del problema corrispondente si scrive (usiamo ancora quantità adimensionali):

$$\hat{H}_{\mathrm{p}} = \frac{1}{2}\left(\hat{\mathbb{I}} + \hat{\sigma}_z\right), \tag{12.25}$$

e, come menzionato sopra, consideriamo la seguente Hamiltoniana iniziale:

$$\hat{H}_0 = \frac{1}{2}\left(\hat{\mathbb{I}} - \hat{\sigma}_x\right), \tag{12.26}$$

i cui stati fondamentali sono:

$$|\psi_0\rangle = \frac{1}{\sqrt{2}}\left(|0\rangle + |1\rangle\right). \tag{12.27}$$

L'Hamiltoniana dipendente dal tempo deriva dall'Eq. (12.20) e, nella rappresentazione matriciale, si scrive:

$$\tilde{H}(s) = \frac{1}{2}\begin{pmatrix} 1+s & s-1 \\ s-1 & 1-s \end{pmatrix}, \tag{12.28}$$

i cui due autovalori:

$$E_0(s) = \frac{1}{2}\left(1 - \sqrt{2s^2 - 2s + 1}\right), \tag{12.29a}$$

$$E_1(s) = \frac{1}{2}\left(1 + \sqrt{2s^2 - 2s + 1}\right), \tag{12.29b}$$

sono mostrati nella figura 12.2. Possiamo osservare che i due livelli sono ben separati con $\Delta E_{\mathrm{min}} = 1/\sqrt{2}$: il teorema adiabatico può essere applicato e, dopo

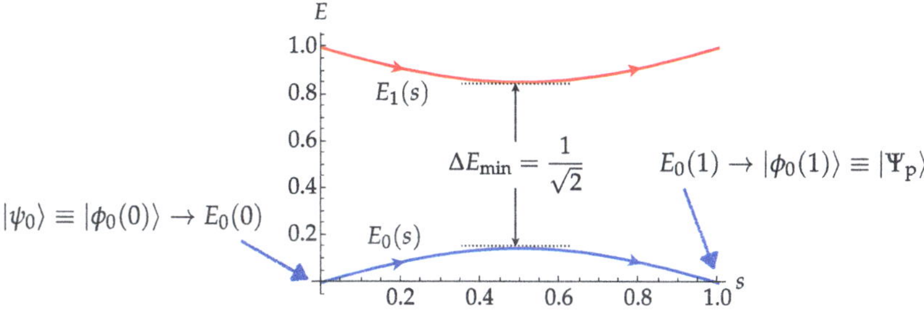

Figura 12.2 Grafico dei due autovalori dell'Hamiltoniana (12.28) in funzione di s. Abbiamo scritto esplicitamente gli autostati istantanei corrispondenti all'autovalore più basso per $s = 0$ e $s = 1$

l'evoluzione, lo stato finale corrisponde allo stato fondamentale di $\hat{H}_p$. Partendo da Eq. (12.17) troviamo anche $\Gamma_{\max} = 1/\sqrt{2}$ e, utilizzando l'Eq. (12.16), otteniamo $T \gg \sqrt{2}$ per avere l'evoluzione adiabatica.

Per valutare il "successo" della computazione, introduciamo la *fidelity* tra lo stato finale $|\psi(T)\rangle$ e l'autostato istantaneo $|\phi_0(s)\rangle$, cioè:

$$F(s) = |\langle \phi_0(s)|\psi(T)\rangle|^2 . \tag{12.30}$$

Nella figura 12.3 presentiamo $F(s)$ in funzione di $s = t/T$ per diversi valori di T: possiamo vedere che, all'aumentare di T, la fidelity a $s = 1$ o, equivalentemente, a $t = T$, si avvicina a 1, cioè lo stato $|\psi(T)\rangle$ coincide con lo stato fondamentale dell'Hamiltoniana $\hat{H}(T) = \hat{H}_p$.

Se avessimo scelto come Hamiltoniana iniziale:

$$\hat{H}'_0 = \frac{1}{2}\left(\hat{\mathbb{I}} - \hat{\sigma}_z\right), \tag{12.31}$$

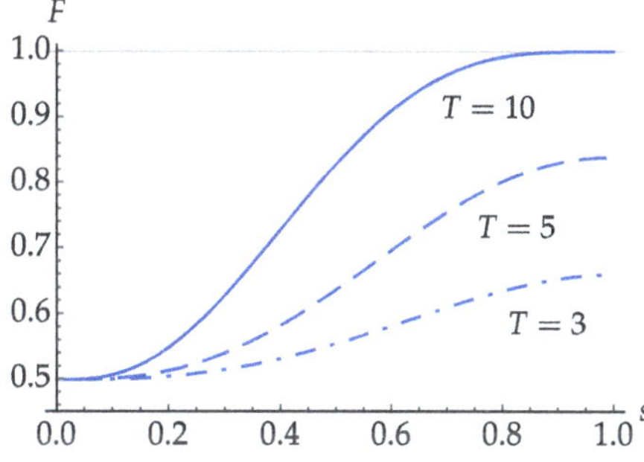

Figura 12.3 Grafico della fidelity $F(s)$, con $s = t/T$, tra l'autostato istantaneo $|\phi_0(s)\rangle$, corrispondente al valore proprio più basso dell'Hamiltoniana (12.28), e lo stato evoluto $|\psi(T)\rangle$. Le curve si riferiscono a diversi valori di T: nel caso considerato, il teorema adiabatico richiede $T \gg \sqrt{2} \approx 1.41$. Si veda il testo per i dettagli

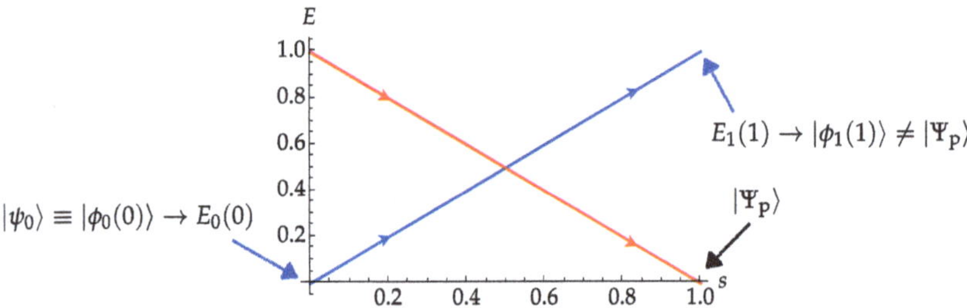

Figura 12.4 Grafico dei due autovalori dell'Hamiltoniana (12.32) in funzione di s. Notate che, durante l'evoluzione, l'autovalore più basso a $s = 0$ si trasforma nel valore proprio più alto a $s = 1$. Poiché $\Delta E_{\min} = 0$, il teorema adiabatico non può essere applicato

che ovviamente commuta con $\hat{H}_p$, allora avremmo :

$$\tilde{H}'(s) = \begin{pmatrix} s & 0 \\ 0 & 1-s \end{pmatrix}, \tag{12.32}$$

i cui due autovalori diventano uguali a $s = 1/2$ (si veda la figura 12.4). In questo caso alla fine dell'evoluzione il sistema è passato dallo stato fondamentale di $\hat{H}_0$ allo stato eccitato di $\hat{H}_p$: rimarchiamo che coincidono formalmente, poiché lo stato iniziale è un autovettore di $\tilde{H}'(s)$ e, quindi, rimane invariato durante tutta l'evoluzione, a meno di una fase globale.

È interessante notare che per rimuovere la degenerazione dei livelli basta aggiungere una perturbazione all'Hamiltoniana iniziale in modo tale che quella risultante non commuti più con H_p. In particolare, se consideriamo:

$$\hat{H}_0' = \frac{1}{2}\left(\hat{\mathbb{I}} - \hat{\sigma}_z\right) + \varepsilon\,\hat{\sigma}_x\,, \tag{12.33}$$

con $0 < \varepsilon \ll 1$, abbiamo:

$$\tilde{H}'(s) = \begin{pmatrix} s & \varepsilon(1-s) \\ \varepsilon(1-s) & 1-s \end{pmatrix}, \tag{12.34}$$

e i due autovalori corrispondenti sono:

$$E_0(s) = \frac{1}{2}\left[1 - \sqrt{(2s-1)^2 + 4\varepsilon^2(1-s)^2}\right], \tag{12.35a}$$

$$E_1(s) = \frac{1}{2}\left[1 + \sqrt{(2s-1)^2 + 4\varepsilon^2(1-s)^2}\right], \tag{12.35b}$$

che sono rappresentati nel grafico della figura 12.5. Ora, la degenerazione a $s = 1/2$ è rimossa e, scegliendo adeguatamente T, si può applicare il teorema adiabatico.

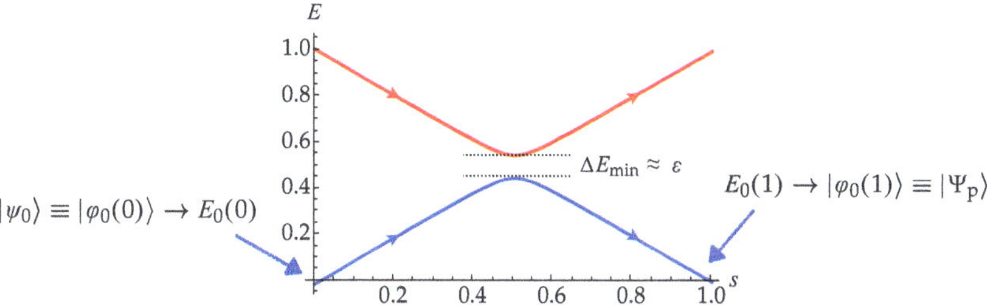

Figura 12.5 Grafico dei due autovalori dell'Hamiltoniana (12.32) in funzione di s. Abbiamo evidenziato esplicitamente gli autostati istantanei corrispondenti al valore proprio più basso a $s = 0$ e $s = 1$

Notate che, in questo caso particolare, abbiamo:

$$\Delta E_{\text{min}} = \frac{\varepsilon}{\sqrt{1+\varepsilon^2}} \approx \varepsilon\,, \tag{12.36}$$

che si verifica a:

$$s_{\text{min}} = \frac{1+2\varepsilon^2}{2(1+\varepsilon^2)} \approx \frac{1}{2}\,. \tag{12.37}$$

12.5 Fattorizzazione con evoluzione adiabatica

Nella sezione 5.3 abbiamo discusso l'algoritmo di Shor per la fattorizzazione di grandi numeri interi. Quell'algoritmo si basa sul modello circuitale della computazione quantistica. Tuttavia, è stato dimostrato che il modello adiabatico della computazione quantistica e il modello circuitale sono equivalenti. Di seguito descriveremo un algoritmo di fattorizzazione basato sull'evoluzione adiabatica, che è stato anche implementato sperimentalmente utilizzando la NMR.

Il problema che affrontiamo è trovare i *due fattori primi interi*, p e q, di un numero intero N codificato in $L = \lceil \log_2 N \rceil$ bit. È importante notare che stiamo assumendo fin dall'inizio che ci siano *solo due fattori*. Per risolvere il nostro problema con l'evoluzione adiabatica, dobbiamo trasformarlo in un problema di ottimizzazione, che ci permetterà di definire le Hamiltoniane iniziale e finale.

Prima di tutto, introduciamo la funzione:

$$f(x,y) = (N - xy)^2\,, \tag{12.38}$$

ed è chiaro che $f(x,y) \geq 0$ e $f(x,y) = 0$ solo se $xy = pq \equiv N$. L'Hamiltoniana del problema è introdotta assumendo che, al variare di x e y, $f(x,y)$ siano i suoi autovalori, cioè:

$$\hat{H}_\text{p} = \sum_{x,y} f(x,y)\,|x,y\rangle\langle x,y|\,, \tag{12.39}$$

dove $|x, y\rangle = |x\rangle|y\rangle$, mentre $|x\rangle = |x\rangle_X$ e $|y\rangle = |y\rangle_Y$ codificano i due fattori x e y, rispettivamente, essendo X e Y i numeri di qubit utilizzati.

A questo punto facciamo due ipotesi ragionevoli per semplificare il problema:

1. N è dispari, altrimenti un fattore è il numero 2. Pertanto, sappiamo che x e y devono essere dispari e risparmiamo un bit, poiché se $|x\rangle = |x_{X-1}\rangle \cdots |x_0\rangle$ con espansione binaria $x = \sum_{k=0}^{X-1} 2^k x_k$, abbiamo $x_0 \equiv 1$.
2. $x < y$, cioè possiamo prendere $3 \leq x \leq \sqrt{N}$ e $\sqrt{N} \leq y \leq N/3$.

Queste ipotesi ci permettono di valutare il numero effettivo di qubit n_x e n_y necessari per codificare i fattori, cioè:

$$n_x \leq \left\lfloor \frac{L+1}{2} \right\rfloor \quad \text{e} \quad n_y \leq L - 1\,. \tag{12.40}$$

Possiamo concludere che il numero totale $n = n_x + n_y$ di qubit scala come $n \sim O(\frac{3}{2}L)$. Qui ricordiamo che, nel caso dell'algoritmo di Shor, il numero di bit necessari è $n = 2L + 1 + \lceil \log[2 + (2\varepsilon)^{-1}] \rceil$, dove ε è la probabilità di fallimento (si veda la sezione 5.3).

Ora rivolgiamo l'attenzione all'Hamiltoniana del problema. Poiché i due fattori sono dispari, abbiamo bisogno di $(n_x - 1) + (n_y - 1) = n - 2$ qubit (escludiamo dal conteggio l'ultimo qubit di ogni fattore che è sempre 1). Seguendo il metodo introdotto nella sezione 12.1, l'Hamiltoniana può essere scritta come:

$$\begin{aligned} \hat{H}_{\mathrm{p}} = \Bigg[N\hat{\mathbb{I}} - &\left(2^{n_x-1} \frac{\hat{\mathbb{I}} - \hat{\sigma}_z^{(1)}}{2} + \cdots + 2^1 \frac{\hat{\mathbb{I}} - \hat{\sigma}_z^{(n_x-1)}}{2} + 2^0 \hat{\mathbb{I}} \right) \\ &\otimes \left(2^{n_y-1} \frac{\hat{\mathbb{I}} - \hat{\sigma}_z^{(n_x)}}{2} + \cdots + 2^1 \frac{\hat{\mathbb{I}} - \hat{\sigma}_z^{(n-2)}}{2} + 2^0 \hat{\mathbb{I}} \right) \Bigg]^2 , \end{aligned} \tag{12.41}$$

che agisce sugli stati:

$$|x\rangle_{n_x-1}|y\rangle_{n_y-1} = |x_{n_x-1}\rangle \cdots |x_1\rangle |y_{n_y-1}\rangle \cdots |y_1\rangle\,, \tag{12.42}$$

$$= \underbrace{|z_1\rangle \cdots |z_{n_x-1}\rangle}_{n_x-1} \underbrace{|z_{n_x}\rangle \cdots |z_{n-2}\rangle}_{n_y-1} \equiv |z\rangle_{n-2}\,. \tag{12.43}$$

Notate che:

$$\sum_{k=1}^{n_x-1} 2^k x_k = 2 \sum_{k=0}^{n_x-2} 2^k x_{k+1} = 2x, \tag{12.44}$$

e

$$\sum_{k=1}^{n_y-1} 2^k y_k = 2 \sum_{k=0}^{n_y-2} 2^k y_{k+1} = 2y, \tag{12.45}$$

dove x e y sono codificati in $n_x - 1$ e $n_y - 1$ bit, rispettivamente. Pertanto abbiamo:

$$\hat{H}_\mathrm{p}|z\rangle_{n-2} = \Big[N - \big(2^{n_x-1}z_1 + \cdots + 2^1 z_{n_x-1} + 1\big) \times \big(2^{n_y-1}z_{n_x} + \cdots + 2^1 z_{n-2} + 1\big)\Big]^2 |z\rangle_{n-2}, \tag{12.46}$$

$$= [N - (2x+1)(2y+1)]^2 |z\rangle_{n-2}. \tag{12.47}$$

L'autovalore più basso di H_p è 0, corrispondente allo stato $|p'\rangle_{n_x-1}|q'\rangle_{n_y-1}$, che codifica i due numeri $p = 2p' + 1$ e $q = 2q' + 1$, ovvero la soluzione del nostro problema.

Come Hamiltoniana iniziale possiamo scegliere, ad esempio:

$$\hat{H}_0 = \gamma \sum_{k=1}^{n-2} \hat{\sigma}_x^{(k)}, \tag{12.48}$$

con stato fondamentale:

$$|\psi_0\rangle_{n-2} = \frac{1}{2^{(n-2)/2}} \sum_{z=1}^{2^{n-2}-1} (-1)^{\Pi(z)} |z\rangle_{n-2}, \tag{12.49}$$

dove $\Pi(z)$ è la parità del numero z, ovvero il numero di volte in cui compare "1" nella rappresentazione binaria modulo 2. Osservate che l'Hamiltoniana (12.48) descrive un sistema in cui tutti gli spin interagiscono con lo stesso campo magnetico orientato lungo la direzione x, essendo γ la costante di accoppiamento.

Per poter applicare il teorema adiabatico è necessario verificare se le condizioni su cui si basa sono soddisfatte e ciò richiede di scegliere un particolare N e di studiare l'Hamiltoniana del problema corrispondente. Il protocollo adiabatico è stato applicato sperimentalmente per fattorizzare il $N = 21$ utilizzando tecniche NMR e se siete interessati, potete trovare ulteriori dettagli sull'esperimento nelle letture suggerite.

Ulteriori letture

E. Messiah, *Quantum Mechanics*, Volume II (Holland Publishing Company, 1965) – Capitolo XVII, §13

E. Farhi, J. Goldstone, S. Gutmann and M. Sipser, *Quantum Computation by Adiabatic Evolution*, MIT-CTP-2936

X. Peng, Z. Liao, N. Xu, G. Qin, X. Zhou, D. Suter and J. Du, *Quantum Adiabatic Algorithm for Factorization and Its Experimental Implementation*, Phys. Rev. Lett. **101**, 220405 (2008)

Appendice A: Rappresentazione d'interazione

Data l'Hamiltoniana:

$$\hat{H} = \hat{H}_0 + \hat{H}_{\text{int}}, \tag{A.1}$$

dove $\hat{H}_0$ è l'Hamiltoniana libera e $\hat{H}_{\text{int}}$ quella d'interazione, è talvolta utile utilizzare la cosiddetta *rappresentazione d'interazione*. Se $|\psi_t\rangle$ rappresenta lo stato del sistema al tempo t, la sua evoluzione temporale è governata dall'equazione di Schrödinger:

$$i\hbar\frac{\partial}{\partial t}|\psi_t\rangle = \hat{H}|\psi_t\rangle\,. \tag{A.2}$$

Ora, applichiamo la seguente trasformazione unitaria:

$$|\psi_t\rangle \to |\psi'_t\rangle = \hat{U}_0(t)^\dagger|\psi_t\rangle \quad \Rightarrow \quad |\psi_t\rangle = \hat{U}_0(t)|\psi'_t\rangle \tag{A.3}$$

dove $\hat{U}_0(t) = \exp(-i\hat{H}_0 t/\hbar)$. Sostituendo nell'equazione di Schrödinger otteniamo:

$$i\hbar\frac{\partial}{\partial t}\left[\hat{U}_0(t)|\psi'_t\rangle\right] = \left(\hat{H}_0 + \hat{H}_{\text{int}}\right)\hat{U}_0(t)|\psi'_t\rangle, \tag{A.4}$$

$$\hat{H}_0\hat{U}_0(t)|\psi'_t\rangle + i\hbar\hat{U}_0(t)\,\frac{\partial}{\partial t}|\psi'_t\rangle = \left(\hat{H}_0 + \hat{H}_{\text{int}}\right)\hat{U}_0(t)|\psi'_t\rangle, \tag{A.5}$$

e, dopo un po' di algebra e applicando $\hat{U}_0^\dagger(t)$ ad entrambi i membri, ricaivamo:

$$i\hbar\frac{\partial}{\partial t}|\psi'_t\rangle = \hat{H}'_{\text{int}}(t)|\psi'_t\rangle\,, \tag{A.6}$$

dove abbiamo introdotto $\hat{H}'_{\text{int}}(t) = \hat{U}_0^\dagger(t)\hat{H}_{\text{int}}\hat{U}_0(t)$. Pertanto, utilizzando la rappresentazione d'interazione rispetto all'Hamiltoniana libera,[1] ci si può concentrare solo sull'Hamiltoniana d'interazione (trasformata).

[1] Più in generale, si può passare alla rappresentazione d'interazione considerando un'Hamiltoniana specifica che, nel caso in esame, permette di semplificare la descrizione del sistema.

S. Olivares, *Guida allo studio della computazione quantistica*,
https://doi.org/10.1007/978-3-032-23971-6

Appendice B: La cavità di Fabry–Pérot

La principale interazione tra luce e atomi in elettrodinamica quantistica (QED) è l'interazione dipolare. Da un lato, il momento dipolare è fissato dalla natura dell'atomo: di solito gli sperimentatori utilizzano gli stati di Rydberg (cioè stati con numero quantico principale n molto alto per ottenere un elevato momento dipolare elettrico) di atomi alcalini, come gli atomi di Rb. D'altra parte, si può ottenere un campo elettrico molto grande in una stretta banda di frequenze e in un piccolo volume di spazio mediante una cavità di Fabry–Pérot.

Una cavità di Fabry–Pérot consiste in due specchi semi-riflettenti con riflettività R_1 e R_2, rispettivamente. Per trovare il campo all'interno della cavità, consideriamo cosa succede quando due campi classici $E_a^{(\text{in})}$ e $E_b^{(\text{in})}$ interferiscono su uno specchio semi-riflettente con riflettività R (si veda la figura B.1). Se denotiamo con $E_a^{(\text{out})}$ e $E_b^{(\text{out})}$ i campi in uscita, abbiamo la seguente trasformazione lineare:

$$\begin{pmatrix} E_a^{(\text{out})} \\ E_b^{(\text{out})} \end{pmatrix} = \begin{pmatrix} \sqrt{R} & \sqrt{1-R} \\ \sqrt{1-R} & -\sqrt{R} \end{pmatrix} \begin{pmatrix} E_a^{(\text{in})} \\ E_b^{(\text{in})} \end{pmatrix} \tag{B.1}$$

cioè:

$$E_a^{(\text{out})} = \sqrt{R}\, E_a^{(\text{in})} + \sqrt{1-R}\, E_b^{(\text{in})}, \tag{B.2}$$

$$E_b^{(\text{out})} = -\sqrt{R}\, E_b^{(\text{in})} + \sqrt{1-R}\, E_a^{(\text{in})}. \tag{B.3}$$

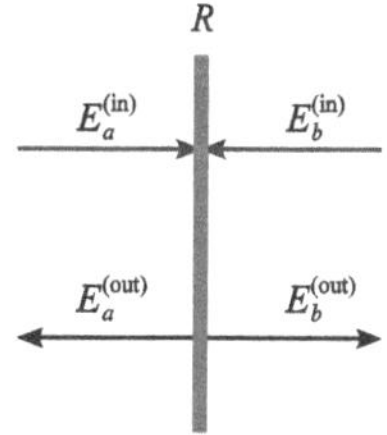

Figura B.1 Campi in ingresso e uscita su uno specchio semi-riflettente con riflettività R

S. Olivares, *Guida allo studio della computazione quantistica*,
https://doi.org/10.1007/978-3-032-23971-6

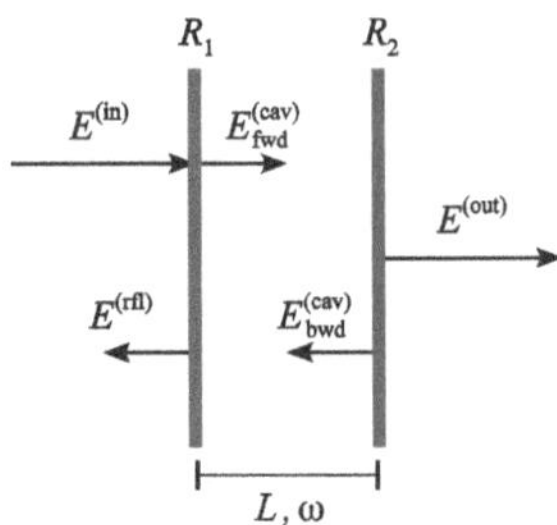

Figura B.2 Schema della cavità di Fabry–Pérot. Si veda il testo per i dettagli

Lo schema della cavità di Fabry–Pérot è illustrato in figura B.2: due specchi con riflettività R_1 e R_2 sono posti a una distanza L. La cavità è pompata con un campo in ingresso $E^{(\mathrm{in})}$ di frequenza ω, che incide sul primo specchio. La parte trasmessa subisce molteplici riflessioni tra i due specchi portando a un campo complessivo in avanti, $E^{(\mathrm{cav})}_{\mathrm{fwd}}$, e all'indietro, $E^{(\mathrm{cav})}_{\mathrm{bwd}}$, dentro la cavità, un campo complessivo trasmesso, $E^{(\mathrm{out})}$, e un campo complessivo riflesso, $E^{(\mathrm{rfl})}$, come raffigurato in figura B.2. Se definiamo $\phi = 2L\omega/c$, allora abbiamo:

$$E^{(\mathrm{cav})}_{\mathrm{fwd}} = \frac{\sqrt{1-R_1}}{1+\mathrm{e}^{i\phi}\sqrt{R_1 R_2}}\, E^{(\mathrm{in})}, \tag{B.4a}$$

$$E^{(\mathrm{cav})}_{\mathrm{bwd}} = \mathrm{e}^{i\phi/2}\sqrt{R_2}\, E^{(\mathrm{cav})}_{\mathrm{fwd}}, \tag{B.4b}$$

e

$$E^{(\mathrm{out})} = \mathrm{e}^{i\phi/2}\sqrt{1-R_2}\, E^{(\mathrm{cav})}_{\mathrm{fwd}}, \tag{B.5a}$$

$$E^{(\mathrm{rfl})} = \mathrm{e}^{i\phi}\sqrt{(1-R_1)R_2}\, E^{(\mathrm{cav})}_{\mathrm{fwd}} + \sqrt{R_1}\, E^{(\mathrm{in})}. \tag{B.5b}$$

In particolare, se assumiamo $R_1 = R_2 = R$ e scegliamo L in modo tale che $\phi = (2m+1)\pi$ con $m \in \mathbb{N}$ (condizione di risonanza campo-cavità), otteniamo:

$$E^{(\mathrm{cav})}_{\mathrm{fwd}} = \frac{E^{(\mathrm{in})}}{\sqrt{1-R}}, \tag{B.6a}$$

$$E^{(\mathrm{cav})}_{\mathrm{bwd}} = i\,\frac{\sqrt{R}}{\sqrt{1-R}}\, E^{(\mathrm{in})}, \tag{B.6b}$$

$$E^{(\mathrm{out})} = i\, E^{(\mathrm{in})}, \quad E^{(\mathrm{rfl})} = 0. \tag{B.6c}$$

Una quantità solitamente considerata per indagare il comportamento della cavità è il rapporto tra la potenza del campo in ingresso e la potenza del campo in avanti nella cavità, ovvero:

$$\frac{P_{\mathrm{cav}}}{P_{\mathrm{in}}} = \left|\frac{E^{(\mathrm{cav})}_{\mathrm{fwd}}}{E^{(\mathrm{in})}}\right|^2 = \frac{1-R_1}{1+R_1R_2+2\sqrt{R_1R_2}\cos\phi}. \tag{B.7}$$

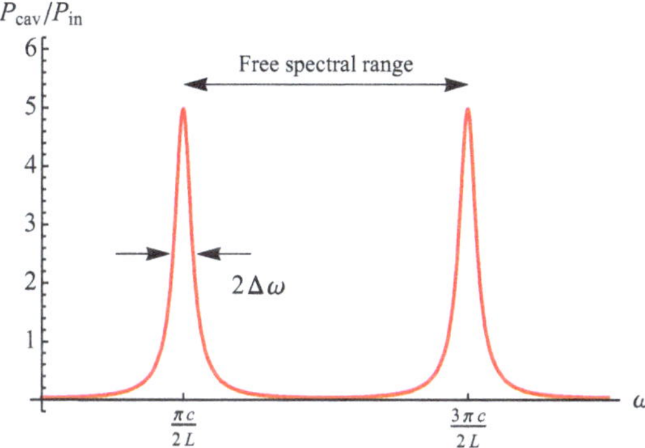

Figura B.3 Rapporto tra la potenza in ingresso e la potenza del campo all'interno della cavità in funzione della frequenza del campo in ingresso ω. Abbiamo impostato $R_1 = R_2 = 0.8$. Si veda il testo per i dettagli

Nella figura B.3 mostriamo P_{cav}/P_{in} come funzione della frequenza del campo in ingresso: è chiaro che vicino alla risonanza abbiamo un'ampiezza elevata del campo all'interno della cavità.

Per comprendere meglio il comportamento del rapporto definito nell'Eq. (B.7) introduciamo $\delta = \phi - \pi$, cioè, la risonanza si ottiene per $\delta = 0$, e consideriamo il limite $\delta \ll 1$. Ricaviamo l'espressione seguente per l'Eq. (B.7):

$$\frac{P_{cav}}{P_{in}} = \frac{1 - R_1}{(1 - \sqrt{R_1 R_2})^2} \frac{\Delta^2(R_1, R_2)}{\delta^2 + \Delta^2(R_1, R_2)} \tag{B.8}$$

che è una funzione lorentziana dove la semi-ampiezza a metà altezza (HWHM) è:

$$\Delta^2(R_1, R_2) = \frac{(1 - \sqrt{R_1 R_2})^2}{\sqrt{R_1 R_2}}, \tag{B.9}$$

e, assumendo $R_1 = R_2 = R$, si riduce a:

$$\Delta(R) = \frac{1 - R}{\sqrt{R}}, \tag{B.10}$$

corrispondente a una larghezza di banda spettrale HWHM:

$$\Delta\omega = \frac{c}{2L} \frac{1 - R}{\sqrt{R}}. \tag{B.11}$$

Un'altra quantità importante è la *finesse* della cavità, che è il rapporto tra il cosiddetto *free spectral range* (la distanza tra i due picchi consecutivi del rapporto P_{cav}/P_{in}, come in figura B.3) e la larghezza a metà altezza (FWHM) dell'Eq. (B.7) alla risonanza. Nel presente caso il free spectral range è $2\pi c/(2L)$ (si veda la figura B.3), mentre la FWHM è $2\Delta\omega$, quindi la finesse della cavità è data da:

$$\mathcal{F} = \frac{2\pi c}{2L} \frac{1}{2\Delta\omega} = \pi \frac{\sqrt{R}}{1 - R}. \tag{B.12}$$

Possiamo ottenere un'analisi quantitativa delle cavità coinvolte in tipici esperimenti di QED in cavità considerando che $R \approx 1$ e $L \sim 1$ cm: ecco perché abbiamo un'ampiezza elevata del campo all'interno della cavità nel dominio delle microonde, e, va sottolineato, le microonde sono le frequenze di transizione caratteristiche degli stati di Rydberg coinvolti in questi esperimenti.

Ora focalizziamo l'attenzione sulle onde piane e assumiamo che l'asse della cavità sia allineato con l'asse z di un sistema di riferimento, dove gli specchi sono rispettivamente posizionati a $z = 0$ e $z = L$. All'interno della cavità abbiamo due onde contropropaganti [qui assumiamo anche di essere in risonanza e usiamo le Eq. (B.6)]:

$$E_{\text{fwd}}^{(\text{cav})}(z, \omega) = \frac{E^{(\text{in})}}{\sqrt{1-R}} \cos(kz - \omega t), \tag{B.13a}$$

$$E_{\text{bwd}}^{(\text{cav})}(z, \omega) = -\frac{E^{(\text{in})}\sqrt{R}}{\sqrt{1-R}} \sin(kz + \omega t), \tag{B.13b}$$

quindi, all'interno della cavità abbiamo l'onda seguente:

$$E_{\text{cav}}(z, \omega) = \frac{E^{(\text{in})}}{\sqrt{1-R}} \Big[\cos(kz - \omega t) - \sqrt{R}\, \sin(kz + \omega t)\Big]. \tag{B.14}$$

Se ora eseguiamo la media temporale dell'intensità del campo all'interno della cavità, troviamo:

$$\left\langle |E_{\text{cav}}(z)|^2 \right\rangle \equiv \frac{\omega}{2\pi} \int_0^{2\pi/\omega} |E_{\text{cav}}(z, \omega)|^2 dt \tag{B.15}$$

$$= \frac{1 + R - 2\sqrt{R}\, \sin(2kz)}{2(1-R)} \left|E^{(\text{in})}\right|^2 \tag{B.16}$$

$$= \frac{1 + R - 2\sqrt{R}\, \sin\Big[(2m+1)\pi \dfrac{z}{L}\Big]}{2(1-R)} \left|E^{(\text{in})}\right|^2, \tag{B.17}$$

dove, nell'ultima uguaglianza, abbiamo utilizzato la condizione di risonanza per il vettore d'onda $k = \omega/c$, cioè $k = (2m+1)\pi/(2L)$. Nel caso delle frequenze ottiche $m \approx 10^5$ e, se consideriamo la media sulla direzione z, troviamo:

$$\left\langle |E_{\text{cav}}|^2 \right\rangle \approx \frac{1 + R}{2(1-R)} \left|E^{(\text{in})}\right|^2. \tag{B.18}$$

Soluzioni

Riportiamo le soluzioni dei problemi contrassegnati con il simbolo "♣".

Problemi del Capitolo 1

1.5 Una possibilità è eseguire l'intero calcolo sfruttando l'espansione sulle matrici di Pauli:

$$\mathbf{C}_{hk} = \frac{1}{2}\Big(\hat{\mathbb{I}} + \hat{\sigma}_x^{(k)} + \hat{\sigma}_z^{(h)} - \hat{\sigma}_z^{(h)}\hat{\sigma}_x^{(k)}\Big).$$

Tuttavia, possiamo anche dimostrare che $\mathbf{C}_{hk}\mathbf{C}_{kh}\mathbf{C}_{hk}$ agisce come $\mathbf{S}_{hk}$ sulla base computazionale. In questo caso è facile vedere che $|0_h\rangle|0_k\rangle$ rimane invariato come per $\mathbf{S}_{hk}$, mentre per gli altri elementi di base abbiamo:

$$\begin{aligned}\mathbf{C}_{hk}\mathbf{C}_{kh}\mathbf{C}_{hk}|0_h\rangle|1_k\rangle &= \mathbf{C}_{hk}\mathbf{C}_{kh}|0_h\rangle|1_k\rangle \\ &= \mathbf{C}_{hk}|1_h\rangle|1_k\rangle = |1_h\rangle|0_k\rangle \equiv \mathbf{S}_{hk}|0_h\rangle|1_k\rangle;\end{aligned}$$

$$\begin{aligned}\mathbf{C}_{hk}\mathbf{C}_{kh}\mathbf{C}_{hk}|1_h\rangle|0_k\rangle &= \mathbf{C}_{hk}\mathbf{C}_{kh}|1_h\rangle|1_k\rangle \\ &= \mathbf{C}_{hk}|0_h\rangle|1_k\rangle = |0_h\rangle|1_k\rangle \equiv \mathbf{S}_{hk}|1_h\rangle|0_k\rangle;\end{aligned}$$

$$\begin{aligned}\mathbf{C}_{hk}\mathbf{C}_{kh}\mathbf{C}_{hk}|1_h\rangle|1_k\rangle &= \mathbf{C}_{hk}\mathbf{C}_{kh}|1_h\rangle|0_k\rangle \\ &= \mathbf{C}_{hk}|1_h\rangle|0_k\rangle = |1_h\rangle|1_k\rangle \equiv \mathbf{S}_{hk}|1_h\rangle|1_k\rangle.\end{aligned}$$

1.6 La trasformazione di Hadamard può essere scritta come:

$$\mathbf{H} = \frac{1}{\sqrt{2}}(\mathbf{X} + \mathbf{Z}),$$

S. Olivares, *Guida allo studio della computazione quantistica*,
https://doi.org/10.1007/978-3-032-23971-6

quindi abbiamo:

$$\mathbf{HX} = \frac{1}{\sqrt{2}}(\mathbf{XX} + \mathbf{ZX}) = \frac{1}{\sqrt{2}}\left(\hat{\mathbb{I}} + i\mathbf{Y}\right),$$

e

$$(\mathbf{HX})\mathbf{H} = \frac{1}{2}(\mathbf{X} + \mathbf{Z} + i\mathbf{YX} + i\mathbf{YZ}) = \frac{1}{2}(\mathbf{X} + \mathbf{Z} + \mathbf{Z} - \mathbf{X}) = \mathbf{Z},$$

dove abbiamo usato $\mathbf{ZX} = i\mathbf{Y}$, $\mathbf{YX} = -i\mathbf{Z}$ e $\mathbf{YZ} = i\mathbf{X}$. Analogamente, si può dimostrare che $\mathbf{HZH} = \mathbf{X}$.

1.7 Dato che:

$$\mathbf{C}_{hk} = \frac{1}{2}\left(\hat{\mathbb{I}} + \hat{\sigma}_x^{(k)} + \hat{\sigma}_z^{(h)} - \hat{\sigma}_z^{(h)}\hat{\sigma}_x^{(k)}\right)$$

abbiamo:

$$\mathbf{H}_h\mathbf{H}_k\mathbf{C}_{hk}\mathbf{H}_h\mathbf{H}_k = \frac{1}{2}\left(\hat{\mathbb{I}} + \mathbf{H}_k\hat{\sigma}_x^{(k)}\mathbf{H}_k + \mathbf{H}_h\hat{\sigma}_z^{(h)}\mathbf{H}_h - \mathbf{H}_h\hat{\sigma}_z^{(h)}\mathbf{H}_h\,\mathbf{H}_k\hat{\sigma}_x^{(k)}\mathbf{H}_k\right).$$

Applicando il risultato del problema 1.6 possiamo scrivere:

$$\mathbf{H}_h\mathbf{H}_k\mathbf{C}_{hk}\mathbf{H}_h\mathbf{H}_k = \frac{1}{2}\left(\hat{\mathbb{I}} + \hat{\sigma}_z^{(k)} + \hat{\sigma}_x^{(h)} - \hat{\sigma}_x^{(h)}\hat{\sigma}_z^{(k)}\right) \equiv \mathbf{C}_{kh}.$$

Problemi del Capitolo 2

2.3 La matrice 2×2 associata all'Hamiltoniana considerata è (senza perdita di generalità possiamo assumere la costante di accoppiamento $\gamma \in \mathbb{R}$):

$$\hat{H} \to \begin{pmatrix} E_0 & g \\ g & E_1 \end{pmatrix}$$

dove $E_k = \hbar\omega_k$, $k = 0, 1$, e $g = \hbar\gamma$. Gli autovalori sono:

$$E_\pm = \frac{(E_0 + E_1) \pm \sqrt{(\Delta E)^2 + 4g^2}}{2},$$

con $\Delta E = E_1 - E_0$, e i corrispondenti autovettori $|\psi_\pm\rangle$, $\hat{H}\,|\psi_\pm\rangle = E_\pm|\psi_\pm\rangle$, possono essere scritti come:

$$|\psi_\pm\rangle = c_{0,\pm}|0\rangle + c_{1,\pm}|1\rangle\,,$$

dove:

$$c_{0,\pm} = \frac{g}{\sqrt{(E_\pm - E_0)^2 + g^2}},$$
$$c_{1,\pm} = \frac{E_\pm - E_0}{\sqrt{(E_\pm - E_0)^2 + g^2}}.$$

Per calcolare l'evoluzione temporale degli stati $|0\rangle$ e $|1\rangle$, li riscriviamo come funzioni di $|\psi_\pm\rangle$, cioè:

$$|0\rangle = \frac{(E_+ - E_0)\sqrt{(E_- - E_0)^2 + g^2}\,|\psi_-\rangle - (E_- - E_0)\sqrt{(E_+ - E_0)^2 + g^2}\,|\psi_+\rangle}{g(E_+ - E_-)},$$
$$|1\rangle = \frac{\sqrt{(E_+ - E_0)^2 + g^2}\,|\psi_+\rangle - \sqrt{(E_- - E_0)^2 + g^2}\,|\psi_-\rangle}{E_+ - E_-},$$

o, in una forma più compatta:

$$|0\rangle = a_+\,|\psi_+\rangle + a_-\,|\psi_-\rangle \quad \text{e} \quad |1\rangle = b_+\,|\psi_+\rangle + b_-\,|\psi_-\rangle,$$

dove:

$$a_\pm = \pm\frac{(E_\pm - E_0)\sqrt{(E_\pm - E_0)^2 + g^2}}{g(E_+ - E_-)} \quad \text{e} \quad b_\pm = \pm\frac{g\,a_\pm}{E_\pm - E_0}.$$

Successivamente, possiamo scrivere l'evoluzione temporale dello stato iniziale $|1\rangle$ come segue:

$$|1\rangle = \mathrm{e}^{-i\omega_+ t}\, b_+\,|\psi_+\rangle + \mathrm{e}^{-i\omega_- t}\, b_-\,|\psi_-\rangle,$$

con $\hbar\omega_\pm = E_\pm$.

2.4 Prima di tutto notiamo che:

$$(\boldsymbol{n}\cdot\boldsymbol{\sigma})^2 = \mathbb{1},$$

a causa delle proprietà delle matrici di Pauli e poiché $|\boldsymbol{n}| = 1$. Pertanto, possiamo dividere l'espansione dell'esponenziale come segue:

$$\exp(i\gamma\,\boldsymbol{n}\cdot\boldsymbol{\sigma}) = \underbrace{\sum_{k=0}^{\infty}\frac{(-1)^k}{(2k)!}\,(\gamma)^{2k}}_{\cos\gamma}\;\mathbb{1} + i\underbrace{\sum_{k=0}^{\infty}\frac{(-1)^k}{(2k+1)!}\,(\gamma)^{2k+1}}_{\sin\gamma}\,(\boldsymbol{n}\cdot\boldsymbol{\sigma}).$$

Problemi del Capitolo 3

3.1 Lo stato complessivo dei quattro qubit è:

$$|\psi_{ABCD}\rangle = \frac{1}{2}\Big(|0_A\rangle|0_B\rangle|0_C\rangle|0_D\rangle + |0_A\rangle|0_B\rangle|1_C\rangle|1_D\rangle + |1_A\rangle|1_B\rangle|0_C\rangle|0_D\rangle + |1_A\rangle|1_B\rangle|1_C\rangle|1_D\rangle\Big).$$

Poiché eseguiamo la misura di Bell sul sottosistema dei qubit B e C, è utile introdurre la base di Bell corrispondente:

$$|\Psi_{BC}^{(\pm)}\rangle = \frac{|0_B\rangle|1_C\rangle \pm |1_B\rangle|0_C\rangle}{\sqrt{2}},$$
$$|\Phi_{BC}^{(\pm)}\rangle = \frac{|0_B\rangle|0_C\rangle \pm |1_B\rangle|1_C\rangle}{\sqrt{2}},$$

e, a sua volta, abbiamo:

$$|0_B\rangle|0_C\rangle = \frac{1}{\sqrt{2}}\Big(|\Phi_{BC}^{(+)}\rangle + |\Phi_{BC}^{(-)}\rangle\Big),$$
$$|0_B\rangle|1_C\rangle = \frac{1}{\sqrt{2}}\Big(|\Psi_{BC}^{(+)}\rangle + |\Psi_{BC}^{(-)}\rangle\Big),$$
$$|1_B\rangle|0_C\rangle = \frac{1}{\sqrt{2}}\Big(|\Psi_{BC}^{(+)}\rangle - |\Psi_{BC}^{(-)}\rangle\Big),$$
$$|1_B\rangle|1_C\rangle = \frac{1}{\sqrt{2}}\Big(|\Phi_{BC}^{(+)}\rangle - |\Phi_{BC}^{(-)}\rangle\Big).$$

Se riordiniamo i qubit, mettendo prima i sottosistemi A e D, dopo alcuni calcoli lo stato iniziale a quattro qubit può essere riscritto come:

$$\begin{aligned}|\psi_{ADBC}\rangle = \frac{1}{2}\bigg[&\frac{1}{\sqrt{2}}(|0_A\rangle|0_D\rangle + |1_A\rangle|1_D\rangle)|\Phi_{BC}^{(+)}\rangle \\ &+ \frac{1}{\sqrt{2}}(|0_A\rangle|0_D\rangle - |1_A\rangle|1_D\rangle)|\Phi_{BC}^{(-)}\rangle \\ &+ \frac{1}{\sqrt{2}}(|0_A\rangle|1_D\rangle + |1_A\rangle|0_D\rangle)|\Psi_{BC}^{(+)}\rangle \\ &+ \frac{1}{\sqrt{2}}(|0_A\rangle|1_D\rangle - |1_A\rangle|0_D\rangle)|\Psi_{BC}^{(-)}\rangle\bigg],\end{aligned}$$

o, sfruttando l'azione delle matrici di Pauli:

$$|\psi_{ADBC}\rangle = \frac{1}{2}\Bigg[|\psi_{AD}\rangle|\Phi^{(+)}_{BC}\rangle + \hat{\mathbb{I}} \otimes \hat{\sigma}_z^{(D)}|\psi_{AD}\rangle|\Phi^{(-)}_{BC}\rangle$$

$$+ \hat{\mathbb{I}} \otimes \hat{\sigma}_x^{(D)}|\psi_{AD}\rangle|\Psi^{(+)}_{BC}\rangle + \hat{\mathbb{I}} \otimes \left(\hat{\sigma}_x^{(D)}\hat{\sigma}_z^{(D)}\right)|\psi_{AD}\rangle|\Psi^{(-)}_{BC}\rangle \Bigg],$$

dove:

$$|\psi_{AD}\rangle = \frac{|0_A\rangle|0_D\rangle + |1_A\rangle|1_D\rangle}{\sqrt{2}}.$$

Ora è chiaro che, come nel caso del protocollo del teletrasporto "standard", dopo aver eseguito la misura di Bell e applicato l'operazione unitaria adatta in base al risultato della misura, lo stato dei qubit A e D diventa $|\psi_{AD}\rangle$.

3.2 Ricordiamo che il processo computazionale standard richiede che:

$$\hat{U}_f|x\rangle|0\rangle = |x\rangle|f(x)\rangle.$$

Successivamente, è facile verificare che i seguenti operatori unitari implementano l'azione delle funzioni elencate nel problema:

a) $f(0) = f(1) = 0 \Rightarrow \hat{U}_f = \hat{\mathbb{I}} \otimes \hat{\mathbb{I}}$;
b) $f(0) = f(1) = 1 \Rightarrow \hat{U}_f = \hat{\mathbb{I}} \otimes \hat{\sigma}_x$;
c) $f(0) \neq f(1) = 0 \Rightarrow \hat{U}_f = \left(\hat{\mathbb{I}} \otimes \hat{\sigma}_x\right)$ CNOT;
d) $f(0) \neq f(1) = 1 \Rightarrow \hat{U}_f =$ CNOT.

Notiamo che queste implementazioni non sono uniche.

Se interessati, potete anche scrivere il circuito quantistico associato agli operatori unitari e studiare cosa succede all'operatore $\mathbf{H} \otimes \mathbf{H}\,\hat{U}_f\,\mathbf{H} \otimes \mathbf{H}$, che è la soluzione quantistica del problema di Deutsch.

3.3 Se $a = 0$ è chiaro che $f(x) = 0, \forall x \in \{0, 1, \ldots, 2^n - 1\}$. Ora ci concentriamo sul caso $a \neq 0$ e dimostriamo che la funzione è bilanciata, cioè $f(x) = 0$ per metà dei possibili valori di input 2^n e $f(x) = 1$ per l'altra metà.

Come nel caso del problema di Deutsch–Jozsa, dopo l'applicazione delle trasformazioni di Hadamard lo stato finale del registro di input può essere scritto come:

$$|\psi\rangle_n = \sum_{z=0}^{2^n-1} c_f(z)|z\rangle_n,$$

con

$$c_f(z) = \frac{1}{2^n}\sum_{x=0}^{2^n-1}(-1)^{z\cdot x+f(x)}.$$

A causa dell'azione della trasformazione unitaria che implementa $f(x)$, che si basa su porte CNOT come illustrato in figura 3.19, se gli stati iniziali dei registri di input e output sono rispettivamente $|0\rangle_n$ e $|1\rangle$, allora lo stato finale del registro di output è $|a\rangle_n \neq |0\rangle_n$ quando $a \neq 0$ (si veda il pannello inferiore della figura 3.20). Di conseguenza, concludiamo che deve essere:

$$c_f(0) = \frac{1}{2^n} \sum_{x=0}^{2^n-1} (-1)^{f(x)} = 0,$$

ma questo è vero se e solo se $f(x) = 0$ per metà dei possibili valori di input 2^n e $f(x) = 1$ per l'altra metà, cioè, la funzione è bilanciata.

Problemi del Capitolo 5

5.1 Data $\hat{T}$, è chiaro che i due autovettori sono $|0\rangle$ e $|1\rangle$ con autovalori:

$$\hat{T}|0\rangle = |0\rangle \quad \text{e} \quad \hat{T}|1\rangle = e^{2\pi i\,\phi}|0\rangle,$$

dove $\phi = 1/8 = 0.125$. Pertanto, lo stato di input a quattro qubit del protocollo è $|0\rangle_3 \otimes |1\rangle$.

Dopo l'applicazione delle trasformazioni di Hadamard al registro di input abbiamo:

$$\begin{aligned} \mathbf{H}^{\otimes 3} \otimes \hat{\mathbb{I}}\, |0\rangle_3 \otimes |1\rangle &= \frac{1}{2^{3/2}} \sum_{x=0}^{2^3-1} |x\rangle_3 \otimes |1\rangle \\ &= \bigotimes_{k=1}^{3} \frac{|0_k\rangle + |1_k\rangle}{\sqrt{2}} \otimes |1\rangle\,, \end{aligned}$$

dove l'intero x ha l'espansione binaria $x = x_1\, 2^2 + x_2\, 2 + x_3\, 2^0$, e scriviamo $|x\rangle_3 = |x_1\rangle|x_2\rangle|x_3\rangle$.

Ora, applichiamo le porte condizionali. Poiché:

$$\hat{T}_k^{2^{3-k}} \frac{|0_k\rangle + |1_k\rangle}{\sqrt{2}} \otimes |1\rangle = \frac{|0_k\rangle + \exp\left(2\pi i\, \phi\, 2^{3-k}\right)|1_k\rangle}{\sqrt{2}} \otimes |1\rangle,$$

otteniamo (a causa della definizione di $|x\rangle_3$, dobbiamo anche tenere conto delle porte condizionali che hanno un qubit di controllo diverso rispetto alla figura 5.4):

$$\hat{T}_1^4\, \hat{T}_2^2\, \hat{T}_3\, \frac{1}{2^{3/2}} \sum_{x=0}^{2^3-1} |x\rangle_3 \otimes |1\rangle = \frac{1}{2^{3/2}} \sum_{x=0}^{2^3-1} e^{2\pi i\, \phi\, x}|x\rangle_3 \otimes |1\rangle\,.$$

Come passaggio finale utilizziamo l'inverso della trasformata di Fourier quantistica sullo stato a tre qubit:

$$\hat{F}_Q^{-1}\left(\frac{1}{2^{3/2}}\sum_{x=0}^{2^3-1} e^{2\pi i\,\phi\,x}|x\rangle_3\right) = \frac{1}{2^3}\sum_{x=0}^{2^3-1} e^{2\pi i\,\phi\,x}\sum_{y=0}^{2^3-1}\exp\Big(-2\pi i\,\phi\,\frac{y\,x}{2^3}\Big)|y\rangle_3,$$

$$= \frac{1}{2^3}\sum_{y=0}^{2^3-1}\underbrace{\sum_{x=0}^{2^3-1}\exp\left(-2\pi i\,\phi\,x\,\frac{y-\phi\,2^3}{2^3}\right)}_{2^3\,\delta_{0,(y-\phi\,2^3)}}|y\rangle_3,$$

$$= |\phi\,2^3\rangle = |0_1\rangle|0_2\rangle|1_3\rangle \equiv |\varphi_1\rangle|\varphi_2\rangle|\varphi_3\rangle,$$

dove abbiamo esplicitamente posto $\phi = 1/8$ (siamo costretti a utilizzare queste informazioni per proseguire con i calcoli, ma l'algoritmo quantistico utilizza solo l'azione della porta $\hat{T}$ "senza conoscere" il valore effettivo di ϕ) e:

$$\phi\,2^3 = 2^3\sum_{m=1}^{3}\varphi_m\,2^{-m} = \sum_{k=0}^{2}\varphi_{k+1}\,2^k.$$

Infine, essendo $\phi = 0.\varphi_1\varphi_2\varphi_3$ (espansione binaria), troviamo $\phi = 0.125$.

Problemi del Capitolo 6

6.3 L'Hamiltoniana del sistema è (omettiamo, per semplicità, l'indice n):

$$\hat{H} = -\gamma\boldsymbol{A} - \sum_{w\in B}|w\rangle\langle w|\,,$$

dove $\boldsymbol{A}$ è la matrice di adiacenza, e vogliamo calcolare gli elementi di matrice:

$$\langle\beta|\hat{H}|\beta\rangle\,,\quad \langle\alpha|\hat{H}|\alpha\rangle \quad\text{e}\quad \langle\beta|\hat{H}|\alpha\rangle.$$

dove:

$$|\alpha\rangle = \frac{1}{\sqrt{N-M}}\sum_{x\in A}|x\rangle, \quad\text{e}\quad |\beta\rangle = \frac{1}{\sqrt{M}}\sum_{w\in B}|w\rangle,$$

Otteniamo:

$$\langle\beta|\hat{H}|\beta\rangle = -\gamma\langle\beta|\boldsymbol{A}|\beta\rangle - \underbrace{\langle\beta|\Bigg(\sum_{w\in B}|w\rangle\langle w|\Bigg)|\beta\rangle}_{1},$$

con

$$\langle\beta|\boldsymbol{A}|\beta\rangle = \frac{1}{M}\,M(M-1) = M-1,$$

poiché ogni vertice soluzione è connesso con gli altri $M-1$ vertici soluzione. Analogamente, troviamo:

$$\langle\beta|\hat{H}|\beta\rangle = -\gamma\langle\alpha|\boldsymbol{A}|\alpha\rangle - \underbrace{\langle\alpha|\left(\sum_{w\in B}|w\rangle\langle w|\right)|\alpha\rangle}_{0},$$

con:

$$\begin{aligned}\langle\alpha|\boldsymbol{A}|\alpha\rangle &= \frac{1}{N-M}\sum_{x\in A}\sum_{y\in A}\langle x|\boldsymbol{A}|y\rangle,\\ &= \frac{1}{N-M}(N-M)(N-M-1) = N-M-1,\end{aligned}$$

perché ciascuno degli $N-M$ vertici non-soluzione è collegato agli altri $N-M-1$ vertici non-soluzione.

L'elemento fuori diagonale è (notate che $\langle\beta|\hat{H}|\alpha\rangle = \langle\alpha|\hat{H}|\beta\rangle$):

$$\langle\beta|\hat{H}|\alpha\rangle = -\gamma\langle\beta|\boldsymbol{A}|\alpha\rangle - \underbrace{\langle\beta|\left(\sum_{w\in B}|w\rangle\langle w|\right)|\alpha\rangle}_{0},$$

con:

$$\begin{aligned}\langle\beta|\boldsymbol{A}|\alpha\rangle &= \frac{1}{\sqrt{M(N-M)}}\sum_{w\in B}\sum_{x\in A}\langle w|\boldsymbol{A}|x\rangle,\\ &= \frac{1}{\sqrt{M(N-M)}}\,M(N-M) = \sqrt{M(N-M)},\end{aligned}$$

essendo ogni vertice soluzione connesso agli $N-M$ vertici non-soluzione.

Infine, possiamo scrivere:

$$\hat{H} = -\gamma\begin{pmatrix} M-1+\gamma^{-1} & \sqrt{M(N-M)} \\ \sqrt{M(N-M)} & N-M-1 \end{pmatrix}.$$

Problemi del Capitolo 7

7.1 La matrice 4×4 associata allo stato $\hat{\varrho}_{AB}$ (usiamo la base computazionale) è:

$$\hat{\varrho}_{AB} = \frac{q}{2}\begin{pmatrix} 0 & 0 & 0 & 0 \\ 0 & 1 & -1 & 0 \\ 0 & 1 & 1 & 0 \\ 0 & 0 & 0 & 0 \end{pmatrix} + \frac{1-q}{4}\begin{pmatrix} 1 & 0 & 0 & 0 \\ 0 & 1 & 0 & 0 \\ 0 & 0 & 1 & 0 \\ 0 & 0 & 0 & 1 \end{pmatrix}$$

e, scrivendo q come funzione di p, otteniamo:

$$\hat{\varrho}_{AB} = \begin{pmatrix} \frac{1}{3}p & 0 & 0 & 0 \\ 0 & \frac{1}{6}(3-2p) & -\frac{1}{6}(3-4p) & 0 \\ 0 & -\frac{1}{6}(3-4p) & \frac{1}{6}(3-2p) & 0 \\ 0 & 0 & 0 & \frac{1}{3}p \end{pmatrix}.$$

Pertanto, la matrice trasposta parziale è:

$$\mathcal{T}_A \otimes \hat{\mathbb{I}}_B(\hat{\varrho}_{AB}) = \begin{pmatrix} \frac{1}{3}p & 0 & 0 & -\frac{1}{6}(3-4p) \\ 0 & \frac{1}{6}(3-2p) & 0 & 0 \\ 0 & 0 & \frac{1}{6}(3-2p) & 0 \\ -\frac{1}{6}(3-4p) & 0 & 0 & \frac{1}{3}p \end{pmatrix}.$$

i cui autovalori sono:

$$\tilde{\lambda}_1 = p - \frac{1}{2}, \quad \tilde{\lambda}_2 = \tilde{\lambda}_3 = \tilde{\lambda}_4 = \frac{1}{2}\left(1 - \frac{2}{3}\right) > 0.$$

Quindi, se $p < 1/2$ o, equivalentemente, $q > 1/3$, si trova che $\tilde{\lambda}_1 < 0$ e, dopo la trasposizione parziale, lo stato finale non è più positivo.

Per rispondere alla domanda sull'entanglement di $\hat{\varrho}_{AB}$, possiamo calcolare la sua concurrence. È semplice trovare gli autovalori λ_k e gli autovettori $|\lambda_k\rangle$ di $\hat{\varrho}_{AB}$, cioè:

$$\begin{aligned} \lambda_1 &= 1 - p, \quad |\lambda_1\rangle = |\Psi_{AB}\rangle = \frac{|0_A\rangle|1_B\rangle - |1_A\rangle|0_B\rangle}{\sqrt{2}}, \\ \lambda_2 &= \frac{p}{3}, \quad |\lambda_2\rangle = \frac{|0_A\rangle|1_B\rangle + |1_A\rangle|0_B\rangle}{\sqrt{2}}, \\ \lambda_3 &= \frac{p}{3}, \quad |\lambda_3\rangle = |0_A\rangle|0_B\rangle, \\ \lambda_4 &= \frac{p}{3}, \quad |\lambda_4\rangle = |1_A\rangle|1_B\rangle. \end{aligned}$$

È anche facile verificare che lo stato $\hat{\varrho}'_{AB} = \hat{\sigma}_y \otimes \hat{\sigma}_y \hat{\varrho}^*_{AB} \hat{\sigma}_y \otimes \hat{\sigma}_y$, del quale dobbiamo calcolare la concurrence, ha gli stessi autovettori e autovalori di $\hat{\varrho}_{AB}$ e, quindi (si veda la sezione 2.8):

$$\hat{R} = \sqrt{\sqrt{\hat{\varrho}_{AB}}\,\hat{\varrho}'_{AB}\sqrt{\hat{\varrho}_{AB}}} = \hat{\varrho}_{AB},$$

e la concurrence si riduce a:

$$\begin{aligned} C(\hat{\varrho}_{AB}) &= \max(0, \lambda_1 - \lambda_2 - \lambda_3 - \lambda_4), \\ &= \max(0, 1 - 2p), \end{aligned}$$

ovvero lo stato è entangled se $p < 1/2$ (o $q > 1/3$).

Concludiamo anche che $\hat{\varrho}_{AB}$ è entangled se e solo se sotto l'operazione di trasposizione parziale non è più semi-definito positivo. È importante notare che la positività dello stato trasposto parziale (criterio PPT) è una condizione *necessaria* per la separabilità che è anche *sufficiente* nel caso di due qubit, come il presente, o per sistemi qubit-qutrit.[2]

Problemi del Capitolo 11

11.1 Se applichiamo l'operatore:

$$\hat{O} = \frac{1}{2}\sum_{N=-\infty}^{+\infty} (|N\rangle\langle N+1| + |N+1\rangle\langle N|).$$

allo stato:

$$|\varphi\rangle = \frac{1}{\sqrt{2\pi}}\sum_{N=-\infty}^{+\infty} \mathrm{e}^{iN\varphi}\,|N\rangle$$

otteniamo:

$$\begin{aligned} \hat{O}|\varphi\rangle &= \frac{1}{\sqrt{2\pi}}\sum_{N=-\infty}^{+\infty}\sum_{M=-\infty}^{+\infty} \mathrm{e}^{iM\varphi}\big(|N\rangle\langle N+1| + |N+1\rangle\langle N|\big)|M\rangle, \\ &= \frac{1}{2\sqrt{2\pi}}\left[\sum_{N=-\infty}^{+\infty} \mathrm{e}^{i(N+1)\varphi}\,|N\rangle + \sum_{N=-\infty}^{+\infty} \mathrm{e}^{iN\varphi}\,|N+1\rangle\right], \\ &= \frac{1}{2\sqrt{2\pi}}\left[e^{i\varphi}\sum_{N=-\infty}^{+\infty} \mathrm{e}^{iN\varphi}\,|N\rangle + e^{-i\varphi}\sum_{N=-\infty}^{+\infty} \mathrm{e}^{iN\varphi}\,|N\rangle\right], \\ &= \cos\varphi\,|\varphi\rangle. \end{aligned}$$

[2] A. Peres, *Separability Criterion for Density Matrices*, Phys. Rev. Lett. **77**, 1413–1415 (1996); M. Horodecki, P. Horodecki, and R. Horodecki, *Separability of Mixed States: Necessary and Sufficient Conditions*, Phys. Lett. A **223**, 1–8 (1996).

Pertanto, $|\varphi\rangle$ è un autovettore di $\hat{O}$ con autovalore $\cos\varphi$. Poiché:

$$\cos\hat{\varphi}\,|\varphi\rangle = \cos\varphi\,|\varphi\rangle,$$

i due operatori hanno la stessa decomposizione spettrale e possiamo concludere che:

$$\cos\hat{\varphi} = \frac{1}{2}\sum_{N=-\infty}^{+\infty}(|N\rangle\langle N+1| + |N+1\rangle\langle N|).$$

Indice analitico

S. Olivares, *Guida allo studio della computazione quantistica*,
https://doi.org/10.1007/978-3-032-23971-6

Zeitfracht Medien GmbH
Ferdinand-Jühlke-Straße 7
99095 Erfurt, Deutschland
produktsicherheit@kolibri360.de